热带新饲料资源
开发利用

主编 李 茂 字学娟 周汉林

东北林业大学出版社
Northeast Forestry University Press
·哈尔滨·

图书在版编目（CIP）数据

热带新饲料资源开发利用 / 李茂，字学娟，周汉林
主编 . — 哈尔滨：东北林业大学出版社，2021.8
ISBN 978-7-5674-2567-5

Ⅰ . ①热… Ⅱ . ①李… ②字… ③周… Ⅲ . ①热带—
饲料—资源开发②热带—饲料—资源利用 Ⅳ . ① S816

中国版本图书馆 CIP 数据核字（2021）第 180333 号

责任编辑：刘雪威
封面设计：马静静
出版发行：东北林业大学出版社
　　　　　　（哈尔滨市香坊区哈平六道街 6 号　邮编：150040）
印　　装：三河市德贤弘印务有限公司
规　　格：170 mm×240 mm　16 开
印　　张：15
字　　数：237 千字
版　　次：2022 年 4 月第 1 版
印　　次：2022 年 4 月第 1 次印刷
定　　价：80.00 元

前　言

　　海南省地处热带北缘,属热带季风气候,高温高湿,独特的地理环境和气候条件造就了热带地区独特而丰富的物种和生物量资源优势。据报道,海南省拥有具饲用价值的植物一千多种,主要包括热带牧草和其他饲用植物。中国热带农业科学院热带作物品种资源研究所是热带地区从事牧草研究的国家级科研单位,先后选育出以"热研2号柱花草"和"热研4号王草"为代表的优良热带牧草新品种20多个,并且在热带牧草品质评定中做了大量的工作。但是我国在热带饲料资源的开发、利用方面仍然存在一些关键问题急需解决:一是饲料资源种类繁多,需要进行系统的饲用价值评价,筛选出饲用价值较高的饲料应用于生产,然而前期研究大都停留在常规营养成分测定阶段,缺乏饲料关键营养参数和消化代谢参数;二是冬春季节饲料短缺严重,需要进行牧草加工调制,然而不同种类热带牧草特性差异较大,禾本科牧草水分含量高、糖分含量低,豆科牧草缓冲能高,需要根据各自特点进行青贮调制,这方面的研究较为缺乏,限制了青贮饲料的推广应用,影响了动物生产性能的提高。这些问题严重影响了热带饲料资源的开发利用,阻碍了海南省草牧业的进一步发展。近年来,随着海南省国际旅游岛建设的升级和自由贸易港建设的日益成熟,越来越多的外地和国际游客进入海南,牛羊肉的需求量必将逐步增加,提升牛羊产业水平以满足人们对牛羊肉的需求刻不容缓。然而,海南省天然草场较少,优质饲草缺乏制约了牛羊产业的发展。因此,进行热带饲料资源的研究和开发利用十分必要。

　　中国热带农业科学院热带作物品种资源研究所畜牧研究团队十多年来系统开展了热带饲料资源的研究工作,在完善常规营养成分测定的基础上增加了抗营养因子的测定、粗饲料适口性采食量的测定及消化代谢指标的测定,系统评价了热带粗饲料饲用价值;对饲料加工调制技术进行研究,明确了不同的处理方式、添加剂的剂量等加工工艺,针对不同种类牧草提出相应的加工调制方式；通过对热带饲料资源的饲用价值评价和加工调制技术进行系统研究，为热带草牧业的发展做出了重要贡献。

作　者
2021 年 5 月

目　录

第一章 热带牧草营养价值研究

一、用体外产气法评价 5 种热带禾本科牧草的营养价值

海南黑山羊是海南主要反刍家畜之一,2011 年全省存栏量约为 81 万头。海南黑山羊粗饲料来源主要是天然牧草、农作物秸秆、农副产品及幼嫩树枝叶等,但是海南省以天然橡胶(*Hevea brasilliensis*),热带水果、蔬菜等经济作物为主,粮食作物秸秆和农副产品产量小,粗饲料供应短缺,加之农户散养黑山羊补饲精料较少,造成日粮营养水平低下,进而影响其生产性能。饲草料缺乏是目前海南黑山羊产业发展的主要限制因素之一,解决粗饲料问题成为海南黑山羊产业发展的当务之急。

热带禾本科牧草具有产量高、适口性好、适应性强等特点,是海南黑山羊重要的饲料来源。但是不同品种的牧草营养成分和可消化性差异较大,为了更好地利用这些热带禾本科牧草,本试验以 5 种常见的热带禾本科牧草为研究对象,通过测定主要营养成分、体外干物质消化率和代谢能对其营养价值进行研究,为筛选适宜本地区推广的牧草品种提供依据。

(一)材料与方法

1.试验地概况

所有植物样品采集于中国热带农业科学院热带作物品种资源研究所热带牧草种质圃。试验地点位于东经 109° 30′,北纬 19° 30′,海拔 149 m,属热带季风气候,气候特点是夏秋季节高温多雨,冬春季节低温干旱,干湿季节分明;试验基地土壤为花岗岩发育而成的砖红壤土,土壤质地较差,无灌溉条件。

2. 样品采集与处理

试验材料：王草（*Pennisetum purpureum* × *P. glaucum*）、坚尼草（*Panicum maximum*）、红象草（*Pennisetum purpureum*）、黑籽雀稗（*Paspalum atratum*）、糖蜜草（*Melinis minutiflora*），其中王草、红象草、黑籽雀稗株高约 2 m，坚尼草和糖蜜草株高约 1.5 m，均为营养期。试验材料种植于 2.5 m × 2.0 m 的试验小区，每种材料 3 个重复随机分布。样品采集时间为 2011 年 7 月，每种材料各小区随机取样，整株刈割，留茬约 10 cm。刈割的材料通过全自动铡草机切短至约 30 mm，充分混匀后采集样品约 500 g，120 ℃杀青 20 min 后用 65 ℃烘 48 h，置于空气中自然冷却，粉碎后过 40 目筛制成样品备测。

3. 营养成分的测定

样品干物质（DM）、粗蛋白质（CP）、粗脂肪（EE）、中性洗涤纤维（NDF）、酸性洗涤纤维（ADF）、钙（Ca）、磷（P）分析参照张丽英（2003）的方法，GE 使用氧弹量热仪（Parr6300）直接测定。

4. 饲料相对值（RFV）计算

饲料相对值计算方法参考 Rohweder 等（Rohweder D. A.，Barnes R. F.，Jorgensen N.，1978）的方法。

5. 体外产气试验

体外产气试验操作步骤、缓冲液的配制参照 Zhao G. Y. 等（Zhao G. Y.，Lebzien P.，2000）的方法。称取约 0.2 g 样品，倒入已知质量的宽 3 cm、长 5 cm 的尼龙袋中，绑紧后放入注射器。晨饲前通过瘤胃瘘管，取海南黑山羊瘤胃内容物约 500 mL 于保温瓶中，用 4 层医用纱布过滤，取 312.5 mL 过滤后的瘤胃液加入装有 1 000 mL 蒸馏水并经 38 ℃水浴预热的真空容器中，然后加入 250 mL 预先配制好经 38 ℃预热的混合培养液（混合培养液制备方法：取 400 mL 缓冲液Ⅰ和 50 mL 缓冲液Ⅱ混合，然后加入蒸馏水，使这种混合缓冲液达到 500 mL。缓冲液Ⅰ：23.5 g $Na_2HPO_4 \cdot 12H_2O$、12.5 g $NaHCO_3$ 和 11.5 g NH_4HCO_3 溶于 400 mL 蒸馏水中；缓冲液Ⅱ：23.5 g NaCl，28.5 g KCl，6.0 g $MgCl_2 \cdot 6H_2O$，2.63 g $CaCl_2 \cdot 2H_2O$ 溶于 1 000 mL 蒸馏水中），并持续通入 CO_2 约 10 min。取 30 mL 混合液体加到每一个注射器中，排净注射器中的空气，并用密封针头封闭注射器，然后在 38 ℃的水浴摇床中培养。在发酵开始后

48 h 内读取不同时间点的产气量。

样本体外干物质消化率 IVDMD（%）=（样本质量－残渣质量）/ 样本质量 ×100%。代谢能（ME）计算应用文献 [ARC（Agricultural Research Council），1965] 提供的方法：ME=GE×IVDMD×0.815。

6. 体外发酵参数计算

将各样品不同时间点的产气量代入由 Rskov 等（Rskov E R，McDonald I，1979）提出的模型 GP=$a+b$（$1-e^{-ct}$），根据非线性最小二乘法原理，求出 a，b，c 值，其中 a 为饲料快速发酵部分的产气量，b 为慢速发酵部分的产气量，c 为 b 的速度常数（产气速率），$a+b$ 为潜在产气量，GP 为 t 时的产气量。

7. 统计分析

采用 SAS 9.0 软件和 Excel 2003 软件进行数据处理和统计分析，差异显著性检验采用邓肯法。

（二）结果与分析

1. 热带禾本科牧草营养成分和饲料相对值

热带禾本科牧草主要营养成分如表 1-1 所示。5 种牧草间的 RFV 无显著差异，但 DM、CP、EE、ADF、NDF、Ca、P 和 GE 含量[①]均有显著差异（$P<0.05$）。CP 含量王草最小，为 6.85%；红象草最大，为 14.41%。EE 含量坚尼草最小，为 6.03%；黑籽雀稗最大，为 9.85%。ADF 含量王草最小，为 35.26%；糖蜜草最大，为 38.74%。NDF 含量糖蜜草最小，为 63.60%；黑籽雀稗最大，为 70.68%。Ca 含量坚尼草最小，为 0.10%；黑籽雀稗最大，为 0.31%。P 含量黑籽雀稗最小，为 0.08%；糖蜜草最大，为 0.23%。RFV 黑籽雀稗最小，为 80；红象草最大，为 88。GE 含量黑籽雀稗最小，为 15.56 MJ/kg；糖蜜草最大，为 17.50 MJ/kg。

---

① 本书含量均指质量分数。

表 1-1　热带禾本科牧草主要营养成分

牧草	DM/%	CP/%	EE/%	ADF/%	NDF/%	Ca/%	P/%	RFV	GE/(MJ·kg⁻¹)
王草	16.30[d]	6.85[d]	8.07[b]	35.26[c]	65.44[b]	0.17[b]	0.11[c]	87[a]	16.86[ab]
坚尼草	20.83[b]	8.94[c]	6.03[d]	36.40[b]	69.12[a]	0.10[c]	0.16[b]	81[a]	16.05[bc]
红象草	17.41[c]	14.41[a]	8.05[b]	35.49[c]	64.75[b]	0.12[c]	0.16[b]	88[a]	17.07[ab]
黑籽雀稗	23.50[a]	10.84[b]	9.85[a]	36.25[b]	70.68[a]	0.31[a]	0.08[d]	80[a]	15.56[c]
糖蜜草	19.86[b]	8.48[c]	6.56[cd]	38.74[a]	63.60[bc]	0.13[c]	0.23[a]	86[a]	17.50[a]
平均值	19.98	9.90	7.71	36.43	66.72	0.17	0.15	85	16.61

注：同列不同字母表示差异显著（$P<0.05$）。

2. 热带禾本科牧草体外产气发酵参数、体外干物质消化率和代谢能

本试验中热带禾本科牧草体外发酵产气动态变化如图 1-1 所示，发酵参数见表 1-2。5 种牧草间 pH 值、速度常数（产气速率）c 无显著差异，但饲料快速发酵部分产气量 a、慢速发酵部分产气量 b、潜在产气量 $a+b$、体外产气量 GP、体外干物质消化率 IVDMD 和代谢能 ME 含量均有显著差异（$P<0.05$）。pH 值糖蜜草最小，为 6.84；王草最大，为 7.05。a 值糖蜜草最小，为 –0.67 mL，a 为负数表明发酵过程存在产气滞后；黑籽雀稗最大，为 3.84 mL。b 值王草最小，为 43.72 mL；黑籽雀稗最大，为 86.40 mL。$a+b$ 值王草最小，为 49.40 mL；黑籽雀稗最大，为 92.16 mL。c 值坚尼草、黑籽雀稗、糖蜜草均为 0.02 mL/h，王草最大，为 0.04 mL/h。本试验中王草体外产气量最少，为 38.68 mL；坚尼草产气量最多，为 50.50 mL。体外干物质消化率坚尼草最低，为 58.81%；黑籽雀稗最高，为 67.34%。代谢能坚尼草最低，为 7.69 MJ/kg；红象草最高，为 9.24 MJ/kg。

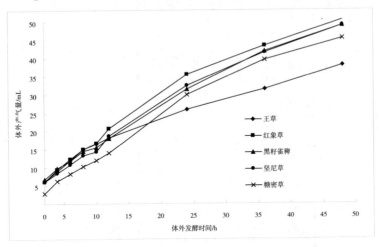

图 1-1　热带禾本科牧草体外发酵产气动态变化

表1-2 热带禾本科牧草体外产气发酵参数

牧草	pH值	a/mL	b/mL	(a+b)/mL	c/(mL·h⁻¹)	GP/mL	IVDMD/%	ME/(MJ·kg⁻¹)
王草	7.05^a	3.79^a	43.72^d	49.40^d	0.04^a	38.68^b	59.76^c	8.21^{bc}
坚尼草	6.99^a	2.22^b	80.46a^b	83.79^b	0.02^a	50.50^a	58.81^c	7.69^c
红象草	7.00^a	2.08^b	66.19^c	69.31^c	0.03^a	49.21^a	66.43^a	9.24^a
黑籽雀稗	6.98^a	3.84^a	86.40^a	92.16^a	0.02^a	49.85^a	67.34^a	8.54^b
糖蜜草	6.84^a	-0.67^c	76.97^b	75.97^{bc}	0.02^a	45.57^a	63.99^{ab}	9.13^a
平均值	6.97	2.25	70.75	74.13	0.03	46.43	63.27	8.56

注：同列不同字母表示差异显著（$P<0.05$）。

（三）讨论

1. 热带禾本科牧草主要营养成分

禾本科牧草是反刍家畜重要的粗饲料来源，许多学者对我国热带亚热带地区禾本科牧草营养价值进行了广泛的研究。牧草营养成分受牧草种类、生育期、收获株高以及生长环境等因素影响。春季收获的营养期矮象草粗蛋白含量与本研究中红象草接近，但是明显高于夏、秋、冬季营养期矮象草粗蛋白含量（赖志强等，1998）。生长旺季王草和矮象草粗蛋白含量与本研究相当，钙、磷含量略高于本研究（刘国道等，2002）。生长 45 d 后刈割的坚尼草粗蛋白含量为 7.9%，略低于本研究中坚尼草粗蛋白含量，可能与其生长天数高于本研究（生长约 30 d）有关（韦家少、刘国道、蔡碧云，2002）。有研究表明，王草营养成分受刈割株高影响，粗蛋白含量随株高升高而降低，刈割株高为 220 cm 时，粗蛋白含量与本研究相当（陈勇等，2009）。参照报道的 6 种大型禾本科牧草品种比较试验，矮象草和王草粗蛋白、粗脂肪含量均低于本研究结果，而钙、磷含量均高于本研究结果，这可能与文中提到的生长时期过长、茎秆质量比过大有关（易显凤、赖志强，2008）。另外，有文献报道了红象草和王草营养成分含量，其中粗蛋白和钙含量高于本研究结果，粗脂肪含量较本研究结果低，由于文中并未提及取样时期，故难以做进一步比较（陆云华等，2011）。综上所述，牧草营养成分受多种因素影响，因此探讨某种牧草的营养价值必须明确这些前提条件，所得出的结论才具有参考价值。

2. 热带禾本科牧草饲料相对值

RFV 的预测模型是一种比较简便实用的粗饲料质量评定经验模型，只需在实验室测定粗饲料的 NDF、ADF 以及 DM 便可计算出某粗饲料的 RFV 值。本研究中 RFV 平均值为 85，参照分级标准属于 3 级或 4 级。这表明热带禾本科牧草具有较高的营养价值，值得进一步的开发和利用（表 1-3）。

表 1-3　RFV 粗饲料分级标准

分级	特级	1	2	3	4	5
RFV	>151	125 ~ 150	103 ~ 124	87 ~ 102	75 ~ 86	<75

3. 热带禾本科牧草体外产气特性

体外产气法与动物试验直接测定消化率有极高的相关性,且操作简便、重复性好,在反刍动物饲料评价中被广泛应用(Menke K. H. et al., 1979)。体外发酵产气量是反刍动物瘤胃底物发酵一个很重要的指标,与瘤胃内的可利用能量显著相关。本研究中热带禾本科牧草随发酵时间的延长,产气量呈上升趋势,培养一定时间后产气量的增加逐渐趋于平缓,符合体外产气的一般规律,但是不同牧草发酵效果有一定差异,可能与牧草营养成分、接种的瘤胃液来源以及处理方式有关。

4. 热带禾本科牧草营养价值比较

粗蛋白、粗脂肪、纤维成分含量是衡量粗饲料营养价值的重要指标,可利用的粗蛋白、粗脂肪、粗纤维含量相对较高的粗饲料属于优质粗饲料。评定饲料营养价值,所含营养成分的种类和数量是一方面,营养物质在家畜体内代谢转化是另一方面。由于各种牧草被家畜消化的程度不同,易于消化的牧草对家畜生产具有更大意义。综合考虑营养成分和体外消化情况,红象草营养价值最高,王草和坚尼草营养价值较低,黑籽雀稗和糖蜜草营养价值居中。

(四)结论

本试验中热带禾本科牧草营养价值关键指标 CP、EE、RFV、IVDMD 和 ME 分别如下。王草:6.85%,8.07%,87,59.76%,8.21 MJ/kg;坚尼草:8.94%,6.03%,81,58.81%,7.69 MJ/kg;红象草:14.41%,8.05%,88,66.43%,9.24 MJ/kg;黑籽雀稗:10.84%,9.85%,80,67.34%,8.54 MJ/kg;糖蜜草:8.48%,6.56%,86,63.99%,9.13 MJ/kg。综合考虑营养成分和体外消化情况,5 种热带禾本科牧草均具有较高的营养价值,其中红象草营养价值最高,王草和坚尼草营养价值较低,黑籽雀稗和糖蜜草营养价值居中。

二、不同生长高度王草瘤胃降解特性研究

反刍家畜日粮由粗饲料和精料构成,其中粗饲料占日粮比例为60% ~ 80%,是动物所需能量的主要来源(冯养廉,2004)。牧草是反刍家畜的重要粗饲料来源,对畜牧业的发展具有十分重要的作用。近年来受"三聚氰胺""瘦肉精"等事件影响,饲料原料的安全性已经成为公众关注的焦点问题,牧草生产逐渐引起人们的关注。另外,随着我国居民食物结构的改变,人们对动物产品的需求剧增,养殖业发展迅速,导致饲料用粮的缺口越来越大,充分利用牧草等粗饲料资源,将有效地缓解我国的粮食安全问题(李蕊超,林慧龙,2015)。牧草营养价值的评价是动物能否高效利用的前提,牧草营养成分含量和降解率是营养价值评定的重要指标。目前评价反刍动物饲料降解率主要有体内法(in $vivo$)、半体内法(in $situ$)和体外法(in $vitro$)3种方法(冯养廉,2004),其中半体内法是指尼龙袋法,其操作方法简便、重复性好,能真实反映瘤胃的内环境,便于批量操作,是国际通用的测定饲料瘤胃降解率的方法之一。目前,国内应用尼龙袋法测定牧草的瘤胃降解率在奶牛、肉牛、肉羊上研究较广泛(吴鹏华等,2013;冷静等,2011;刘海霞等,2010),国外学者也在这方面做了大量工作(Rskov E. R., McDonald I.,1979;Coblentz W. K. et al.,1999;Kaur R. et al.,2011;Edmunds B. et al.,2012),而山羊对热带地区牧草瘤胃降解率的相关数据较为缺乏。

王草是一种优质的热带多年生禾本科牧草,具有产量高、茎叶柔嫩多汁、适口性好等特点,是海南黑山羊重要的粗饲料来源,目前主要利用方式是刈割后直接饲喂(刘国道等,2002)。海南省水热资源丰富,王草生长速度快,若生长高度为2 m时刈割利用,平均每年可以刈割8 ~ 10次。王草在人工刈割条件下难以开花结实,通过生育期判断其营养价值较为困难,如何确定收获利用的最佳时期是生产中面临的主要问题之一。植物不同生长高度一定程度上反映了其不同成熟程度,相应的营养成分含量存在差异,营养价值也有所不同(Elmore R. W.,Jackobs J. A.,1984;王永军等,2006;Wang Y. et al.,2005;Nurfeta A. et al.,2008;Dong C. F. et al.,2013)。通过生长高度来判断王草的营养价值还未见报道。本试验以不同生长高度王草为试验材料,通过分析其主要营养成分,并采用尼龙袋法研究了其在海南黑山羊瘤胃内降解特性,综合营养成分和瘤胃降解情况提出王草适宜收获高度,为王草在海

南黑山羊生产中的高效利用提供理论依据。

（一）材料与方法

1. 材料与分组

试验材料为热研 4 号王草，种植于中国热带农业科学院热带作物品种资源研究所热带畜牧研究中心实验基地，东经 109°30′，北纬 19°30′，海拔 149 m，属热带季风气候，气候特点是夏秋季节高温多雨，冬春季节低温干旱，干湿季节分明；土壤为花岗岩发育而成的砖红壤土，土壤质地较差，自动灌溉。本试验选择种植第二年的同一茬次同一地块内的王草，分别在株高为 90 cm、120 cm、150 cm、180 cm、210 cm、240 cm、270 cm 时刈割，分别称为 90 cm 组、120 cm 组、150 cm 组、180 cm 组、210 cm 组、240 cm 组、270 cm 组，留茬高度为 5 cm，每个高度选取约 2 m² 样方 3 个。刈割的材料通过全自动铡草机切短至约 30 mm，充分混匀后采集样品约 1 000 g，通过 120 ℃杀青 20 min 后用 65 ℃烘 48 h，置于空气中自然冷却，粉碎后过 40 目筛制成样品，用于测定各种营养成分含量和瘤胃降解率。

2. 瘤胃降解试验

采用单因子试验设计，选用 3 只体重约 20 kg、装有永久瘤胃瘘管的海南黑山羊作为 3 个重复，试验于 2014 年 4 ~ 7 月在中国热带农业科学院热带作物品种资源研究所热带畜牧试验基地进行，预试期 10 d。试验羊单圈饲养，每只每天给予 300 g 精料和 1 000 g 新鲜王草，每天 8：00 和 15：00 分 2 次饲喂，黑山羊可以自由饮水。日粮组成见表 1-4。

表 1-4　日粮组成

原料	含量 /%
玉米	67.00
豆粕	12.00
麸皮	4.00
酵母	10.00
植物油	1.00
食盐	1.40

原料	含量 /%
贝壳粉	0.10
小苏打	0.50
预混料	4.00
合计	100

注：预混料为每千克饲粮提供维生素 A 15 000 IU、维生素 D 5 000 IU、维生素 E 50 mg、Fe 9 mg、Cu 12.5 mg、Zn 100 mg、Mn 130 mg、Se 0.3 mg、I 1.5 mg、Co 0.5 mg。

尼龙袋大小为 5 cm×10 cm，孔径为 300 目。称取被测样品 5 g 左右放入尼龙袋中，分别将袋样绑在 1 根长约 10 cm 的半软性塑料管上，将尼龙袋送入瘤胃腹囊处，管的另一端固定在瘘管盖上。每只羊瘤胃内放一根管，共 5 个样袋，每个样品 3 个重复，共 3 只羊。于清晨饲喂前放入尼龙袋，分别在放后 6 h、12 h、24 h、48 h、72 h 从每只羊胃中取出 1 个尼龙袋，立即用自来水冲洗尼龙袋，直至水清为止。再将尼龙袋放入 65 ℃烘箱内，烘干至恒重。

3. 测定指标

王草样品干物质（DM）、粗蛋白（CP）和粗脂肪（EE）的测定采用饲料常规分析法（张丽英，2010）；中性洗涤纤维（NDF）和酸性洗涤纤维（ADF）的测定采用范氏（Van Soest）测定法（Van Soest P. J. et al.，1991）；饲料相对值（RFV）计算方法参考 Rohweder 等（1978）的方法，粗饲料分级标准参考李茂（2012）的方法，见表 1-3。

4. 瘤胃降解率和降解参数的计算方法

不同时间点的营养成分降解率（%）=[（降解前样品营养成分含量 − 样品降解后营养成分含量）/ 降解前样品营养成分含量]×100%。

参照 Rrskov 等（1979）提出的模型 $d_P = a + b(1 - e^{-ct})$，利用最小二乘法计算饲料在瘤胃内的动态降解模型参数（a、b 和 c），进一步计算有效降解率。待测饲料有效降解率（P）的测定公式为

$$P = a + bc/(k+c)$$

式中，d_P 表示 t 时刻降解率；a 表示快速降解部分；b 表示慢速降解部

分；c 代表 b 的降解速率，%；t 表示饲料在瘤胃内的培养时间，h；P 表示饲料在瘤胃内的有效降解率，%；k 表示待测饲料的瘤胃流通速率，%，本试验条件下数值取 0.02。

5. 统计分析

采用 SAS 9.0 软件和 Excel 2003 软件进行数据处理和统计分析，差异显著性检验采用邓肯法。

(二)结果与分析

1. 不同生长高度王草营养成分和饲料相对值

不同生长高度王草的营养成分和饲料相对值如表1-5所示，DM 含量为 12.06% ~ 21.40%；CP 含量为 5.94% ~ 11.97%；EE 含量为 4.36% ~ 6.27%；NDF 含量为 49.31% ~ 72.08%；ADF 含量为 28.92% ~ 46.80%；RFV 为 67 ~ 125。由上述结果可以看出 DM、NDF、ADF 含量随生长高度增加而增加；CP、EE、RFV 随生长高度增加而降低，特别是在 180 cm 后显著降低（$P<0.05$）。另外，参照 RFV 粗饲料分级标准（表1-3），不同生长高度王草粗饲料等级随生长高度增加而降低，高于 180 cm 后营养价值较低。

表1-5 不同生长高度王草的营养成分和饲料相对值

指标	生长高度						
	90 cm	120 cm	150 cm	180 cm	210 cm	240 cm	270 cm
DM/%	12.06±0.52^{de}	13.14±0.44^{d}	13.9±0.57^{d}	15.82±0.45^{c}	16.27±0.37^{c}	18.41±1.02^{b}	21.40±0.41^{a}
CP/%	11.97±1.58^{a}	11.41±1.63^{a}	9.36±1.87^{b}	8.24±1.53^{c}	6.80±0.77^{de}	6.79±0.45^{e}	5.94±0.79^{f}
EE/%	6.27±0.85^{a}	6.27±0.75^{a}	6.03±0.77^{a}	5.89±0.90^{a}	5.11±0.62^{b}	4.74±0.67^{bc}	4.36±0.59^{c}
NDF/%	49.31±4.45^{e}	56.16±5.83^{d}	62.12±4.17^{cd}	64.58±4.30^{c}	68.14±7.95^{b}	71.31±4.12^{a}	72.08±6.15^{a}
ADF/%	28.92±3.49^{f}	32.11±5.03^{de}	34.14±4.40^{d}	36.31±3.52^{c}	38.78±5.55^{bc}	40.64±6.53^{b}	46.80±6.26^{a}
RFV	125±25^{a}	105±11^{b}	93±23^{b}	87±27^{c}	80±30^{d}	74±37^{e}	67±10^{f}
等级	1	2	2	3	4	5	5

注：同行不同字母表示差异显著（P<0.05）。

2. 不同生长高度王草在不同时间点 DM 的瘤胃降解率和降解参数

不同生长高度王草的干物质瘤胃降解率和降解参数如表 1-6 所示，随着瘤胃消化时间延长，不同生长高度王草的 DM 降解率逐渐增加，48 h 后降解率增加幅度减小。各个时间点的 DM 降解率随着生长高度的增加而降低，其中，除了 6 h 120 cm 和 150 cm 组之间，12 h 120 cm、150 cm 和 180 cm 组之间，24 h 120 cm 和 150 cm 组之间，48 h 150 cm 和 180 cm 组之间，72 h 120 cm 和 150 cm 组之间未达到显著水平外（$P>0.05$），其他时间点不同生长高度王草的 DM 降解率均有显著差异（$P<0.05$）。快速降解部分 a 随着生长高度的增加而显著降低（$P<0.05$），仅 180 cm 和 210 cm 组之间未达到显著水平（$P>0.05$）；慢速降解部分 b 随着生长高度的增加呈现先增加后降低的趋势，180 cm 组最高，90 cm 组最低，除了 90 cm 和 240 cm 组、120 cm 和 270 cm 组、150 cm 和 210 cm 组之间未达到显著水平外（$P>0.05$），其他生长高度之间差异显著（$P<0.05$）；潜在降解部分 $a+b$ 随着生长高度的增加而显著降低（$P<0.05$），仅 150 cm 和 180 cm 组之间未达到显著水平（$P>0.05$）；b 的降解速率 150 cm 组最高，120 cm 组最低，除了 90 cm 和 120 cm 组、150 cm 和 180 cm 组、210 cm 和 270 cm 组之间未达到显著水平外（$P>0.05$），其他生长高度之间差异显著（$P<0.05$）；有效降解率 ED 随着生长高度的增加而显著降低（$P<0.05$），仅 120 cm 和 150 cm 组之间未达到显著水平（$P>0.05$）。

3. 不同生长高度王草在不同时间点 CP 的瘤胃降解率和降解参数

不同生长高度王草的粗蛋白瘤胃降解率和降解参数如表 1-7 所示，随着瘤胃消化时间延长，不同生长高度王草的 CP 降解率逐渐增加，48 h 后降解率增加幅度减小。各个时间点的 CP 降解率随着生长高度的增加而降低，其中，除了 12 h 120 cm 和 150 cm 组、210 cm 和 240 cm 组之间，24 h 120 cm 和 150 cm 组之间，48 h 120 cm 和 150 cm 组、210 cm 和 240 cm 组之间，72 h 120 和 150 cm 组之间未达到显著水平外（$P>0.05$），其他时间点不同生长高度王草的 CP 降解率均有显著差异（$P<0.05$）。快速降解部分 a 随着生长高度的增加而显著降低（$P<0.05$），仅 180 cm 和 210 cm 组之间未达到显著水平（$P>0.05$）；慢速降解部分 b 随着生长高度的增加呈现先增加后降低的趋势，180 cm 组最高，270 cm 组最低，除了 90 cm、150 cm 和 180 cm 组、120 cm

和 210 cm 组之间未达到显著水平外（$P>0.05$），其他生长高度之间差异显著（$P<0.05$）；潜在降解部分 $a+b$ 随着生长高度的增加而显著降低（$P<0.05$）；b 的降解速率 180 cm 组最高，90 cm 组最低，除了 90 cm 和 210 cm 组、120 cm、240 cm 和 270 cm 组、150 cm 和 180 cm 组之间未达到显著水平外（$P>0.05$），其他生长高度之间差异显著（$P<0.05$）；有效降解率 ED 随着生长高度的增加而显著降低（$P<0.05$），仅 120 cm 和 150 cm 组、210 cm 和 240 cm 组之间未达到显著水平（$P>0.05$）。

4. 不同生长高度王草在不同时间点 NDF 的瘤胃降解率和降解参数

不同生长高度王草的中性洗涤纤维瘤胃降解率和降解参数如表 1-8 所示，随着瘤胃消化时间延长，不同生长高度王草的 NDF 降解率逐渐增加，48 h 后降解率增加幅度减小。各个时间点的 NDF 降解率随着生长高度的增加而降低，其中，除了 6 h 120 cm 和 150 cm 组之间，12 h 120 cm 和 150 cm 组、180 cm 和 210 cm 组之间，24 h 120 cm 和 150 cm 组之间，48 h 120 cm 和 150 cm 组之间，72 h 时 120 cm 和 150 cm 组、180 cm 和 210 cm 组之间未达到显著水平外（$P>0.05$），其他时间点不同生长高度王草的 NDF 降解率均有显著差异（$P<0.05$）。快速降解部分 a 随着生长高度的增加而显著降低（$P<0.05$），仅 210 cm 和 240 cm 组之间未达到显著水平（$P>0.05$）；慢速降解部分 b 随着生长高度的增加呈现先增加后降低的趋势，180 cm 组最高，240 cm 组最低，除了 90 cm、240 cm 和 270 cm 组、150 cm 和 210 cm 组之间未达到显著水平外（$P>0.05$），其他生长高度之间差异显著（$P<0.05$）；潜在降解部分 $a+b$ 随着生长高度的增加而显著降低（$P<0.05$），其中 90 cm 和 120 cm 组、150 cm 和 180 cm 组之间未达到显著水平（$P>0.05$）；b 的降解速率 150 cm 组最高，120 cm 组最低，除了 90 cm 和 120 cm 组、180 cm 和 240 cm 组、210 cm 和 270 cm 组之间未达到显著水平外（$P>0.05$），其他生长高度之间差异显著（$P<0.05$）；有效降解率 ED 随着生长高度的增加而显著降低（$P<0.05$），仅 120 cm 和 150 cm 组、210 cm 和 240 cm 组之间未达到显著水平（$P>0.05$）。

表1-6 不同生长高度王草的干物质瘤胃降解率和降解参数

指标		生长高度						
		90 cm	120 cm	150 cm	180 cm	210 cm	240 cm	270 cm
降解率/%	6 h	44.90±5.40^a	35.40±3.97^b	33.57±6.08^b	29.38±5.36^c	24.15±3.02^d	18.47±4.52^e	10.53±2.47^f
	12 h	46.48±8.93^a	40.07±4.69^b	40.82±7.36^b	38.94±6.53^{bc}	30.11±3.68^d	24.92±1.69^e	16.86±1.39^f
	24 h	54.08±4.76^a	47.04±4.64^b	48.14±4.24^b	44.74±4.58^c	35.96±5.01^d	28.40±4.41^e	20.65±2.69^f
	48 h	56.23±5.08^a	49.05±7.24^b	50.43±5.08^b	48.07±2.85^c	40.96±3.32^d	33.21±1.86^e	25.45±0.51^f
	72 h	60.25±4.32^a	56.19±2.88^b	53.05±7.87^{bc}	51.37±2.86^c	42.64±4.64^d	34.49±3.53^e	27.53±5.80^f
降解参数/%	a	40.38±4.64^a	31.68±3.07^b	22.10±4.59^c	18.20±3.78^d	17.35±3.41^d	12.35±1.26^e	5.28±2.44^f
	b	20.79±4.64^e	25.90±2.37^d	30.14±5.05^b	33.15±5.07^a	28.34±3.37^{bc}	22.20±1.81^e	25.14±0.77^d
	a+b	61.18±4.58^a	57.59±4.21^b	52.24±3.19^c	51.36±4.18^c	45.69±6.95^d	34.55±2.10^e	30.42±3.76^f
	c	0.036^e	0.031^e	0.080^a	0.073^{ab}	0.047^d	0.060^c	0.044^d
	ED	53.82±2.04^a	47.46±3.79^b	46.21±7.73^b	37.92±2.2^c	31.06±6.24^d	28.93±2.36^e	17.05±2.5^f

注：同行不同字母表示差异显著（$P<0.05$）。

表 1-7 不同生长高度王草的粗蛋白瘤胃降解率和降解参数

指标		生长高度						
		90 cm	120 cm	150 cm	180 cm	210 cm	240 cm	270 cm
降解率/%	6 h	51.64 ± 3.72^a	44.25 ± 3.7^b	38.61 ± 5.43^c	32.32 ± 5.04^d	25.36 ± 3.94^e	20.50 ± 2.38^f	14.39 ± 1.13^g
	12 h	58.10 ± 4.09^a	50.09 ± 5.27^b	46.94 ± 6.41^{bc}	42.83 ± 3.13^c	31.62 ± 4.76^d	27.66 ± 2.07^d	19.68 ± 1.30^e
	24 h	67.60 ± 2.70^a	58.80 ± 5.29^b	55.36 ± 4.87^{bc}	49.21 ± 4.25^c	37.76 ± 2.99^d	31.52 ± 2.40^e	24.10 ± 0.52^f
	48 h	70.29 ± 4.49^a	61.31 ± 3.56^b	57.99 ± 2.99^b	52.88 ± 2.44^c	43.01 ± 2.99^d	36.86 ± 1.92^{de}	27.16 ± 0.67^f
	72 h	75.31 ± 4.35^a	64.62 ± 4.25^b	61.01 ± 5.99^{bc}	56.51 ± 7.42^d	44.77 ± 5.26^e	38.28 ± 2.90^f	29.37 ± 1.19^g
降解参数/%	a	43.29 ± 5.76^a	35.56 ± 3.04^b	26.65 ± 2.26^c	20.03 ± 2.76^d	18.21 ± 2.31^d	13.96 ± 1.52^e	8.95 ± 1.04^f
	b	35.30 ± 4.54^a	30.99 ± 3.23^b	34.93 ± 2.47^{ab}	36.47 ± 3.90^a	29.76 ± 3.89^c	26.39 ± 4.76^d	22.07 ± 0.62^e
	$a+b$	78.58 ± 3.23^a	66.55 ± 4.35^b	61.58 ± 2.31^c	56.49 ± 3.47^d	47.97 ± 5.40^e	40.35 ± 4.54^f	31.03 ± 2.66^g
	c	0.045^c	0.054^b	0.071^a	0.073^a	0.047^c	0.053^b	0.051^b
	ED	67.82 ± 3.23^a	58.24 ± 4.54^b	53.82 ± 3.32^b	48.66 ± 4.50^c	39.14 ± 3.33^d	33.12 ± 1.97^{de}	24.83 ± 0.76^f

注：同行不同字母表示差异显著（$P<0.05$）。

表1-8 不同生长高度王草的中性洗涤纤维瘤胃降解率和降解参数

指标		生长高度						
		90 cm	120 cm	150 cm	180 cm	210 cm	240 cm	270 cm
降解率/%	6 h	35.92 ± 3.12^a	28.78 ± 1.69^b	27.52 ± 0.99^b	22.58 ± 1.22^c	18.66 ± 1.21^d	13.58 ± 1.09^e	9.02 ± 0.86^f
	12 h	37.18 ± 3.25^a	32.58 ± 1.45^b	33.46 ± 1.7^b	29.28 ± 1.29^c	24.88 ± 2.03^{cd}	18.32 ± 1.23^e	14.24 ± 0.47^f
	24 h	43.26 ± 1.23^a	38.24 ± 1.83^b	39.46 ± 1.86^b	35.40 ± 2.49^c	30.30 ± 1.10^d	20.88 ± 1.08^e	16.10 ± 0.21^f
	48 h	44.98 ± 3.41^a	39.88 ± 4.38^b	41.34 ± 2.62^b	38.40 ± 2.10^c	34.22 ± 2.93^d	24.42 ± 1.59^e	19.30 ± 1.37^f
	72 h	48.2 ± 4.52^a	45.68 ± 4.23^b	43.48 ± 1.59^b	40.88 ± 3.51^c	36.78 ± 1.96^{cd}	25.36 ± 2.43^d	21.02 ± 0.21^f
降解参数/%	a	32.3 ± 2.45^a	25.76 ± 2.35^b	18.11 ± 1.15^c	14.31 ± 0.44^d	10.21 ± 1.17^e	9.08 ± 085^e	5.30 ± 1.10^f
	b	16.63 ± 3.81^d	21.06 ± 3.12^b	24.70 ± 1.83^b	27.58 ± 1.49^a	25.60 ± 1.89^b	16.32 ± 1.34^d	16.96 ± 0.59^d
	a+b	48.94 ± 4.33^a	46.82 ± 3.07^a	42.81 ± 2.33^b	41.88 ± 2.24^b	35.81 ± 1.47^c	25.40 ± 1.22^e	22.27 ± 0.49^d
	c	0.036^d	0.031^d	0.080^a	0.062^b	0.054^c	0.060^b	0.049^c
	ED	43.01 ± 1.27^a	38.64 ± 2.97^b	37.87 ± 1.47^b	29.55 ± 1.67^c	23.54 ± 1.23^d	21.31 ± 1.17^d	13.74 ± 1.53^e

注：同行不同字母表示差异显著（$P<0.05$）。

（三）讨论

1. 不同生长高度王草营养成分动态变化

本研究中，不同生长高度王草营养成分的变化规律与许多已报道结果类似，即随着生长时间的增加，植物由幼嫩逐渐成熟直至老化，干物质、有机物含量升高，粗蛋白含量逐渐下降，木质化程度逐渐增高，纤维物质含量明显增高，适口性降低，整体营养价值呈下降趋势。

饲用黑麦随生育期延长，其产草量不断增加，粗蛋白由 31.71% 下降至 9.60%，中性洗涤纤维由 36.89% 上升至 63.78%，酸性洗涤纤维由 17.56% 上升至 36.31%，饲用品质不断下降（李志坚、胡跃高，2004）。王草粗蛋白随着株高的升高而降低，由 14.95% 下降至 7.84%，变化趋势与本研究相同（陈勇等，2009）。红三叶随着生长年限的增加，粗蛋白含量降低，酸洗纤维含量增加，营养价值呈下降趋势（赵娜等，2011）。高丹草随着生育期的推后，粗蛋白含量迅速降低，而干草产量逐渐升高（刘建宁等，2011）。不同生长阶段紫羊茅各营养物质的含量差异显著，随着生长阶段的推进粗蛋白含量呈下降趋势，中性洗涤纤维、酸性洗涤纤维含量呈升高趋势（刘太宇等，2013）。以上研究结果表明，植物本身的物质积累和化学成分含量存在一定的变化规律，选择合适的利用时期非常重要。本研究中王草主要营养成分含量与课题组前期研究工作得到的结果吻合（李茂等，2013），而与其他研究报道的结果略有差异（杨信等，2013），营养成分含量的差异可能与生长环境、水肥条件、刈割茬次等因素有关，但这些差异均在正常范围以内。饲料相对值 RFV 是目前美国唯一广泛使用的粗饲料质量评定指数，本研究中王草生长高度为 180 cm 时 RFV 为 87，等级为 3 级，营养价值较高；超过 180 cm 后粗饲料等级由 3 级降为 4 级或者更低，营养价值明显降低。根据粗蛋白等营养成分的变化规律和饲料相对值，王草生长高度低于 180 cm 时营养价值较高。

2. 不同生长高度王草瘤胃降解特性

牧草 DM 的瘤胃降解率是影响干物质采食量的一个重要因素，反映牧草消化的难易程度，降解率高的牧草动物的采食量可能也相应提高。本研究中不同生长高度王草的 DM 降解率差异较大，同一时间点随着生长高度增加降解率逐渐降低。另外,随着牧草在瘤胃中停留时间的增加,DM 的降解率逐渐增大,最终趋于稳定,符合粗饲料在瘤胃中降解的普遍规律。有学者对不同牧草的瘤胃降解特性进行了研究(陈晓琳等,2014),结果发现 DM 降解率高的牧草 a 值较高,接近 b 值或者大于 b 值,而 DM 降解率低的牧草 a 值要远小于 b 值,本研究结果也符合这一规律,即随着生长高度增加,DM 的 a 值、潜在降解率和有效降解率却随之降低。牧草瘤胃降解率降低与其本身营养物质含量变化有关,而牧草收获时期决定了牧草的品质,随着生长周期的推后,牧草饲用品质下降,瘤胃降解率也随之降低。本研究中,不同生长高度王草干物质瘤胃降解率均低于已报道的王草干物质瘤胃降解率(陈勇等,2010),可能与其采用的实验动物黄牛的消化能力较强有关。生长高度 180 cm 王草 DM 的瘤胃降解参数与已报道的同为狼尾草属牧草的象草的结果接近(杨膺白等,2007),显著高于其他几种狼尾草属牧草。另外,本研究中生长高度小于 180 cm 王草的 DM 的有效降解率与主要禾本科粗饲料相比,高于玉米秸秆、羊草、披碱草、中华羊茅、多叶老芒麦、紫羊茅,与玉米秸秆青贮、虎尾草接近,低于全株玉米青贮、燕麦草、狗尾草等(夏科等,2012;余苗等,2014),结果表明王草在适宜的生长高度收获利用,具有较高的 DM 瘤胃降解率。

蛋白质是饲料营养价值评价的重要指标之一,蛋白质的消化利用程度影响瘤胃微生物蛋白质的合成和氮在动物体内的沉积,与动物产品的质量紧密相关。牧草细胞壁中的纤维结构影响细胞内容物中蛋白质的降解,因此 CP 含量高低与 CP 在瘤胃中的降解率高低可能存在差异,化学分析方法不能准确判断牧草 CP 实际消化情况,通过瘤胃降解能对其可利用性做出较准确的判断。有研究表明,牧草 CP 含量高有利于 CP 的降解,CP 的有效降解率与快速降解部分呈极显著正相关。有学者对肉羊饲料营养成分与消化率相关性研究结果表明,饲料 CP 的消化率与饲料中 CP 的含量均呈极显著正相关,而与中性洗涤纤维(NDF)呈极显著负相关。紫羊茅随着生长阶段的推进,CP 的瘤胃有效降解率呈明显下降趋势,可能也与纤维成分增加有关。本研究中,王草生长高度由低到高,CP 在瘤胃内各时间点的降解率、潜在降解率和 ED 随之降低,可能与 CP 含量降低、纤维类物质增加有关,随着植物的成熟老化,木质化程度加深影响氮的释放和分解,与上述研究结果一致。本研究中王草 CP 的瘤胃降解率、有效降解率高于已报道的王草和其他几种狼尾草属牧草,低于同为狼尾草属牧草的象草的潜在降解率和 ED（90 cm 除外）。另外,本研究中生长高度小于 180 cm 王草 CP 的有效降解率与主要禾本科粗饲料相比,高于玉米秸秆、羊草、中华羊茅、紫羊茅、虎尾草,与披碱草、多叶老芒麦、全株玉米青贮、玉米秸秆青贮、燕麦草、狗尾草接近,结果表明王草在适宜的生长高度收获利用,具有较高的 CP 瘤胃降解率。

纤维是反刍动物的一种必需营养素,与瘤胃正常功能和动物健康密切相关,中性洗涤纤维瘤胃降解率较准确地反映了饲料中纤维可利用程度,是反刍动物粗饲料营养价值评价的一个重要指标。饲料 NDF 的含量和组成会影响 NDF 的瘤胃降解率,所以不同粗饲料的瘤胃有效降解率也存在差异。有研究结果表明,饲料 NDF 的消化率与中性洗涤纤维（NDF）含量呈极显著负相关。另有研究发现,可以通过调节发酵底物水稻秸秆 NDF 的比表面积（Special surface areas, SSA）来调控瘤胃发酵和饲料利用。紫羊茅随着生长阶段的推进,NDF 的瘤胃有效降解率呈明显下降趋势,且 NDF 的有效降解率低于 DM、CP。本研究中,王草生长高度由低到高,NDF 瘤胃降解率随之降低,可能与植物成熟老化、纤维类物质含量和类型的变化有关,与上述研究结果一致。本研究中,生长高度小于 180cm 王草的 NDF 瘤胃降解率高于玉米秸秆、全株玉米青贮、狼尾草属牧草、紫羊茅,与虎尾草、羊草、玉米秸秆青贮接近,表明与常用禾本科粗饲料相比,王草的 NDF 瘤胃降解率较高,生长高度小于 180 cm 时 NDF 可降解性更好。

值得注意的是,不同研究条件下的粗饲料瘤胃降解结果有较大的差异,除了与原料本身的差异如品种、产地、收获时期、采样方式、粉碎粒度等有关外,实验动物种类、生理状况及日粮类型等也可能造成这些差异。因此,这些针对不同饲料、采用不同动物进行的瘤胃降解试验的特定研究结果对指导当地畜牧生产有重要意义,但对于其他地区只能作为参考。

（四）结论

王草主要营养成分随生长高度增加而变化,其中 CP 随生长高度增加而降低,ADF、NDF 随生长高度增加而升高,180 cm 后粗饲料等级较低;不同生长高度王草瘤胃降解率在 48 h 前增长较快,48 ~ 72 h 逐渐趋于稳定,降解速率由低到高再降低;各个时间点的 DM、CP 和 NDF 降解率随着生长高度的增加而降低;王草 DM、CP 和 NDF 的慢速降解部分在生长高度为 180 cm 时最高,降解速率在 150 cm 或 180 cm 时最高;王草主要营养成分快速降解部分、潜在降解部分和有效降解率随生长高度增加而降低;综合主要营养成分含量、粗饲料等级和瘤胃降解特性,王草在生长高度低于 180 cm 时具有较高的营养价值。

三、王草茎秆物理特性与饲用价值相关性研究

为研究王草茎秆物理特性与饲用价值之间的相关性,通过测定不同生长高度王草茎叶比、茎秆剪切力、直径和线性密度,分析化学成分含量,用尼龙袋法测定瘤胃降解率,比较各项指标随生长高度变化的规律,探讨物理特性与饲用价值之间的相关性。结果表明,王草茎叶比、茎秆剪切力、直径和线性密度随着生长高度增加而增加,粗蛋白质含量随着生长高度增加而降低,干物质和纤维成分随着生长高度增加而增加,瘤胃降解率随着生长高度增加而降低,表明随着生长高度增加,饲用价值降低。剪切力与直径、线性密度正相关,与干物质、纤维成分含量正相关,与粗蛋白质和瘤胃降解率负相关。王草茎秆物理特性、饲用价值受生长高度影响。综合考虑茎秆物理特性、化学成分和瘤胃降解率,王草最佳刈割高度应低于 180 cm。物理特性与饲用价值显著相关。剪切力较化学成分和消化率更容易测量,可以作为王草饲用价值评价指标之一。

牧草是反刍家畜的非常重要的粗饲料,不同种类牧草饲用价值相差很大。常规牧草评价包括测定营养成分、动物采食量、消化率等指标,需要消耗大量人力、物力和时间。牧草剪切力是指垂直于牧草茎秆表面,将其切断所需的最大力值,是一种重要的物理特性。剪切力在一定程度上反映了动物对牧草的选择趋势、采食以及消化情况,其测定方法较化学分析更为直接、方便、重复性好,并且与动物生产性能密切相关,可以作为评价饲用价值指标。剪切力受植物的种类、形态结构、成熟程度以及茎秆化学成分等影响较大。热带牧草茎秆通常含有较多结构性多糖类物质,并且具有粗糙、多空和坚硬的茎秆。热带牧草茎秆物理特性及其对饲用价值的影响还未见报道。王草是一种优质的多年生禾本科牧草,具有产量高、茎叶柔嫩多汁、适口性好等特点,是我国南方重要的反刍家畜粗饲料。本研究以王草作为试验材料,测定不同生长高度植株茎

秆剪切力与形态学指标、化学成分、瘤胃降解率,并分析剪切力与形态指标、化学成分、瘤胃降解率相关性,为剪切力应用于热带牧草饲用价值评价提供理论依据。

(一)材料与方法

1.试验材料

选用中国热带农业科学院热带作物品种资源研究所畜牧基地种植的热研 4 号王草为试验材料。

2.剪切力与形态学指标测定

选择当年种植的同一地块内同一茬次的热研 4 号王草,种植时间为 2014 年 2 月底,集中采样时间为同年 6 月。取样方法:按照植物生长时间,取样高度由低到高,当植物平均生长高度分别为 90 cm、120 cm、150 cm、180 cm、210 cm、240 cm、270 cm 时,采集相应生长高度的王草各 30 株,分别将茎秆和叶片分开并称重,计算茎叶比。测定单株茎秆长度,根据测得的质量及长度,计算线性密度 [线性密度(mg/mm)= 质量(mg)/ 长度(mm)],然后测定单株剪切力。测定时,首先将茎平均分为上、中、下三个茎段,测量每一茎段中点处直径,随即用 TMS-PRO 质构仪(Food Technology Corporation, USA,测定范围为 0 ~ 2 500 N)在每一茎段的中点处垂直切断,测定剪切力(注意避开茎节)。同一株三个茎段剪切力和直径的平均值分别记作该茎的剪切力和直径。

3.茎秆化学成分测定

采集与测定剪切力和线性密度相同时期的王草,除去茎秆上的叶片后,每 10 个整株茎作为一个样品。取鲜样在 65 ℃下烘至恒重,测定初水分。风干后用高速粉碎机粉碎制成样本,用于测定各种营养成分含量和瘤胃降解率。干物质采用烘干法测定,粗蛋白质采用凯氏定氮法测定,步骤参照张丽英(2003)的方法;中性洗涤纤维、酸性洗涤纤维采用范氏测定法测定(Van Soest P. J. et al., 1991);总能采用 Parr6300 氧弹量热仪(Parr Instrument Co., USA)测定。

4. 饲料相对值计算

$$RFV=DMI（BW，\%）\times DDM（DM，\%）/1.29$$

DMI 与 DDM 的预测模型分别为

$$DMI（BW，\%）=120/NDF（DM，\%）$$

$$DDM（DM，\%）=88.9-0.779ADF（DM，\%）$$

式中，DMI（Dry Matter Intake）为粗饲料干物质的随意采食量，单位为占体重的百分比，即 %；DDM（Digestible Dry Matter）为可消化的干物质，单位为 %，粗饲料分级标准参照文献（李茂等，2012）。

5. 瘤胃降解试验

测定样品消化率的方法与步骤参照文献（李茂等，2011）的方法与步骤，步骤如下：称取约 5 g 样品，倒入已知质量的 5 cm×3 cm 的尼龙袋中，绑紧后于晨饲前放入装有瘤胃瘘管的海南黑山羊腹中。48 h 后取出，自来水冲洗 7~8 min，计算其瘤胃降解率，每个样品 3 个重复。

瘤胃降解率（Rumen Degradability，RD）（DM，%）=（样本质量 −残渣质量）/ 样本质量 ×100。

代谢能（ME）计算应用 1965 年 ARC 提供的方法：

$$ME= GE\times RD\times 0.815$$

式中，ME 为代谢能，MJ/kg；GE 为总能，MJ/kg；RD 为瘤胃降解率，%。

6. 数据分析

采用 SAS 9.0 软件进行数据处理和统计分析，差异显著性检验采用邓肯法。利用 Excel 2003 中线性回归分析建立回归模型来确定王草茎秆剪切力与其形态学指标、化学成分及瘤胃降解率之间的关系。

（二）结果与分析

1. 王草茎秆剪切力、直径、线性密度

不同生长高度王草茎秆剪切力与形态学指标及其相关性见表 1-9 和表 1-10。由表 1-9 可以看出，王草茎叶比、茎秆剪切力、直径和线性密度随着生长高度增加而增加，茎叶比由 0.79 增加到 1.76，线性密度由 101.8 mg/mm 增加至 225.8 mg/mm，直径由 10.09 mm 增加至 15.90 mm，剪切力由 426.19 N 增加至 1 693.33 N，茎叶比、线性密度、

直径和剪切力分别增加了122.78%、121.81%、57.58%和297.31%。结果表明，王草茎秆随着生长高度增加质地变硬。从王草茎叶比、茎秆物理特性（剪切力、直径和线性密度）综合考虑，王草最佳刈割高度应低于180 cm。由表1-9可以看出，茎秆剪切力与直径、线性密度之间呈线性正相关（$P<0.01$），且相关系数均高于0.9。

2. 王草茎秆化学成分与瘤胃降解率

不同生长高度王草茎秆化学成分与瘤胃降解率以及与剪切力相关性见表1-11和表1-12。由表1-11可以看出，王草茎秆粗蛋白质含量随着生长高度增加而降低，粗蛋白质含量由4.68%降低至3.45%，粗蛋白质含量降低了26.28%；干物质、中性洗涤纤维和酸性洗涤纤维随着生长高度增加而增加，干物质由10.69%增加至17.89%，中性洗涤纤维由54.04%增加至69.22%，酸性洗涤纤维由33.57%增加至48.55%，干物质、中性洗涤纤维和酸性洗涤纤维分别增加了67.35%、28.09%和30.85%；总能含量由15.27 MJ/kg增加至18.77 MJ/kg，增加了22.92%；饲料相对值由108.01降低至68.64，降低了39.37，饲料等级也由2级降低至5级；王草茎秆瘤胃降解率随着生长高度增加而降低，由72.11%降低至49.50%，降低了22.61%。结果表明，王草茎秆随着生长高度增加饲用价值降低。不同生长高度王草茎秆化学成分、瘤胃降解率的变化趋势见图1-2，其中瘤胃降解率与中性洗涤纤维和酸性洗涤纤维在150 cm至180 cm存在较明显的拐点，参考粗蛋白质含量、饲料等级等指标，可以确定王草最佳刈割高度应低于180 cm，与参考茎秆物理特性得出的结论一致。剪切力与化学成分和瘤胃降解率的相关性见表1-12。由表1-12可以看出，王草茎秆剪切力与干物质含量之间呈极显著线性正相关（$P<0.01$），与粗蛋白质含量之间呈线性负相关（$P<0.05$），剪切力与酸性洗涤纤维含量之间呈极显著线性正相关（$P<0.01$），与中性洗涤纤维呈显著正相关（$P<0.05$）；剪切力与总能之间呈线性正相关（$P<0.05$），与代谢能之间呈线性负相关（$P<0.05$）；剪切力与瘤胃降解率之间呈极显著线性负相关（$P<0.01$）。

表1-9 不同生长高度王草茎秆的形态学指标及剪切力

指标	株高						
	90 cm	120 cm	150 cm	180 cm	210 cm	240 cm	270 cm
茎叶比	0.79±0.01^e	1.28±0.02^d	1.36±0.54^c	1.53±0.24^b	1.58±0.10^b	1.59±0.24^b	1.76±0.17^a
线性密度/(mg·mm^{-1})	101.80±16.88^d	118.90±30.77^d	143.30±25.76^c	158.40±16.53^c	184.70±33.38^b	219.70±49.83^a	225.80±41.68^a
直径/mm	10.09±1.41^c	14.02±1.76^b	14.10±1.09^b	14.20±0.65^b	15.05±1.48^{ab}	15.70±1.55^a	15.90±1.30^a
剪切力/N	426.19±68.17^e	533.12±65.44^e	676.29±87.39^d	884.75±74.83^c	1252.61±192.33^b	1643.31±197.53^a	1693.33±214.19^a

注：同行不同字母表示差异显著（$P<0.05$）。

表 1-10 剪切力(x)与形态学指标(y)线性回归分析

指标	线性方程	R^2	显著性
直径/mm	$y = 0.0019x + 12.644$	0.945 9	$P<0.01$
线性密度 /（mg·mm^{-1}）	$y = 0.0912x + 72.024$	0.984 1	$P<0.01$

表1-11 不同生长高度王草茎秆化学成分、瘤胃降解率和代谢能

指标	株高						
	90 cm	120 cm	150 cm	180 cm	210 cm	240 cm	270 cm
干物质/%	10.69±2.85[e]	10.84±2.20[e]	11.86±3.37[d]	12.80±1.58[c]	13.04±3.02[c]	15.85±1.91[b]	17.89±2.57[a]
粗蛋白质/%	4.68±0.85[a]	4.55±1.01[a]	4.10±0.99[b]	3.71±0.62[c]	3.63±1.19[c]	3.63±0.76[c]	3.45±0.85[c]
总能/(MJ·kg⁻¹)	15.27±0.38[d]	16.41±0.57[c]	17.13±0.35[b]	17.22±0.41[b]	17.87±0.39[ab]	18.23±0.57[a]	18.77±0.59[a]
中性洗涤纤维/%	54.04±7.76[d]	61.81±6.15[bc]	63.09±7.95[b]	64.53±3.74[b]	68.23±7.42[a]	68.69±8.10[a]	69.22±5.59[a]
酸性洗涤纤维/%	33.57±6.26[e]	34.99±5.55[e]	37.70±5.46[d]	40.53±4.40[c]	45.30±2.99[b]	47.78±7.58[a]	48.55±5.27[a]
饲料相对值	108.01±4.52[a]	92.77±1.69[b]	87.78±3.53[b]	82.64±1.26[c]	73.09±1.81[d]	69.99±2.47[e]	68.64±4.04[e]
等级	2	3	3	4	5	5	5
瘤胃降解率/%	72.11±9.84[a]	66.44±6.70[b]	62.45±4.12[c]	60.09±7.42[c]	53.22±3.74[d]	49.95±4.88[d]	49.50±6.15[d]
代谢能/(MJ·kg⁻¹)	11.01±0.76[a]	10.90±1.16[a]	10.70±0.73[a]	10.35±0.79[ab]	9.51±1.25[b]	9.11±1.53[b]	9.29±2.13[b]

注：同行不同字母表示差异显著（P<0.05）。

表 1-12 剪切力(x)与化学成分(y)和瘤胃降解率(y)线性回归分析

指标	线性方程	R^2	显著性
干物质	$y = 0.0049x + 8.323$	0.904 9	$P<0.01$
粗蛋白质	$y = -0.0008x + 4.8127$	0.793 4	$P<0.05$
酸性洗涤纤维	$y = 0.0116x + 29.398$	0.979 9	$P<0.01$
中性洗涤纤维	$y = 0.009x + 55.056$	0.770 0	$P<0.05$
总能	$y = 0.0021x + 15.137$	0.864 1	$P<0.05$
代谢能	$y = -0.0015x + 11.67$	0.970 9	$P<0.05$
瘤胃降解率	$y = -0.0161x + 75.464$	0.943 5	$P<0.01$

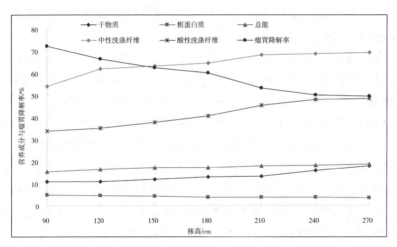

图 1-2 不同生长高度王草茎秆化学成分、瘤胃降解率的变化趋势

（三）讨论

　　牧草的物理特性与动物的自由采食量和生产性能密切相关。剪切力是一种重要的物理特性,可评价动物咀嚼牧草时的破碎程度。自由采食的动物会选择植物顶端幼嫩部分,即剪切力低、直径小的植株,其大小在一定程度上反映了动物对牧草的选择趋势。植物剪切力受植物种类、茎秆形态结构、生长时期、剪切部位、纤维结构、化学成分等诸多因素影响。

　　不同的植物剪切力差异很大,黑麦草茎秆剪切力为 64.25 N,两种苜蓿茎秆剪切力为 96.24 N 和 124.1 N,水稻茎秆剪切力为 96.06 N,小麦茎秆剪切力为 37.3 ~ 190.0 N,而玉米茎秆剪切力则高达 681.06 N,剪切力大的饲草营养价值和适口性也较差。茎秆的切面面积、线性密度和直径等形态结构特征也影响剪切力大小,剪切力随着切面面积、线性密度和直径的增加而增加。随着成熟程度和生长周期延长,茎秆木质化程度越高,剪切力也随之增加。剪切部位影响剪切力的大小,研究发现水稻茎秆上部的剪切力明显低于中下部,因此衡量植物茎秆剪切力大小时取样部位非常关键,需要统一标准。本研究中,生长高度较低时,王草茎秆剪切力与玉米秸秆的相近,这可能是大型禾本科饲草的共性。随着生长高度增加,剪切力也随之增加,且两者呈正相关。许多研究表明,剪切力与茎秆纤维结构显著相关,机械组织的厚度、维管束组织的数量、组织及细胞间的连接形式及键合强度、硅酸盐和木质素的排列方式等都影响其强度,因此剪切力大小差异很大。

植物茎秆的化学成分含量也影响剪切力的大小。许多研究表明,剪切力与干物质含量呈正相关,可能是由于干物质含量大的茎秆机械强度大,剪断需要更大的力量。另外,水分在植物茎秆里的存在形式、与化学成分的作用方式不同,在承受剪切作用时功能、机理可能也不相同,也会导致剪切力的差异。粗蛋白质含量随着生长高度增加而降低,反映了植物成熟程度增加剪切力也随之增大的特性。前人关于水稻秸秆、玉米秸秆等的研究表明,纤维成分含量直接影响剪切力大小,但影响剪切力的纤维成分有所不同,水稻秸秆与纤维素显著相关、与半纤维素极显著相关,而玉米秸秆则与中性洗涤纤维和酸性洗涤纤维极显著相关。本研究中剪切力与酸性洗涤纤维极显著相关。植物茎秆纤维成分的结构和含量影响总能的大小,而总能和消化率影响代谢能,因此剪切力也在一定程度上与总能和代谢能存在相关性,剪切力与总能之间呈线性正相关,与代谢能之间呈线性负相关。另外,茎秆纤维成分含量的差异造成饲料相对值的不同,本研究中饲料相对值随生长高度增加而降低,饲料等级也随之降低,营养价值下降。由此看来,不同种类的植物茎秆组织结构和细胞壁中各种纤维组分的排列方式和含量差异很大,导致剪切力不同和营养价值的差异,有必要对不同种类植物化学成分和剪切力进行研究。

消化率是决定反刍动物对粗饲料营养价值的重要指标。有研究表明,剪切力与植物茎秆化学成分、瘤胃降解率有关,瘤胃降解率随着其剪切力的增加而降低。紫花苜蓿茎剪切力与其养分瘤胃降解率之间呈显著线性负相关,本研究也得出类似的结论。然而,黑麦草、玉米秸秆剪切力与瘤胃降解率之间却未发现显著相关性,这可能与不同种类植物茎秆结构组成、营养成分含量差异有关。因此,剪切力作为饲用价值评价指标应该针对特定的植物种类。

（四）结论

王草茎秆物理特性受生长高度影响,随着生长高度增加,王草茎秆质地变硬;王草茎秆饲用价值受生长高度影响,随着生长高度增加,营养价值和瘤胃降解率降低。综合考虑茎秆的物理特性、化学成分和瘤胃降解率,王草最佳刈割高度应低于180 cm。王草茎秆物理特性与饲用价值显著相关。剪切力较化学成分和消化率更容易测量,可以作为王草饲用价值评价指标之一。

四、柱花草茎秆剪切力与营养价值动态变化和相关性研究

牧草是反刍家畜非常重要的粗饲料,不同种类牧草营养价值相差很大。常规牧草营养价值评价包括营养成分、动物采食量、消化率等指标,需要消耗大量人力、物力和时间。牧草剪切力是指垂直于牧草茎秆表面,将其切断所需的最大力值,是一个重要的物理特性。剪切力在一定程度上反映动物对牧草的选择趋势、采食以及消化情况,其测定方法较化学分析更加直接、方便且重复性好,并且与动物生产性能密切相关,可以作为评价牧草营养价值高低的一项指标。剪切力受植物种类、形态结构、成熟程度以及茎秆化学成分等影响较大。热带牧草通常含有较多结构性多糖类物质,并且具有粗糙、多空和坚硬的茎秆。热带牧草剪切力及其对营养价值的影响尚未见报道。本研究选择具有代表性的热带牧草——柱花草作为试验材料,测定不同生长高度植株茎秆剪切力、形态学指标、化学成分、体外干物质消化率,并分析剪切力与形态指标、化学成分、体外干物质消化率的相关性,为剪切力应用于热带牧草营养价值评价提供理论依据。

（一）材料与方法

1. 试验材料

选用中国热带农业科学院热带作物品种资源研究所种植的"热研 2 号"柱花草为试验材料。

2. 剪切力与形态学指标测定

选择当年种植的同一茬次同一地块内的"热研 2 号"柱花草为研究对象。取样方法：按照植物生长时间，当植物平均生长高度分别为 40 cm、50 cm、60 cm、70 cm、80 cm、90 cm、100 cm、110 cm、120 cm 时，采集相应生长高度的柱花草各 30 株，除去主茎上的叶、侧茎等部分，作为相关指标分析材料。首先测定单株茎质量和长度，根据测得的质量及长度，计算线性密度 [线性密度(g/mm) = 质量(g) / 长度(mm)]，然后测定单株剪切力。测定时，首先将茎平均分为上、中、下 3 个茎段，测量每一茎段中点处的直径，随即用 TMS-PRO 质构仪(Food Technology Corporation, USA, 测定范围为 0 ~ 2 500 N) 在每一茎段的中点处垂直切断，测定剪切力(注意避开茎节)。同一株 3 个茎段剪切力和直径的平均值分别记作该茎的剪切力和直径。

3. 茎秆化学成分测定

采集与测定剪切力和线性密度相同时期的柱花草，同样去除主茎上的叶、侧茎与花蕾等部分后，每 10 个整株茎作为一组样品。取鲜样 65 ℃烘至恒重，测定初水分。风干后用高速粉碎机粉碎，过 40 目筛制成样品，用于测定各种营养成分含量和干物质消化率。干物质(DM)采用烘干法测定，粗蛋白质(CP)采用凯氏定氮法测定，方法参照张丽英（2003）的方法；中性洗涤纤维、酸性洗涤纤维采用范氏测定法测定；总能(GE)采用 Parr6300 氧弹热量仪(Parr Instrument Co., USA)测定。

4. 体外干物质消化率测定

样品消化率的测定方法与步骤参照文献(李茂等, 2012)的测定方法与步骤，步骤如下：称取约 0.2 g 样品，倒入已知质量的 5 cm×3 cm 的尼龙袋中，绑紧后放入注射器。抽取晨饲前海南黑山羊瘤胃液，取 312.5 mL 过滤后的瘤胃液加入装有 1 000 mL 蒸馏水并经 38 ℃水浴预热的真空容器中,然后加入 250 mL 预先配制好经 38 ℃预热的混合培养液,并持续通入 CO_2 约 10 min。取 30 mL 此瘤胃液－缓冲液的混合物加到每一个注射器中,排净注射器中的空气,并用密封针头封闭,保持真空状态,然后在 38 ℃的水浴摇床中培养。48 h 后取出,自来水冲洗 7~8 min,计算其干物质消化率。

样本体外干物质消化率 IVDMD（DM，%）=（样本质量－残渣质量）/样本质量 ×100%。

5. 数据分析

采用 SAS 9.0 软件进行数据处理和统计分析,差异显著性检验采用邓肯法。利用 Excel 2003 中线性回归分析建立回归模型来确定柱花草茎秆剪切力与其形态学指标、化学成分及体外干物质消化率之间的关系。

（二）结果与分析

1. 柱花草茎秆剪切力、直径和线性密度

不同生长高度柱花草茎秆剪切力与形态学指标及其相关性如表 1-13、表 1-14 所示。由表 1-13 可知,柱花草茎秆剪切力、直径和线性密度随生长高度增加而增加,剪切力由 79.03 N 增加至 274.40 N,直径由 2.66 mm 增加至 3.91 mm,线性密度由 0.46 g/mm 增加至 0.85 g/mm,剪切力、直径和线性密度分别增加了 247.21%、46.99% 和 84.78%。由表 1-14 可知,柱花草茎秆剪切力与直径之间呈线性正相关（$P<0.05$）;随着线性密度的增加,柱花草茎秆的剪切力均逐渐增加,呈线性正相关（$P<0.05$）

表 1-13 不同生长高度柱花草茎秆剪切力与形态学指标

指标	生长高度								
	40 cm	50 cm	60 cm	70 cm	80 cm	90 cm	100 cm	110 cm	120 cm
剪切力 /N	79.03	100.03	120.55	130.88	157.52	196.97	240.43	268.85	274.40
直径 /mm	2.66	2.74	3.01	3.16	3.14	3.51	3.38	3.87	3.91
线性密度 / （g·mm⁻¹）	0.46	0.46	0.52	0.48	0.52	0.66	0.62	0.93	0.85

表1-14　剪切力（ x ）与形态学指标（ y ）线性回归分析

指标	线性方程	R^2	显著性
直径 /mm	$y=0.0058x+2.2563$	0.918 5	$P<0.05$
线性密度 / (g·mm^{-1})	$y=0.0021x+0.2364$	0.835 0	$P<0.05$

2. 柱花草茎秆化学成分与体外干物质消化率

不同生长高度柱花草茎秆化学成分与体外干物质消化率如表1-15所示，柱花草茎秆水分、粗蛋白含量随生长高度增加而降低，水分含量由48.66%降低至30.53%，粗蛋白含量由7.62%降低至4.98%，水分含量和粗蛋白质含量分别降低了37.26%和34.65%；酸性洗涤纤维和中性洗涤纤维随生长高度增加而增加，酸性洗涤纤维由54.06%增加至70.61%，中性洗涤纤维由56.04%增加至76.47%，酸性洗涤纤维和中性洗涤纤维分别增加了30.61%和36.46%；柱花草茎秆体外干物质消化率随着生长高度增加而降低，由35.41%降低至25.91%，降低了26.83%。剪切力与化学成分和体外干物质消化率的相关性如表1-16所示。由表1-16可知，柱花草茎秆剪切力与水分含量之间呈极显著负相关（ $P<0.01$ ），与粗蛋白含量之间呈线性负相关（ $P<0.05$ ）；柱花草茎秆剪切力与纤维含量之间呈线性正相关（ $P<0.05$ ），剪切力与酸性洗涤纤维和中性洗涤纤维呈极显著正相关（ $P<0.01$ ）；柱花草茎秆剪切力与体外干物质消化率之间呈线性负相关（ $P<0.05$ ）。

表1-15　不同生长高度柱花草茎秆化学成分、体外干物质消化率和代谢能

指标	生长高度								
	40 cm	50 cm	60 cm	70 cm	80 cm	90 cm	100 cm	110 cm	120 cm
水分 /%	48.66	43.52	43.55	40.66	40.39	39.62	37.46	32.65	30.53
粗蛋白质 /%	7.62	7.30	6.51	6.19	5.75	5.78	5.27	5.42	4.98
酸性洗涤纤维 /%	54.06	54.86	57.37	61.05	63.01	66.86	67.28	71.48	70.61
中性洗涤纤维 /%	56.04	60.64	63.92	65.13	70.81	73.58	74.89	75.92	76.47
体外干物质消化率 /%	35.41	33.28	33.27	31.86	31.35	29.31	30.01	28.69	25.91
代谢能 / (MJ·kg^{-1})	4.54	4.32	4.31	4.17	4.17	4.03	4.2	4.08	3.75

表 1-16　剪切力（x）与化学成分（y）和体外干物质消化率（y）线性回归分析

指标	线性方程	R^2	显著性
水分	$y=-0.0713x+52.1$	0.885 0	$P<0.01$
粗蛋白质	$y=-0.0113x+8.0649$	0.885 0	$P<0.05$
酸性洗涤纤维	$y=0.0826x+48.337$	0.895 9	$P<0.01$
中性洗涤纤维	$y=0.0957x+51.923$	0.905 3	$P<0.01$
体外干物质消化率	$y=-0.0365x+37.367$	0.880 1	$P<0.05$

（三）讨论

　　牧草的物理特性与动物的自由采食量和生产性能密切相关。剪切力是一种重要的物理特性，可评价动物咀嚼牧草时的破碎程度，其大小在一定程度上反映了动物对牧草的选择趋势。自由采食的动物会选择植物顶端幼嫩部分，即剪切力低、直径小的植株。不同植物剪切力差异很大，黑麦草（Secale cereale L.）茎秆剪切力为 64.25 N，两种苜蓿（低纤维苜蓿和甘农三号苜蓿）茎秆剪切力分别为 96.24 N 和 124.1 N，水稻（Oryza.sativa L.）茎秆剪切力为 96.06 N，而玉米（Zea mays L.）茎秆的剪切力则高达 681.06 N，随着直径的增加茎剪切力增加，剪切力大的饲草营养价值和适口性也较差。茎秆的线性密度和直径等形态结构特征，对剪切力具有一定影响，剪切力随着线性密度和直径的增加而增加。茎秆剪切力随成熟程度和生长周期延长而增加。本研究中，在生长高度较低时，柱花草茎秆剪切力与苜蓿、小冠花（Coronilla varia L.）相近，可能是优质豆科牧草的共性；随着生长高度增加，茎秆直径增大，剪切力也随之增加，且两者呈正相关，表明直径是影响茎秆剪切力的重要因素。

　　植物茎秆的化学成分含量也会影响剪切力大小。许多研究表明，剪切力与含水量呈负相关，可能是由于含水量小的茎秆机械强度大，剪断需要更大的力量，本研究也得到一致的结果。粗蛋白质含量随着生长高度增加而降低，反映了随植物成熟程度的增加，剪切力也随之增大。有研究表明，牧草茎秆的强度随机械组织和维管束数量的增加而提高，其力学性能主要取决于机械组织的厚度和维管束组织的数量。前人关于苜蓿、水稻秸秆、玉米秸秆等的研究也表明，纤维成分含量直接影响剪切力大小，但不同植物影响剪切力的纤维成分有所不同，苜蓿剪切力仅与木质素含量极显著相关,水稻秸秆剪切力与纤维素含量显著相关、与半纤维素含量极显著相关,而玉米秸秆则与中性洗涤纤维和酸性洗涤纤维极显著相关。本研究中剪切力与中性洗涤纤维和酸性洗涤纤维均极显著相关。由此看来,不同种类的植物茎秆组织结构和细胞壁中各种纤维组分的排列方式有很大差异,导致剪切力不同,因此有必要对不同种类植物化学成分和剪切力进行研究。

消化率是决定粗饲料营养价值的重要指标。有研究表明,剪切力与植物茎秆化学成分、干物质体外消化率有关,干物质体外消化率随剪切力的增加而降低。据研究,紫花苜蓿茎剪切力与其养分瘤胃降解率之间呈显著线性负相关,本研究也得出类似的结论。然而,黑麦草、玉米秸秆的剪切力与瘤胃降解率却未发现显著相关性,这可能与不同种类植物茎秆结构组成、营养成分含量具有差异有关。因此,剪切力作为营养价值评价指标应该针对特定的植物种类。

(四)结论

柱花草茎秆剪切力、直径和线性密度随着生长高度增加而增加,水分、粗蛋白质含量随着生长高度增加而降低,酸性洗涤纤维和中性洗涤纤维随着生长高度增加而增加,体外干物质消化率随着生长高度增加而降低,表明随着生长高度增加,营养价值降低。剪切力与直径、线性密度和纤维含量呈正相关,与水分、粗蛋白和干物质体外消化率呈负相关。剪切力较化学成分和消化率更容易测量,因此可作为柱花草营养价值评价指标之一。

五、应用体外产气法研究柱花草的饲用价值

本试验测定了 10 个柱花草品种(品系)的营养成分及其单宁含量,并结合体外产气法测定了柱花草的体外干物质消化率和产气量。研究结果表明:饲料相对值 RFV 从大到小的排列顺序为热研2 号 >TPRC90028>TPRC90089> 热研 18 号 > 热研 7 号 > 热研 10号 >907>CIAT11362> 热研 5 号 > 热研 13 号;柱花草具有粗蛋白含量、代谢能含量较高,中性洗涤纤维、酸性洗涤纤维含量适中,单宁含量低,体外干物质消化率较高等特点,是一种优良的热带豆科牧草。

柱花草(*Stylosanthes* spp.)是热带、亚热带地区重要的豆科牧草,蛋白质含量高且富含多种维生素和氨基酸。我国学者对柱花草的研究主要涉及栽培技术、抗炭疽病、抗旱、遗传多样性、动物饲养等方面；对柱花草的营养价值虽也有研究，但多集中在常规营养成分分析阶段。

体外产气法（*In vitro gas production*）是 Raab 等和德国荷恩海姆大学动物营养研究所 Menke 等建立的。此法的原理是，消化率不同的各种饲料，在相应的时间内产气量与产气率不同。用该法测得的有机物消化率与在绵羊活体内测定的结果呈显著正相关。体外产气法能较真实地模拟牧草在瘤胃内的动态发酵情况，国内外学者证实了体外产气法可以替代体内、半体内法来评定饲草的营养价值。本试验以柱花草为材料，通过体外产气试验和常规营养成分的测定研究其营养价值。

（一）材料与方法

1. 试验材料

（1）试验地概况

柱花草样品采集于中国热带农业科学院热带作物品种资源研究所热带牧草中心牧草种质圃。试验地点位于东经 109° 30′，北纬 19° 30′，海拔 149 m，属热带季风气候，气候特点是夏秋季节高温多雨，冬春季节低温干旱，干湿季节分明；试验基地土壤为花岗岩发育而成的砖红壤土，土壤质地较差，无灌溉条件。

（2）供试材料

参试材料为 TPRC90028、热研 13 号、热研 5 号、热研 10 号、907、热研 7 号、热研 18 号、TPRC90089、CIAT11362、热研 2 号 10 个柱花草品种（品系）。

2. 方法

（1）样品采集与处理

在牧草种质圃内 10 块样地一次采集齐供试植物样本（均为营养期），每种材料约 500 g，120 ℃杀青 20 min，65 ℃烘焙 48 h；空气中自然冷却；粉碎后过 40 目筛制成样品备测。

（2）营养成分的测定

测定项目包括干物质（DM）、粗蛋白质（CP）、粗脂肪（EE）、中性洗涤纤维（NDF）、酸性洗涤纤维（ADF）和粗灰分（ASH）含量。其中

DM、CP、EE、NDF、ADF、ASH 的测定参照杨胜（1999）的方法，代谢总能采用美国 Parr6300 氧弹测热仪测定，单宁含量采用国家标准《进出口粮食、饲料单宁含量检验方法》（即磷钼酸－钨酸钠比色法）测定。

（3）体外产气试验

体外产气试验采用赵广永（2000）的方法。称取（50±0.200 0 饲料样品，倒入已知质量的宽 3 cm、长 5 cm 的尼龙袋中，绑紧后放入注射器前端。同时在注射器芯壁后部均匀涂上一层凡士林，起到润滑和防止漏气的作用。每个饲料样品 3 个重复，设一个空白对照组（3 个重复）。选择 3 头年龄和体重相近的成年海南黑山羊，安装永久性瘤胃瘘管。在早晨饲喂前抽取瘤胃液，用 4 层纱布过滤，取 312.5 mL 过滤后的瘤胃液加入准备好的真空容器中，真空容器中预先加入 1 000 mL 蒸馏水并在 38 ℃水浴中预热，然后加入 250 mL 预先配制好并在 38 ℃水浴中预热的混合培养液，并持续通入 CO_2 约 10 min。取 30 mL 这种瘤胃液－缓冲液的混合物加到每一个注射器中，排净注射器中的空气，保持真空状态，并用密封针头封闭注射器，记录活塞的位置，然后在 38 ℃的水浴摇床中培养。分别在发酵开始后 2 h、4 h、6 h、8 h、10 h、12 h、18 h、24 h、30 h、36 h、48 h、72 h、96 h 读取不同时间点的产气量，用各个时间点的活塞的位置读数减去活塞的初始位置读数和空白产气量，即为在相应时间内饲料发酵的产气量。为防止注射器内压强过大影响产气，统一在 48 h 时排气。

（4）相关计算公式

样本体外干物质消化率 IVDMD（DM, %）=（样本质量－残渣质量）/样本质量 ×100%

饲料相对值 RFV=DMI（BW, %）× DDM（DM, %）/1.29

其中，DMI 与 DDM 的预测模型分别为

粗饲料干物质的随意采食量 DMI（BW, %）=120/NDF（DM, %）

可消化的干物质 DDM（DM, %）=88.9-0.779ADF（DM, %）

代谢能 ME= 总能 GE × IVDMD × 0.815

（5）体外发酵参数计算

将各样品不同时间点的产气量代入由 Rskov 和 McDonald 提出的模型 $GP=a+b(1-e^{-ct})$，根据非线性最小二乘法原理，求出 a、b、c 值，其中 a 为饲料快速发酵部分的产气量，b 为慢速发酵部分的产气量，c 为 b 的速度常数（产气速率），$a+b$ 为潜在产气量，GP 为 t 时的产气量。

（6）数据分析

采用 SAS 9.0 软件和 Excel 2003 软件进行数据处理和统计分析，差异显著性检验采用邓肯法。

（二）结果与分析

1. 柱花草的常规营养成分

分析测试结果表明，10 个柱花草品种（品系）粗蛋白、粗脂肪、中性洗涤纤维、酸性洗涤纤维、单宁含量，代谢总能及其饲料相对值平均值分别为 10.47%、2.62%、47.42%、39.71%、0.59%、16.49 MJ/kg、114.83（表1-17）。柱花草粗蛋白含量品种（品系）间差异较大，热研 18 号极显著高于其他品种（品系），907 柱花草极显著低于其他品种（品系）。热研 2 号粗脂肪含量最高，热研 7 号粗脂肪含量最低，差异达到极显著水平。热研 2 号中性洗涤纤维含量最低，热研 13 号、热研 5 号、CIAT11362 中性洗涤纤维含量均高于 50%。酸性洗涤纤维各品种（品系）间差异不大，CIAT11362 含量最高，TPRC90028 和 TPRC90089 含量最低。代谢总能含量各品种（品系）间无显著差异。柱花草单宁含量均较低，907 最高，CIAT11362 最低。热研 2 号饲料相对值最大，热研 13 号最小。

表 1-17　柱花草主要营养成分及其单宁含量

柱花草品种（品系）	主要成分含量			w/%			代谢总能/(MJ·kg^{-1})	饲料相对值
	CP	EE	NDF	ADF	单宁			
TPRC90028	11.75^b	1.75^{cd}	42.67^c	37.28^b	0.59^c	16.37^a	130.49^a
热研 13 号	12.12^b	2.04^c	50.95^a	39.43^{ab}	0.56^c	16.74^a	106.23^d
热研 5 号	10.76^{bc}	2.66^b	50.79^a	40.16^{ab}	0.69^{ab}	16.26^a	105.52^d
热研 10 号	10.26^c	2.99^{ab}	47.66^b	39.94^{ab}	0.73^a	16.49^a	112.79^{bc}
907	7.25^e	2.00^c	48.48^{ab}	39.33^{ab}	0.85^a	16.17^a	111.79^{bc}
热研 7 号	9.88^d	1.53^d	46.50^{bc}	41.27^a	0.54^c	16.04^a	113.53^{bc}
热研 18 号	12.88^a	3.18^{ab}	46.40^{bc}	39.98^{ab}	0.58^c	16.94^a	115.79^{bc}
TPRC90089	10.50^{bc}	3.54^a	46.29^{bc}	37.28^b	0.46^d	16.53^a	120.29^b
CIAT11362	10.40^c	2.97^{ab}	50.53^a	42.42^a	0.40^d	16.91^a	102.83^d
热研 2 号	10.50^{bc}	3.54^a	41.62^c	40.02^{ab}	0.50^c	16.44^a	129.02^a

柱花草品种（品系）	主要成分含量			*w*/%		代谢总能/(MJ·kg⁻¹)	饲料相对值
	CP	EE	NDF	ADF	单宁		
平均值	10.47	2.62	47.42	39.71	0.59	16.49	114.83

注：同列不同字母表示差异极显著(*P*<0.01)。

2. 柱花草体外产气动态变化

柱花草体外产气动态变化情况如图1-3。总体来看,前12 h产气量增长缓慢,12 ～ 18 h为快速发酵期,48 h后趋势放缓,产气曲线趋于平缓。从各个时期的产气量来看,各品种(品系)之间相差很小,96 h后产气量差异不显著。

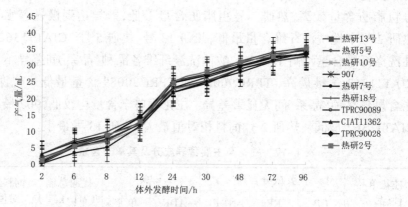

图1-3 柱花草体外产气动态变化

3. 柱花草体外消化结果和代谢能

由表1-18可知,柱花草体外干物质消化率平均值为61.43%,热研2号极显著高于其他品种,其他品种(品系)间差异不显著;总产气量方面,各品种(品系)间无显著差异,平均值为34.08 mL;代谢能平均值为8.25 MJ/kg,热研2号极显著高于其他品种(品系),其他品种(品系)间差异不显著;快速发酵部分的产气量 *a* 平均值为 –3.52 mL,CIAT11362极显著高于其他品种(品系);慢速发酵部分的产气量 *b* 平均值为37.44 mL,热研13号、热研5号、热研2号极显著高于其他品种(品系),热研18号、CIAT11362极显著低于其他品种(品系);潜在产气量 *a+b* 平均值为33.92 mL,热研13号、热研5号极显著高于热研18号,其他品种（品系）间无显著差异；产气速率 c 平均值为 0.05 mL/h，各品种（品系）间无显著差异。

表 1-18　柱花草体外产气试验结果

柱花草品种（品系）	IVDMD /%	GP /mL	ME /(MJ·kg⁻¹)	a /mL	b /mL	$a+b$ /mL	c /(mL·h⁻¹)
TPRC90028	66.81ᵃᵇ	33.75ᵃ	8.91ᵃᵇ	−4.13ᵈ	37.50ᵇᶜ	33.38ᵃᵇ	0.06ᵃ
热研 13 号	58.99ᵇ	34.75ᵃ	8.05ᵇ	−4.03ᵈ	39.17ᵃ	35.14ᵃ	0.05ᵃ
热研 5 号	61.23ᵇ	35.50ᵃ	8.12ᵇ	−4.73ᵈᵉ	40.01ᵃ	35.28ᵃ	0.06ᵃ
热研 10 号	64.86ᵃᵇ	33.00ᵃ	8.72aᵇ	−4.04ᵈ	37.09ᵉ	33.05ᵃᵇ	0.05ᵃ
907	56.41ᵇᶜ	33.50ᵃ	7.44ᵇᶜ	−3.41ᶜ	36.54ᵈ	33.13ᵃᵇ	0.05ᵃ
热研 7 号	58.69ᵇᶜ	33.00ᵃ	7.67ᵇᶜ	−5.11ᵉ	38.10ᵇ	32.99ᵃᵇ	0.05ᵃ
热研 18 号	56.30ᵇᶜ	32.75ᵃ	7.77ᵇᶜ	−1.03ᵇ	33.53ᵉ	32.50ᵇ	0.05ᵃ
TPRC90089	61.86ᵇ	35.00ᵃ	8.34ᵇ	−3.96ᵈ	38.67ᵇ	34.71ᵃᵇ	0.04ᵃ
CIAT11362	59.06ᵇ	34.00ᵃ	8.14ᵇ	−0.54ᵃ	34.60ᵉ	34.06ᵃᵇ	0.04ᵃ
热研 2 号	70.12ᵃ	35.50ᵃ	9.40ᵃ	−4.20ᵈ	39.15ᵃ	34.95ᵃᵇ	0.05ᵃ
平均值	61.43	34.08	8.25	−3.52	37.44	33.92	0.05

注：同列不同字母表示差异极显著（$P<0.01$）。

（三）结论与讨论

1. 结论

根据 RFV 计算公式，得到 10 个柱花草品种（品系）的 RFV 值，RFV 值从大到小的排列顺序为 TPRC90028＞热研 2 号＞TPRC90089＞热研 18 号＞热研 7 号＞热研 10 号＞907＞热研 13 号＞热研 5 号＞CIAT11362。本研究结果表明：柱花草具有粗蛋白含量、代谢能含量较高，中性洗涤纤维、酸性洗涤纤维含量适中，单宁含量低，体外干物质消化率较高等特点，是一种优良的热带豆科牧草。

2. 讨论

（1）柱花草营养成分

由柱花草主要营养成分分析结果可以看出，柱花草粗蛋白含量较高。白昌军等的研究结果表明，柱花草干物质中粗蛋白含量超过了水稻(*Oryza sativa* L.)和玉米(*Zea mays* L.),与本研究结果相近。周汉林等首次测定了热研 2 号柱花草中性洗涤纤维和酸性洗涤纤维含量,计算得出其饲料相对值为 85.03,低于本研究结果,可能是由于采样时期和采样地点不同所致,不过参照 RFV 饲料分级标准,两次试验的结果显示热研 2 号柱花草属于 3 级饲料。试验结果显示,各种柱花草单宁含量均较低,生产中柱花草良好的适口性也表明其单宁含量未影响动物的采食。本研究首次实测了柱花草总能和代谢能,结果显示总能和代谢能含量高,平均值分别为 16.49 MJ/kg 和 8.25 MJ/kg。根据周汉林等(2010)的研究结果,生长期海南黑山羊总能和代谢能需要量为(每日每只)9.32 MJ 和 5.70 MJ,故柱花草可以作为海南黑山羊优质能量补充饲料。

(2)体外产气变化趋势

柱花草体外产气量的变化总的来说都是经历缓慢增加、快速增加、趋于平缓 3 个过程。这可能是由以下原因造成的:体外培养的开始阶段植物样品中的营养物质给瘤胃微生物利用的氮源相对较充足,使能够直接利用铵态氮的微生物活性增强,进而其纤维分解能力增强,因此产气量逐渐增加。但在体外培养条件下,培养物没有后送,发酵产物挥发性脂肪酸和铵态氮积存,在瘤胃微生物大量增殖的情况下,其生长内环境发生改变(pH 值升高),一定程度上抑制瘤胃微生物的增殖或引起瘤胃微生物出现自溶现象,因此后期产气量的增加趋于缓慢。

针对产气量快速增加和产气增加逐渐平缓的培养时间,不同学者的研究结果各有差异。严学兵(1991)、张文璐等(2009)研究得出的体外产气量变化规律与本研究基本一致。王辉辉等用体外产气法研究燕麦营养价值发现,0 ~ 24 h 内产气量大,速度较快,36 h 以后趋于平缓。丁学智等(2007)用体外产气法评定高山植物饲用潜力的体外产气量变化规律:前 12 h 产气量增长缓慢,12 ~ 48 h 为快速增长期,而后产气曲线趋于平缓。茹彩霞对黑麦草等 5 种粗饲料进行体外产气研究也表明,前 12 h 产气量增长缓慢,12 h 后为产气量快速增长期。这些时间段上的差异可能是由于植物种类和不同试验条件造成的,但是基本都符合缓慢增长、快速增长、趋于平缓 3 个过程。

(3)柱花草体外产气特性

汤少勋等对桂牧 1 号、皇竹草、矮象草等禾本科牧草以及苜蓿、红三叶等豆科牧草进行体外产气试验发现,这几种亲缘关系较近的禾本科牧草体外产气特性较为接近、无显著差异,而几种豆科牧草体外产气特性差异显著。Nsahlai 等(1994)对 23 种豆科田菁属牧草的研究表明,牧草品种内的产气特性差异较小,而品种间的产气特性则存在显著差异。本研究中柱花草各品种(品系)的 96 h 体外产气量、体外产气速率并无显著差异,潜在产气量相差较小,说明 10 个柱花草品种(品系)产气特性较为相似,与以上研究者的结论一致。由此来看,牧草品种对体外产气特性有较大影响,种内的差异较小,种间的差异较大。本研究中柱花草各品种体外干物质消化率结果存在差异,表明仅通过体外产气量的测定无法准确判断饲料的消化情况。因此,建议柱花草营养成分降解率测定采用体内尼龙袋法,因为这样结果可能更好。

第二章　热带木本植物饲用价值研究

一、海南省部分热带灌木饲用价值评定

本试验旨在评定海南省部分热带灌木的饲用价值。试验通过常规化学成分分析和体外产气技术测定了 18 种热带灌木主要营养成分含量、体外产气量、体外干物质消化率（IVDMD）和代谢能（ME）；并对营养成分和体外产气量、IVDMD 和 ME 进行相关性分析，采用多元线性回归分析得出相关的预测模型。结果表明，18 种热带灌木干物质（DM）、粗蛋白质（CP）、粗脂肪（EE）、中性洗涤纤维（NDF）、酸性洗涤纤维（ADF）、有机物（OM）、单宁含量（TT）、饲料相对值（RFV）、ME、IVDMD 平均值分别为 32.22%、14.14%、3.99%、38.83%、33.67%、91.48%、1.53%、114、8.24 MJ/kg、58.85%。另外，DM、CP、EE、ADF、NDF 和 TT 与体外产气量、IVDMD 和 ME 显著相关（$P<0.05$）。综上所述，热带灌木 CP、EE 含量高，NDF、ADF 含量适中，TT 含量低，RFV、ME 和 IVDMD 高，说明热带灌木对海南黑山羊具有较高的潜在饲用价值。同时，本试验提出了适用于热带灌木的体外产气量、IVDMD 和 ME 的营养成分预测模型。

海南黑山羊是我国热带地区重要的肉羊品种，具有肉质醇厚、脂肪分布均匀、肥而不腻、食无膻味等特点，炒羊肉被列为海南"四大名菜"之一。目前全省存栏量约为 81 万只，以农户散养为主，饲料来源主要是天然草地和农副产品废弃物。海南每年 11 月至次年 4 月为干旱季节，其间牧草生长缓慢，农副产品供应不足，造成饲料短缺，家畜营养缺乏，进而影响其生产性能，这是目前海南黑山羊产业发展的主要限制因素之一。海南饲用植物约 1 064 种，其中木本植物占了相当大的比例，许多热带灌木属于常绿植物，粗蛋白质（CP）和总能（GE）含量高，矿物质、维生素含量丰富，在广大热带地区反刍家畜生产系统中扮演着重要角

色。但是,目前针对我国热带灌木主要营养成分、消化率等方面的研究较少,缺乏对其饲用价值的系统评定,影响了这一重要饲料资源的开发利用。本试验以海南黑山羊较常采食的 18 种热带灌木为研究对象,测定其主要营养成分和单宁含量,并采用体外产气法对热带灌木体外消化率和 ME 进行测定,最后应用层次析因模型进行饲用价值的综合评定,以期为其进一步的开发利用提供科学依据。

（一）材料与方法

1. 试验地点

试验地点位于东经 109° 30′,北纬 19° 30′,海拔 149 m,属热带季风气候,气候特点是夏秋季节高温多雨,冬春季节低温干旱,干湿季节分明。试验基地土壤为花岗岩发育而成的砖红壤土,土壤质地较差,无灌溉条件。所有植物样品采集于中国热带农业科学院热带作物品种资源研究所试验基地。

2. 试验材料

鹊肾树（*Streblus asper* Lour.）、大果榕（*Ficus auriculata* Lour.）、对叶榕（*Ficus hispida* L.f.）、克拉豆 [*Cratylia argentea*（Desv.）Kuntze]、银合欢 [*Leucaena leucocephala*（Lam.）de Wit]、大叶千斤拔 [*Flemingia macrophylla*（Willd.）Prain]、木豆 [*Cajanus cajan*（Linn.）Huth]、假木豆 [*Dendrolobium triangulare*（Retz.）Schindl.]、长穗决明 [*Senna didymobotrya*（Fresen.）H. S.Irwin et Barneby]、双荚决明 [*Senna bicapsularis*（Linn.）Roxb.]、倒吊笔（*Wrightia pubescens* R.Br.）、刺桐（*Erythrina variegata* Linn.）、圆叶舞草 [*Codariocalyx gyroides*（Roxb. ex Link）Hassk.]、白背叶 [*Mallotus apelta*（Lour.）Müll.Arg.]、白饭树 [*Flueggea virosa*（Roxb.ex Willd.）Voigt]、黄牛木 [*Cratoxylum cochinchinense*（Lour.）Blume]、破布叶（*Microcos paniculata* Linn.）、金合欢 [*Acacia farnesiana*（Linn.）Willd.]。

于 2009 年 3 月至 2010 年 2 月每月采集植物幼嫩茎叶约 500 g（每次采样不少于 5 株植物）,120 ℃杀青 20 min 后用 65 ℃烘干 48 h,置于空气中自然冷却,过 40 目筛粉碎制成样品备测,所有测定指标为 12 个月的平均值。

3. 营养成分的测定

制成的植物样品分析干物质（DM）、粗蛋白质（CP）、粗脂肪（EE）、中性洗涤纤维（NDF）、酸性洗涤纤维（ADF）、有机物（OM）、总能（GE）、单宁（Total Tannins，TT）含量，其中 DM、CP、EE、NDF、ADF、OM、GE 含量的分析参照张丽英（2003）的方法，单宁含量的分析参照李茂等（2011）的方法。

4. 饲料相对值（RFV）计算

$$RFV=DMI（BW，\%）×DDM（DM，\%）/1.29$$

DMI 与 DDM 的预测模型分别为

$$DMI（BW，\%）=120/NDF（DM，\%）$$

$$DDM（DM，\%）=88.9-0.779ADF（DM，\%）$$

式中，DMI（Dry Matter Intake）为粗饲料干物质的随意采食量，单位为占体重的百分比，即 %；DDM（Digestible Dry Matter）为可消化的干物质，单位为占干物质的百分比，即 %。

5. 体外产气试验

采用改进的体外产气方法，具体步骤及缓冲液的配制参照赵广永（2000）的方法。称取约 0.2 g 样品，倒入已知质量的 5 cm × 3 cm 的尼龙袋中，绑紧后放入注射器。抽取晨饲前海南黑山羊瘤胃液，取 312.5 mL 过滤后的瘤胃液加到装有 1 000 mL 蒸馏水并经 38 ℃ 水浴预热的真空容器中，然后加入 250 mL 预先配制好经 38 ℃ 预热的混合培养液，并持续通入 CO_2 约 10 min。取 30 mL 这种瘤胃液缓冲液的混合物加到每一个注射器中，排净注射器中的空气，并用密封针头封闭注射器，保持真空状态，然后在 38 ℃ 的水浴摇床中培养。在发酵开始后 96 h 内读取不同时间点的产气量。为防止注射器内压强过大影响产气，统一在 48 h 时排气。

样本体外干物质消化率（IVDMD）（DM，%）=（样本质量－残渣质量）/ 样本质量 ×100%

代谢能（ME）计算应用 1965 年 ARC 提供的方法：

$$ME=GE×IVDMD×0.815$$

式中，ME 为代谢能，MJ/kg；GE 为总能，MJ/kg；IVDMD 为体外干物质消化率，%。

6. 体外发酵参数计算

将各样品不同时间点的体外产气量代入由 Rskov 等（1979）提出的模型 GP=$a+b$（1-e^{-ct}），根据非线性最小二乘法原理，求出 a、b、c 值，其中 a 为饲料快速发酵部分的产气量，b 为慢速发酵部分的产气量，c 为 b 的速度常数(产气速率)，$a+b$ 为潜在产气量，GP 为 t 时的产气量。

7. 热带乔灌木饲用价值综合评定

利用层次分析原理，选取营养价值、适口性和 IVDMD 作为热带乔灌木饲用价值的评判指标，营养价值、适口性和消化率的权重值分别为57.1%、28.7%、14.2%。其中营养价值由主要营养成分决定，确定 CP、ME、RFV 和 OM 含量的权重分别为 49.6%、28.7%、14.4、7.3%。适口性以单宁含量作为相关指标，IVDMD 由体外产气法测定。

8. 统计分析

采用 SAS 9.0 软件和 Excel 2003 软件进行数据处理和统计分析，均值的多重比较采用邓肯法，数据用平均值 ± 标准差表示，$P<0.05$ 为差异显著。

（二）结果

1. 热带灌木营养成分和 RFV

热带灌木主要营养成分如表 2-1 所示。DM 含量平均值为 32.22%，其中刺桐最小，为 20.09%；黄牛木最大，为 40.52%。粗蛋白含量平均值为 14.14%，其中黄牛木最小，为 9.29；克拉豆最大，为 18.44%。EE含量平均值为 3.99%，其中大叶千斤拔最小，为 2.36%；倒吊笔最大，为6.75%。ADF 含量平均值为 33.67%，其中长穗决明最小，为 20.73%；假木豆最大，为 48.61%。NDF 含量平均值为 38.83%，其中长穗决明最小，为 21.11%；假木豆最大，为 55.27%。OM 含量平均值为 91.48%，其中对叶榕最小，为 81.37%；金合欢最大，为 95.78%。GE 含量平均值为 17.36 MJ/kg，其中对叶榕最小，为 14.02 MJ/kg；金合欢最大，为19.57 MJ/kg。单宁含量平均值为 1.53%，其中鹊肾树单宁含量最低，平均为 0.39%，金合欢单宁含量最高，平均为 2.80%。本试验中热带乔灌木 RFV 平均值为 114，其中假木豆最小，为 74；长穗决明最大，为 1.96。

表 2-1 热带灌木主要营养成分和饲料相对值（风干基础）

项目	干物质 /%	粗蛋白质 /%	粗脂肪 /%	酸性洗涤纤维 /%	中性洗涤纤维 /%	有机物 /%	总能 (MJ·kg⁻¹)	单宁 /%	饲料相对值
鹊肾树	37.33^a±5.36^{bc}	11.37±1.17^{efg}	3.42±0.76^{def}	37.79±5.03^{bcd}	43.80±4.45^{bcd}	84.77±5.87	14.91±0.38^g	0.39±0.11^h	94^{efg}
大果榕	24.74±4.58^{gh}	10.50±1.87^g	2.79±0.88^f	40.34±6.04^{bc}	32.64±5.83^f	86.98±4.52^{ef}	15.82±0.52	0.76±0.25^{gh}	126^{cd}
对叶榕	28.60±6.53^{efg}	11.94±1.63^{efg}	3.38±0.85^{ef}	31.62±3.49^{def}	32.62±4.17^f	81.37±5.77	14.02±0.44^h	0.77±0.25^{gh}	126^{cd}
克拉豆	25.98±2.85^{fg}	18.44±1.58^a	2.98±0.64^{ef}	30.69±5.21^{def}	49.19±7.76^{ab}	90.76±1.69^{cd}	17.37±0.57^{cd}	0.78±0.11^{gh}	84^{fg}
银合欢	31.25±2.86^{cd}	18.19±2.45^a	4.15±0.98^{cde}	27.19±7.02^{ef}	37.66±4.30^{def}	91.73±4.41^{abc}	17.89±0.45^{ab}	1.16±0.23^{fg}	110^{de}
大叶千斤拔	33.67±5.07^{bcd}	14.22±2.01^{bcde}	2.36±0.75^f	39.43±5.27^{cd}	45.27±6.15^{bcd}	94.60±3.53^{abc}	17.98±0.37^{ab}	1.25±0.10^{fg}	91^{efg}
木豆	36.26±3.78^{abcd}	15.29±2.84^{abcd}	4.43±1.05^{cde}	34.29±6.38^{cde}	43.52±7.15^{cd}	95.20±1.86^{ab}	19.16±1.02^a	1.29±0.27^{efg}	95^{efg}
假木豆	35.98±4.18^{abcd}	13.43±2.15^{cdef}	3.31±0.71^{def}	48.61±7.58^{ab}	55.27±7.95^a	94.15±1.26^{abc}	18.01±0.41^{ab}	1.36±0.23^{ef}	74^g
长穗决明	26.69±2.2^{fg}	15.49±4.47^{abc}	4.73±1.01^c	20.73±4.50^f	21.11±4.88^e	92.81±2.10^{abc}	17.59±0.59^{bc}	1.38±0.22^{ef}	196^a
双荚决明	25.02±3.02^{fg}	17.19±3.65^{ab}	5.06±0.77^{bc}	21.94±2.99^f	23.75±3.74^e	91.68±1.81^{abc}	17.42±0.63^{bc}	1.56±0.60^{def}	174^b
倒吊笔	32.97±5.01^{cde}	12.14±1.53^{defg}	6.75±0.84^a	26.92±1.77^{ef}	32.24±4.69^{def}	91.70±2.36^{abc}	17.92±0.35^{ab}	1.57±0.30^{def}	128^{cd}
刺桐	20.09±3.68^h	17.93±2.57^a	5.14±1.37^{bc}	32.26±4.4^{def}	40.06±7.42^{cd}	90.51±2.47^{cd}	16.65±0.85^e	1.62±0.73^{def}	103^{def}
圆叶舞草	32.14±3.32^{cde}	12.83±2.58^{def}	2.83±0.99^f	44.17±8.54^{bc}	52.67±9.31^{ab}	95.43±1.39^a	18.09±0.41^{ab}	1.82±0.79^{de}	78^{fg}
白背叶	38.76±3.41^{ab}	12.00±3.02^{efg}	6.05±1.59^{ab}	31.85±5.46^{cd}	38.12±8.10^{def}	91.02±2.69^{bc}	17.43±0.45^{bcd}	1.91±0.37^{bcd}	108^{de}

续表

项目	干物质 /%	粗蛋白质 /%	粗脂肪 /%	酸性洗涤纤维 /%	中性洗涤纤维 /%	有机物 /%	总能（MJ·kg^{-1}）	单宁 /%	饲料相对值
白饭树	33.28±4.64b[cde]	14.05±1.91[cde]	3.28±0.90[def]	25.58±3.52[fg]	27.34±4.12[gh]	92.61±0.51[abc]	17.02±0.45[de]	2.14±0.32[bc]	151[bc]
黄牛木	40.52±6.95[a]	9.29±3.84[g]	3.43±0.62[def]	46.81±5.55[a]	48.39±5.59[abc]	93.01±5.80[ab]	18.03±0.39[bc]	2.34±0.44[ab]	85[efg]
破布叶	39.64±7.91[a]	12.19±2.42[defg]	3.17±1.21[ef]	39.16±6.53[bc]	44.09±6.70[cd]	92.48±2.44[abc]	17.54±0.45[bcd]	2.67±0.69[ab]	93[efg]
金合欢	37.12±3.37[abc]	18.05±2.13[a]	4.66±1.08[a]	21.87±6.26[g]	31.27±10.14[g]	95.78±0.77[a]	19.57±0.57[a]	2.80±0.59[a]	132[c]
平均值	32.22±6.24	14.14±2.93	3.99±1.19	33.67±9.28	38.83±9.84	91.48±3.76	17.36±1.34	1.53±0.67	114±0.33

注：同列不同字母表示差异显著（$P<0.05$）。

2. 热带灌木体外产气发酵参数

热带灌木体外发酵产气动态变化如图2-1所示,发酵参数见表2-2。饲料快速发酵部分的产气量 a 最小值为克拉豆(-4.57 mL),最大值为白饭树(1.97 mL), a 值为负数表明发酵过程存在产气滞后;慢速发酵部分的产气量 b 最小值为金合欢(12.01 mL),最大值为倒吊笔(46.45 mL);潜在产气量 $a+b$ 最小值为金合欢(12.22 mL),最大值为倒吊笔(42.96 mL);速度常数(产气速率) c 最小值为白饭树(0.02),最大值为双荚决明(0.08)。热带灌木体外产气量平均值为 27.72 mL,其中金合欢平均体外产气量最少,为 12.29 mL;倒吊笔平均体外产气量最多,为 42.02 mL。体外产气量由低到高顺序为金合欢、黄牛木、假木豆、破布叶、大叶千斤拔、圆叶舞草、大果榕、白饭树、木豆、白背叶、银合欢、克拉豆、刺桐、鹊肾树、长穗决明、对叶榕、双荚决明、倒吊笔。

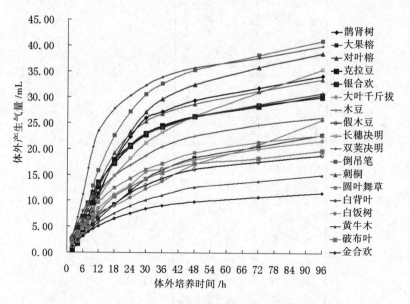

图2-1 热带灌木体外发酵产气动态变化

3. 热带灌木 IVDMD 和 ME

由表2-3可见,热带灌木 IVDMD 平均值为 58.85%,其中假木豆最低,为 36.91%;双荚决明最高,为 79.30%。IVDMD 由低到高顺序为假木豆、黄牛木、大叶千斤拔、圆叶舞草、金合欢、破布叶、木豆、大果榕、白背叶、银合欢、白饭树、克拉豆、鹊肾树、刺桐、长穗决明、对叶榕、倒吊笔、双荚决明。热带灌木 ME 平均值为 8.24 MJ/kg，其中假木豆最低，为 5.41 MJ/kg；倒吊笔最高，为 11.40 MJ/kg。ME 由低到高顺序为假木豆、黄牛木、大叶千斤拔、圆叶舞草、大果榕、破布叶、金合欢、木豆、白背叶、鹊肾树、对叶榕、银合欢、白饭树、克拉豆、刺桐、长穗决明、双荚决明、倒吊笔。

4. 营养成分和单宁含量与体外产气量、IVDMD 和 ME 的相关性分析

本试验对 18 种热带灌木主要营养成分、单宁含量以及体外产气量、IVDMD 和 ME 进行相关性分析，结果见表 2-4。体外产气量与 DM、ADF、OM、单宁含量呈显著负相关（$P<0.05$），与 EE 含量、IVDMD 和 ME 呈正相关，与 DM 消化率和 ME 相关性达极显著水平（$P<0.01$）（相关系数为 0.92、0.86）；IVDMD 与 DM、ADF、NDF 含量呈极显著负相关（$P<0.01$）（相关系数为 −0.64、−0.72、−0.67），与总产气量、ME 呈正相关，且达极显著水平（$P<0.01$）（相关系数为 0.92、0.93）；ME 与 DM、ADF、NDF 含量呈极显著负相关（$P<0.01$）（相关系数为 −0.60、−0.82、−0.70），与 EE、体外产气量、IVDMD 呈极显著正相关（$P<0.01$）（相关系数为 0.63、0.86、0.93）。

5. 产气量、IVDMD 和 ME 的预测模型

本试验对 18 种热带灌木主要营养成分及其单宁含量与体外产气量、IVDMD、ME 通过 SAS 9.0 软件进行直线回归和多元线性回归分析，预测模型结果如下：

$GP=87.735-0.245DM+1.788EE-0.348ADF-0.421OM-5.876TT$（$R^2=0.77$，$P<0.01$）；

$IVDMD=246.083-0.676DM+3.404EE-0.739ADF+0.120NDF-1.734OM$（$R^2=0.86$，$P<0.01$）；

$IVDMD=15.736+1.556GP$（$R^2=0.846$，$P<0.01$）；

$ME=17.184-0.137DM-0.203CP+0.506EE-0.185ADF+0.067NDF$（$R^2=0.85$，$P<0.01$）。

式中，GP 单位为 mL；DM、EE、ADF、NDF、OM、TT 和 IVDMD 单位为 %；ME 单位为 MJ/kg。

表 2-2 热带灌木体外产气发酵参数、体外干物质消化率和代谢能

项目	快速发酵部分产气量 /mL	慢速发酵部分产气量 /mL	潜在产气量 /mL	产气速率 /(mL·h⁻¹)	体外产气量 /mL	体外干物质消化率 /%	代谢能 /(MJ·kg⁻¹)
鹊肾树	−3.25 ± 2.49[def]	37.77 ± 5.40[abcd]	34.51 ± 3.97[abcd]	0.05 ± 0.01[bcd]	33.69 ± 9.17[bcd]	67.98 ± 3.67[bcd]	8.26 ± 0.52[cde]
大果榕	−0.30 ± 1.98[ab]	27.14 ± 6.09[ef]	26.85 ± 6.97[def]	0.03 ± 0.01[d]	23.78 ± 6.08[ghi]	52.50 ± 8.88[fgh]	6.76 ± 1.13[ghi]
对叶榕	−4.35 ± 2.58[f]	43.15 ± 8.93[ab]	38.79 ± 7.85[abc]	0.04 ± 0.01[bcd]	37.67 ± 7.36[ab]	77.05 ± 10.38[ab]	8.82 ± 1.3[bcd]
克拉豆	−4.57 ± 2.21[f]	35.83 ± 4.76[bcde]	31.26 ± 7.24[bcde]	0.06 ± 0.01[bc]	31.68 ± 4.24[cde]	66.22 ± 5.49[cde]	9.36 ± 0.67[bc]
银合欢	−0.87 ± 2.83[bcd]	30.77 ± 5.08[cdef]	29.90 ± 4.69[cdef]	0.05 ± 0.02[bc]	30.19 ± 5.08[def]	60.67 ± 7.69[def]	8.83 ± 1.04[bcd]
大叶千斤拔	0.01 ± 1.89[ab]	21.90 ± 3.12[fg]	21.90 ± 2.88[efg]	0.04 ± 0.01[cd]	21.46 ± 4.59[hij]	43.02 ± 8.11[hi]	6.30 ± 1.19[hij]
木豆	−0.24 ± 2.14[ab]	27.71 ± 4.32[def]	27.47 ± 3.07[def]	0.05 ± 0.01[bcd]	27.78 ± 7.87[defgh]	50.36 ± 7.81[gh]	7.85 ± 1.19[defg]
假木豆	−0.61 ± 1.30[abc]	20.73 ± 24.31[fg]	20.11 ± 24.37[fg]	0.04 ± 0.02[cd]	19.31 ± 5.05[ij]	36.91 ± 4.62[i]	5.41 ± 0.62[j]
长穗决明	−2.85 ± 2.44[cdef]	37.04 ± 4.64[abcde]	34.19 ± 4.21[abcd]	0.06 ± 0.01[b]	35.08 ± 8.63[abcd]	76.16 ± 9.88[ab]	10.89 ± 1.29[a]
双荚决明	−3.66 ± 2.08[ef]	41.97 ± 7.74[ab]	38.31 ± 7.13[ab]	0.08 ± 0.02[a]	40.07 ± 3.19[ab]	79.30 ± 3.76[a]	11.26 ± 0.76[a]
倒吊笔	−3.49 ± 2.12[ef]	46.45 ± 4.64[a]	42.96 ± 4.48[a]	0.06 ± 0.01[bc]	42.02 ± 7.73[a]	78.07 ± 4.87[a]	11.40 ± 0.66[a]
刺桐	−2.82 ± 1.85[cdef]	35.46 ± 8.48[bcde]	32.65 ± 4.66[bcd]	0.05 ± 0.01[bc]	32.75 ± 3.07[cd]	71.21 ± 9.71[abc]	9.63 ± 1.2[b]
圆叶舞草	−0.10 ± 1.51[ab]	22.24 ± 4.58[fg]	22.14 ± 3.79[efg]	0.04 ± 0.01[bcd]	21.87 ± 3.39[hij]	45.08 ± 6.84[hi]	6.63 ± 0.89[ghij]

项目	快速发酵部分产气量 /mL	慢速发酵部分产气量 /mL	潜在产气量 /mL	产气速率 /(mL·h⁻¹)	体外产气量 /mL	体外干物质消化率 /%	代谢能 /(MJ·kg⁻¹)
白背叶	0.02 ± 2.60^{ab}	29.23 ± 9.37^{cdef}	29.25 ± 7.74^{cdef}	0.05 ± 0.02^{bcd}	28.87 ± 7.53^{defg}	57.27 ± 10.99^{efg}	8.15 ± 1.63^{cdef}
白饭树	1.97 ± 2.04^{a}	38.33 ± 7.56^{abc}	40.29 ± 10.03^{ab}	0.02 ± 0.01^{e}	25.03 ± 7.72^{efghi}	64.60 ± 9.22^{cde}	8.96 ± 1.34^{bcd}
黄牛木	0.18 ± 1.27^{ab}	15.33 ± 4.06^{g}	15.50 ± 4.02^{g}	0.04 ± 0.01^{cd}	15.02 ± 4.02^{jk}	38.06 ± 7.26^{j}	5.58 ± 1.01^{ij}
破布叶	-1.41 ± 1.67^{bcde}	21.87 ± 7.42^{fg}	20.46 ± 6.98^{fg}	0.05 ± 0.02^{bcd}	20.39 ± 6.78^{hij}	48.42 ± 12.5^{gh}	6.89 ± 1.63^{fghi}
金合欢	0.21 ± 1.70^{ab}	12.01 ± 7.20^{g}	12.22 ± 6.34^{g}	0.05 ± 0.02^{bcd}	12.29 ± 4.52^{k}	46.49 ± 8.54^{hi}	7.39 ± 1.24^{efgh}
平均值	-1.45 ± 2.04	30.27 ± 9.88	28.82 ± 8.75	0.05 ± 0.01	27.72 ± 5.89	58.85 ± 7.79	8.24 ± 1.07

注：同列不同字母表示差异显著（$P<0.05$）。

第二章 热带木本植物饲用价值研究

表2-3 热带灌木主要营养成分和单宁含量与GP、IVDMD、ME相关性分析结果

项目	DM	CP	EE	ADF	NDF	OM	TT	GP	IVDMD	ME
DM	1.00									
CP	-0.49*	1.00								
EE	-0.07	0.21	1.00							
ADF	0.46	-0.63**	-0.52*	1.00						
NDF	0.45	-0.25	-0.44	0.83**	1.00					
OM	0.32	0.30	0.09	0.05	0.21	1.00				
TT	0.27	0.13	-0.08	-0.22	-0.26	0.58*	1.00			
GP	-0.56*	0.19	0.49*	-0.50*	-0.46	-0.51*	-0.56*	1.00		
IVDMD	-0.64**	0.32	0.48*	-0.72**	-0.67**	-0.53*	-0.38	0.92**	1.00	
ME	-0.60**	0.48*	0.63**	-0.82**	-0.70**	-0.22	-0.20	0.86**	0.93**	1.00

注：表中*、**分别表示0.05、0.01的差异显著水平。

表 2-4　热带灌木饲用价值综合评定

项目	营养价值	适口性	体外干物质消化率	饲用价值
鹊肾树	14.34 ± 0.61^{ghi}	5.00 ± 0.00^{a}	67.98 ± 3.67^{bcd}	19.21 ± 0.54^{def}
大果榕	13.68 ± 1.16^{hi}	4.78 ± 0.44^{ab}	52.50 ± 8.88^{fgh}	16.23 ± 1.70^{ghi}
对叶榕	14.58 ± 1.42^{fghi}	4.92 ± 0.29^{a}	77.05 ± 10.38^{ab}	20.70 ± 2.20^{bcd}
克拉豆	18.58 ± 0.71^{a}	4.92 ± 0.29^{a}	66.22 ± 5.49^{cde}	21.42 ± 0.87^{abc}
银合欢	18.41 ± 1.10^{ab}	4.33 ± 0.49^{b}	60.67 ± 7.69^{def}	19.68 ± 1.36^{cde}
大叶千斤拔	15.90 ± 0.64^{defg}	4.00 ± 0.00^{c}	43.02 ± 8.11^{hi}	15.98 ± 1.16^{hi}
木豆	16.92 ± 1.16^{bcd}	3.92 ± 0.51^{cd}	50.36 ± 7.81^{gh}	17.94 ± 0.99^{efg}
假木豆	15.20 ± 0.94^{efgh}	3.78 ± 0.44^{d}	36.91 ± 4.62^{i}	15.11 ± 0.66^{ij}
长穗决明	17.88 ± 1.99^{abc}	3.67 ± 0.49^{de}	76.16 ± 9.88^{ab}	21.84 ± 1.93^{ab}
双荚决明	18.71 ± 1.82^{a}	3.50 ± 1.24^{ef}	79.30 ± 3.76^{a}	23.00 ± 1.31^{a}
倒吊笔	16.18 ± 0.74^{def}	3.42 ± 0.67^{f}	78.07 ± 4.87^{a}	21.47 ± 0.99^{abc}
刺桐	18.42 ± 1.37^{ab}	3.33 ± 1.23^{g}	71.21 ± 9.71^{abc}	22.04 ± 1.62^{ab}
圆叶舞草	15.35 ± 1.14^{efg}	2.83 ± 1.47^{h}	45.08 ± 6.84^{hi}	16.15 ± 1.16^{ghi}
白背叶	15.10 ± 1.85^{efgh}	2.67 ± 0.89^{hi}	57.27 ± 10.99^{efg}	17.84 ± 2.41^{efgh}
白饭树	16.53 ± 1.00^{cde}	2.25 ± 0.62^{j}	64.60 ± 9.22^{cde}	18.97 ± 1.54^{edf}
黄牛木	13.12 ± 1.85^{i}	1.92 ± 0.79^{jk}	38.06 ± 7.26^{i}	13.54 ± 1.51^{j}
破布叶	14.91 ± 1.51^{efgh}	1.50 ± 0.67^{l}	48.42 ± 12.50^{gh}	16.40 ± 2.67^{ghi}
金合欢	18.27 ± 1.13^{ab}	1.25 ± 0.45^{m}	46.49 ± 8.54^{hi}	17.47 ± 1.73^{fgh}
平均值	16.23 ± 1.82	3.44 ± 1.17	58.85 ± 7.79	18.61 ± 2.73

注：同列不同字母表示差异显著（$P<0.05$）。

6. 热带灌木饲用价值

热带灌木饲用价值采用营养价值、适口性和消化率 3 个指标进行评定，结果如表 2-4 所示。营养价值采用 CP、ME、RFV 和 OM 含量作为判断指标。本试验中热带乔灌木营养价值平均值为 16.23，其中黄牛木最低，为 13.12；双荚决明最高，为 18.71。本试验室前期研究表明，热带灌木单宁含量与适口性呈极显著负相关，故适口性用单宁含量进行量化。按单宁含量 0～1、1.1～1.5、1.6～2.0、2.1～2.5、>2.5 分为 5 个等级，分别用 5、4、3、2、1 作为适口性的相应等级量指标。热带乔灌木饲用价值平均值为 18.61,其中黄牛木最低,为 13.54;双荚决明最高,为 23.00。饲用价值由低到高顺序为黄牛木、假木豆、大叶千斤拔、圆叶舞草、大果榕、破布叶、金合欢、白背叶、木豆、白饭树、鹊肾树、银合欢、对叶榕、克拉豆、倒吊笔、长穗决明、刺桐、双荚决明。

(三)讨论

1. 热带灌木主要营养成分

木本植物在畜牧业中发挥着重要作用,既是野生动物和家畜的饲草来源,又是农民生活燃料的主要来源,同时它还在水土涵养方面起着不可替代的作用。近年来,我国许多学者已经对高寒或高原等粗饲料受季节气温等制约地区的木本植物饲用价值进行了研究。龙瑞军等(1993)研究表明,高寒灌木的粗蛋白含量、ME 及热值较高。郭彦军(2000)的研究结果显示,高山灌木 CP 平均含量为 16.0%,ADF 平均含量略低于 30.0%,具有较高的饲用价值。年芳(2002)对高寒饲用灌木的研究结果显示,CP 含量为 9.69%,EE 含量为 3.94%,ADF 含量为 37.75%。高优娜(2006)对鄂尔多斯高原锦鸡儿属植物饲用价值研究结果表明,CP 含量为 9.28%,EE 含量为 2.28%。李九月(2010)的研究表明,荒漠地区主要灌木类植物不同生长期 CP、NDF、ADF、EE 平均含量分别为 7.80% ~ 18.45%、38.10% ~ 49.91%、29.34% ~ 37.69%、1.77% ~ 6.59%。通过比较,容易看出不同地区饲用灌木主要营养成分含量高于普通粗饲料且较为接近,主要原因可能与其本身特性有关,即木本植物生长时期长、枝叶 CP 含量高、热值高等。本试验中热带灌木 DM、CP、EE、NDF、ADF、OM、GE 的平均含量分别为 32.22%、14.14%、3.99%、38.83%、33.67%、91.48%、17.36 MJ/kg。与以上研究结果比较发现,热带乔灌木粗蛋白、EE、GE 含量较高,NDF、ADF 含量较为适中。美国国家研究委员会资料表明,反刍动物生产所需的蛋白含量为 12% ~ 25%,故本试验中热带灌木可对热带地区反刍动物(如海南黑山羊、海南黄牛)提供较为丰富的蛋白质供应。这表明热带灌木营养价值高,是热带亚热带地区家畜优良的饲草来源。

2. 热带灌木 RFV

美国牧草草地理事会饲草分析小组委员会提出的 RFV 是目前美国

唯一广泛使用的粗饲料质量评定指数。RFV 的参数预测模型是一种比较简便实用的经验模型，只需在实验室测定粗饲料的 NDF、ADF 以及 DM 便可计算出某粗饲料的 RFV 值（张吉鹍，2003）。周汉林等（2006）首次用 RFV 体系评定了几种热带牧草的营养价值，表明银合欢营养价值最高；邹彩霞等（2009）测定了几种广西牧草的 RFV 值，木薯为 149.5，青贮玉米为 83.3，象草为 68.3，玉米苞叶及芯为 61.5。

参照表 1-3 中 RFV 粗饲料分级标准对本研究中 18 种热带灌木进行分级，属于特级的有白饭树、双荚决明、长穗决明；属于 1 级的有大果榕、对叶榕、倒吊笔、金合欢；属于 2 级的有刺桐、白背叶、银合欢；属于 3 级的有大叶千斤拔、破布叶、鹊肾树、木豆；属于 4 级的有圆叶舞草、克拉豆、黄牛木；属于 5 级的仅有假木豆。与周汉林等（2006）测定的主要热带牧草 RFV 值比较，我国热带地区主要豆科牧草热研 2 号柱花草 RFV 值为 85.03，本研究中仅克拉豆、圆叶舞草和假木豆的 RFV 值较热研 2 号柱花草低。

当然也有学者认为 RFV 仅考虑了 NDF、ADF，而未将 CP、能量考虑进去，进而影响饲料营养价值评定的准确性。但是由于只需在实验室测定粗饲料的 NDF、ADF 以及 DM 便可计算出某粗饲料的 RFV 值，因而 RFV 的参数预测模型是一种比较简便实用的经验模型。

通过对 18 种热带乔灌木的主要营养成分测定和粗饲料相对值的计算、分级以及与主要热带牧草热研 2 号柱花草的比较，表明热带乔灌木具有较高的营养价值，值得进一步的开发和利用。这对缓解我国热带亚热带地区豆科牧草不足，特别是在冬季和旱季等人工牧草生长缓慢、饲料严重缺乏时期提供饲料补充，从而对解决畜牧业生产力水平低下具有重要的意义。

3. 热带灌木体外产气特性

各种热带乔灌木在试验过程中产气规律基本一致，即随发酵时间的延长，体外产气量均呈上升趋势，培养一定时间后产气逐渐趋于平缓。但是针对产气快速增加和产气逐渐平缓的培养时间，不同学者对不同植物的研究结果各有差异。严学兵（1991）、张文璐等（2009）研究表明，部分天然牧草和粗饲料在体外消化过程中体外产气量变化规律基本一致。王辉辉等（2008）用体外产气法研究燕麦营养价值发现，0～24 h 内体外产气量大，速度较快，36 h 以后趋于平缓。丁学智等（2007）用体外产气法评定高山植物饲用潜力的体外产气量变化规律：前 12 h 增长缓慢，12～48 h 为快速增长期，而后产气曲线趋于平缓。茹彩霞（2006）对黑麦草等五种粗饲料进行体外产气研究也表明，前 12 h 体外产气量增长缓慢，12 h 后为快速增长期。本试验中热带灌木体外产气特性符合上述体外产气的一般规律，与丁学智等（2007）报道的高山植物体外产气特性最为相近。总的说来，本试验正常模拟了热带灌木在海南黑山羊瘤胃内的消化情况，试验结果较为可信。

体外发酵期间产气的多少反映底物的消化和微生物的代谢途径，发酵过程中产生乙酸、丁酸等挥发性脂肪酸并伴随着微生物代谢产物甲烷、二氧化碳等气体的释放，因此一定时间内产气量的多少反映了底物被微生物利用的程度，代表着底物营养价值的高低（Doane P. H. et al.，1997）。谢春元等（2007）对玉米、苜蓿、米糠等饲料营养价值的研究结果也表明，体外产气法能更加客观而准确地反映饲料的发酵和 DM 降解情况。郭彦军等（2000）发现体外产气量与 DM 降解率间有不显著的正相关关系。程鹏辉等（2007）研究表明，牧草品质越好，体外产气量越大。本试验中，体外产气量大的灌木有营养价值较高的双荚决明，也有营养价值较低的倒吊笔，因此仅从产气量的多少来判断营养价值的高低具有片面性，还需要进行深入的研究。

4. 热带灌木饲用价值

层次分析法（Analytic Hierarchy Process，AHP）是由美国运筹学家、匹兹堡大学教授 Saaty（1980）于 20 世纪 70 年代创立的一种系统分析与决策的综合评价方法，其是在充分研究人们思维过程的基础上提出的，比较合理地解决了定性问题定量化的处理过程。我国学者也将其成功应用于牧草饲用价值评定的研究。本试验首次应用层次分析法对热带木本饲用植物进行饲用价值评价，由于影响饲用价值的因素很多，不同牧草对于不同家畜的饲用价值还有待于进一步深入研究，本研究仅是一种综合评判模型在热带木本植物饲用价值评定上的探索。若能在本试验基础上综合考虑植物的产量、再生性、栽培管理、动物实际采食消化情况等因素，则试验结果会更具现实意义。

（四）结论

① 18 种热带灌木 DM、CP、EE、NDF、ADF、OM、TT、RFV、ME

和 IVDMD 平均含量分别为 32.22%、14.14%、3.99%、38.83%、33.67%、91.48%、1.53%、114、8.24 MJ/kg、58.85%，表明热带乔灌木 CP、EE、GE 含量较高，NDF、ADF 和 TT 含量较为适中，RFV、ME 和 IVDMD 较高，具有较高的饲用价值，有一定的开发利用价值。

②体外产气量、IVDMD、ME 的预测模型如下：

GP=87.735−0.245DM+1.788EE−0.348ADF−0.421OM−5.876TT（R^2=0.77，P<0.01）；

IVDMD=246.083−0.676DM+3.404EE−0.739ADF+0.120NDF−1.734OM（R^2=0.86，P<0.01）；

IVDMD=15.736+1.556GP（R^2=0.846，P<0.01）；

ME=17.184−0.137DM−0.203CP+0.506EE−0.185ADF+0.067NDF（R^2=0.85，P<0.01）。

③应用层次分析法对 18 种热带乔灌木进行饲用价值的综合评定，饲用价值由低到高顺序为黄牛木、假木豆、大叶千斤拔、圆叶舞草、大果榕、破布叶、金合欢、白背叶、木豆、白饭树、鹊肾树、银合欢、对叶榕、克拉豆、倒吊笔、长穗决明、刺桐、双荚决明。

二、3 种饲用灌木营养成分动态变化及其对体外产气特性的影响

海南饲用植物共 1 064 种，其中属低等植物者（主要是海藻类）6 种，高等植物 1 058 种；被子植物 1 042 种，包括单子叶植物 475 种，双子叶植物 567 种，其中木本饲用植物蛋白质含量高且富含多种家畜必需的氨基酸和微量元素（刘国道，2000）。但对木本饲用植物不同生长期营养成分和体外干物质消化率的动态变化的研究尚未见报道，本试验测定了 3 种饲用灌木不同生长期的营养物质含量以及采用体外产气法对其消化情况进行了研究，以期为热带木本饲用植物资源的合理利用提供科学依据。

（一）材料与方法

1. 试验材料

供试植物为鹊肾树、倒吊笔、白背叶，试验期内（2009 年 3 月至 2010 年 2 月）采集于中国热带农业科学院热带作物品种资源研究所十

队试验基地。试验地概况：试验地点位于东经 109° 30′，北纬 19° 30′，海拔 149 m，属热带季风气候，气候特点是夏秋季节高温多雨，冬春季节低温干旱，干湿季节分明；实验基地土壤为花岗岩发育而成的砖红壤土，土壤质地较差，无灌溉条件。采集的植物样本通过 120 ℃杀青 20 min 后用 65 ℃烘干 48 h，过 40 目筛粉碎制成样品备测。

2. 试验动物及日粮

选择 3 头年龄和体重相近的成年海南黑山羊，安装永久性瘤胃瘘管。基础日粮为玉米 – 木薯型，其组成为：玉米 57%、木薯 14.25%、豆粕 6.25%、麦皮 7.63%、统糠 8.38%、酵母 1.25%、植物油 1%、预混料 4%，其中消化能 12.37 MJ/kg，粗蛋白质含量 10.18%。

3. 体外产气试验

体外产气试验采用赵广永（2000）的方法。称取（0.50 ± 0.200 0 g 饲料样品，倒入已知质量的宽 3 cm、长 5 cm 的尼龙袋中，绑紧后放入注射器前端。同时在注射器芯壁后部均匀涂上一层凡士林，起到润滑和防止漏气的作用。在早晨饲喂前抽取瘤胃液，用 4 层纱布过滤，取 312.5 mL 过滤后的瘤胃液加入准备好的真空容器中，真空容器中预先加入 1 000 mL 蒸馏水并在 38 ℃水浴中预热，然后加入 250 mL 预先配制好并在 38 ℃水浴中预热的混合培养液，并持续通入 CO_2 约 10 min。取 30 mL 这种瘤胃液 – 缓冲液的混合物加到每一个注射器中，排净注射器中的空气，保持真空状态，并用密封针头封闭注射器，记录活塞的位置，然后在 38 ℃的水浴摇床中培养。分别在发酵开始后 2 h、4 h、6 h、8 h、10 h、18 h、24 h、30 h、36 h、48 h、72 h、96 h 读取不同时间点的产气量，用各个时间点的活塞的位置读数减去活塞的初始位置读数和空白产气量，即为在相应时间内饲料发酵的产气量。为防止注射器内压强过大影响产气，统一在 48 h 时排气。

4. 测定指标与方法

制成的植物样品分析干物质（DM）、粗蛋白质（CP）、粗脂肪（EE）、中性洗涤纤维（NDF）、酸性洗涤纤维（ADF）、有机物（OM）、总能（GE），其中 DM、CP、EE、NDF、ADF、OM 的分析参照张丽英（2003）的方法，（GE）采用美国 Parr 全自动氧弹测热仪测定，样本体外干物质消化率 IVDMD（DM，%）=（样本质量 – 残渣质量）/样本质量 × 100。

5. 体外发酵参数计算

将各样品不同时间点的产气量代入由 Rskov 和 McDonald 提出的模型 GP=$a+b$（$1-e^{-ct}$），根据非线性最小二乘法原理，求出 a、b、c 值，其中 a 为饲料快速发酵部分的产气量，b 为慢速发酵部分的产气量，c 为 b 的速度常数（产气速率），$a+b$ 为潜在产气量，GP 为 t 时的产气量。

6. 数据统计与分析

采用 SAS 9.0 软件和 Excel 2003 软件进行数据处理和统计分析；差异显著性检验采用邓肯法。

（二）结果与分析

1. 不同生长期饲用灌木营养成分动态变化

由表 2-5 可知，饲用灌木粗蛋白含量变化趋势为：鹊肾树呈营养期低、开花期高、结荚期低、枯黄期高的"N"形变化；而倒吊笔和白背叶呈营养期高、开花期略低、结荚期最低、枯黄期略高的"V"形变化。倒吊笔和白背叶粗蛋白平均含量显著高于鹊肾树，两者间无显著差异。饲用灌木粗脂肪含量变化趋势为：鹊肾树和倒吊笔呈倒"V"形变化；白背叶呈"N"形变化。三者粗脂肪平均含量差异显著，其中鹊肾树和倒吊笔差异达极显著水平。饲用灌木酸性洗涤纤维含量变化趋势为：鹊肾树随生长期线性升高；倒吊笔呈"N"形变化；白背叶呈倒"V"形变化。三者酸性洗涤纤维平均含量差异显著，其中鹊肾树和倒吊笔差异达极显著水平。饲用灌木中性洗涤纤维含量变化趋势为：鹊肾树呈倒"V"形变化；倒吊笔随生长期线性升高；白背叶呈倒"N"形变化。三者中性洗涤纤维平均含量差异显著，其中鹊肾树和倒吊笔差异达极显著水平。饲用灌木有机物含量变化趋势为：鹊肾树随生长期线性降低；倒吊笔和白背叶呈倒"V"形变化。倒吊笔和白背叶有机物平均含量显著高于鹊肾树，两者间无显著差异。饲用灌木总能含量变化趋势为：鹊肾树呈"V"形变化；倒吊笔随生长期线性升高；白背叶呈"N"形变化。倒吊笔和白背叶总能平均含量显著高于鹊肾树，两者间无显著差异。

表2-5 不同生长期饲用灌木营养成分含量

营养成分	植物	营养期	开花期	结果(荚)期	枯黄期	平均值
CP/%	鹊肾树	11.28±1.18	11.42±0.86	10.11±0.38	12.73±0.59	11.38±1.07[b]
	倒吊笔	14.08±0.35	11.79±1.41	10.66±0.10	12.29±1.87	12.20±1.42[a]
	白背叶	15.75±2.64	11.20±0.34	9.95±1.01	11.49±0.09	12.09±2.52[a]
EE/%	鹊肾树	3.64±0.96	4.05±0.47	3.13±0.64	2.75±0.40	3.39±0.57[c]
	倒吊笔	6.97±0.13	7.80±0.83	7.25±0.03	5.78±0.98	6.95±0.86[a]
	白背叶	4.41±1.44	6.30±1.61	6.01±1.46	7.38±0.71	6.02±1.23[ab]
ADF/%	鹊肾树	34.76±5.72	35.28±3.79	40.60±4.21	42.02±3.58	38.16±3.68[a]
	倒吊笔	26.72±1.15	28.23±1.74	25.31±2.81	27.46±1.92	26.93±1.24[c]
	白背叶	31.74±3.70	31.99±2.87	37.63±3.80	25.98±2.70	31.83±4.76[b]
NDF/%	鹊肾树	40.84±2.71	43.40±2.11	47.21±5.93	45.24±7.08	44.17±2.71[a]
	倒吊笔	27.82±1.51	29.35±3.70	32.33±6.43	36.48±4.15	31.49±3.81[c]
	白背叶	42.76±4.50	39.51±4.05	41.41±3.17	28.12±2.92	37.95±6.69[b]

营养成分	植物	营养期	开花期	结果（荚）期	枯黄期	平均值
OM/%	鹊肾树	88.43 ± 0.67	87.17 ± 2.81	85.57 ± 7.63	76.07 ± 2.09	84.31 ± 5.62[c]
	倒吊笔	91.77 ± 0.20	93.62 ± 0.89	93.25 ± 0.04	88.74 ± 3.54	91.84 ± 2.22[a]
	白背叶	91.58 ± 3.26	93.31 ± 0.43	89.78 ± 2.58	88.28 ± 0.98	90.73 ± 2.19[c]
GE/（MJ·kg⁻¹）	鹊肾树	15.26 ± 0.07	14.92 ± 0.54	14.49 ± 0.28	14.80 ± 0.02	14.86 ± 0.32[c]
	倒吊笔	17.49 ± 0.02	17.89 ± 0.33	18.00 ± 0.14	18.34 ± 0.28	17.93 ± 0.35[a]
	白背叶	17.59 ± 0.52	17.47 ± 0.63	17.50 ± 0.50	17.14 ± 0.30	17.42 ± 0.20[a]

注：同列相同字母表示差异不显著（$P>0.05$），标有相邻字母表示差异显著（$P<0.05$），标有相隔字母表示差异极显著（$P<0.01$）。

2. 不同生长期饲用灌木体外产气特性

3 种饲用灌木不同生长期体外发酵产气动态变化如图 2-2、图 2-3 和图 2-4 所示,体外发酵产气参数 a、b、$a+b$ 以及 IVDMD 平均值间均达到差异显著或极显著水平(表 2-6)。快速降解部分的产气量 a 白背叶最高,其次是倒吊笔和鹊肾树,这说明白背叶的快速发酵部分的瞬时产气量最多;慢速降解部分的产气量 b 和潜在产气量 $a+b$ 均是倒吊笔最高,其次是鹊肾树和白背叶;3 种饲用灌木产气速率 c 无显著差异;体外干物质消化率 IVDMD 倒吊笔最高,其次为鹊肾树和白背叶。

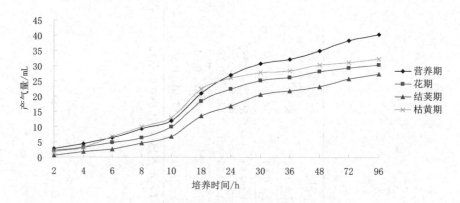

图 2-2　不同生长期鹊肾树体外发酵产气动态变化

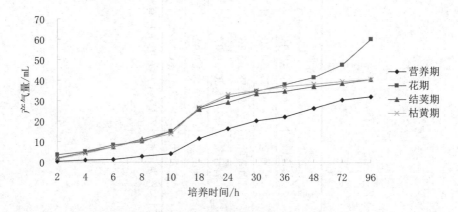

图 2-3　不同生长期倒吊笔体外发酵产气动态变化

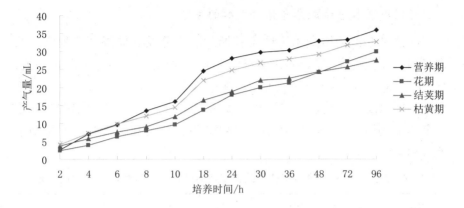

图 2-4　不同生长期白背叶体外发酵产气动态变化

表 2-6　不同生长期饲用灌木体外发酵参数及体外干物质消化率

指标	植物	营养期	开花期	结果（荚）期	枯黄期	平均值
a /mL	鹊肾树	-2.57 ± 4.70	-3.23 ± 0.86	-3.49 ± 0.87	-4.07 ± 0.91	-3.34 ± 0.62^{c}
	倒吊笔	-2.53 ± 1.42	-0.21 ± 0.21	-4.15 ± 0.23	-4.27 ± 3.05	$-2.79 \pm 1.89b^{c}$
	白背叶	-1.68 ± 1.02	0.40 ± 0.34	0.91 ± 5.62	0.24 ± 3.64	-0.03 ± 1.14^{a}
b /mL	鹊肾树	46.44 ± 11.02	35.32 ± 0.48	31.32 ± 4.50	33.65 ± 4.53	36.68 ± 6.7^{b}
	倒吊笔	43.16 ± 2.18	59.95 ± 6.27	44.07 ± 4.02	44.82 ± 4.10	48.00 ± 7.99^{a}
	白背叶	27.50 ± 13.02	30.64 ± 9.96	26.25 ± 3.94	31.82 ± 3.69	29.05 ± 2.61^{c}
$a+b$ /mL	鹊肾树	43.87 ± 13.54	32.09 ± 0.38	27.84 ± 3.63	29.58 ± 3.63	33.34 ± 7.23^{bc}
	倒吊笔	40.63 ± 0.76	59.74 ± 7.40	39.92 ± 3.79	40.55 ± 1.05	45.21 ± 9.69^{a}
	白背叶	25.81 ± 12.00	31.04 ± 9.63	27.17 ± 1.68	32.06 ± 0.06	29.02 ± 3.00^{c}
c /（mL·h^{-1}）	鹊肾树	0.04 ± 0.02	0.05 ± 0.01	0.04 ± 0.01	0.06 ± 0.02	0.05 ± 0.00^{a}
	倒吊笔	0.05 ± 0.01	0.03 ± 0.01	0.06 ± 0.02	0.07 ± 0.01	0.05 ± 0.01^{a}
	白背叶	0.05 ± 0.03	0.03 ± 0.01	0.05 ± 0.01	0.06 ± 0.01	0.05 ± 0.01^{a}
IVDMD /%	鹊肾树	71.18 ± 2.43	67.43 ± 5.19	65.35 ± 3.31	66.35 ± 2.74	67.58 ± 2.55^{b}
	倒吊笔	82.63 ± 3.35	78.17 ± 4.59	80.45 ± 0.22	75.19 ± 4.16	79.11 ± 3.18^{a}
	白背叶	51.69 ± 25.38	55.39 ± 7.34	57.30 ± 0.04	65.65 ± 4.89	57.51 ± 5.90^{c}

注：同列相同字母表示差异不显著（$P>0.05$），标有相邻字母表示差异显著（$P<0.05$），标有相隔字母表示差异极显著（$P<0.01$）。

3. 饲用灌木营养成分与体外发酵的关系

通过对 3 种饲用灌木不同生长期营养成分及其体外产气发酵参数进行相关性分析,结果表明快速产气部分 b 与 NDF 含量呈显著负相关,与 EE、OM、GE 呈不显著正相关;理论最大产气量 $a+b$、体外干物质消化率 IVDMD 与 EE、OM、GE 呈不显著正相关,与 CP、ADF、NDF 含量呈负相关,其中 $a+b$ 和 IVDMD 与 ADF 呈显著负相关,与 NDF 呈极显著负相关(表 2-7)。

表 2-7 饲用灌木营养成分与体外消化率及体外产气发酵参数之间的相关分析

指标	CP	EE	ADF	NDF	OM	GE
a	−0.13	0.48	−0.13	−0.26	0.43	0.36
b	−0.01	0.38	−0.47	−0.55*	0.30	0.24
$a+b$	−0.54	0.49	−0.50*	−0.61**	0.39	0.32
c	0.18	−0.02	−0.19	−0.10	−0.36	0.15
IVDMD	−0.42	0.37	−0.48*	−0.61**	0.12	0.15

注: * 表示显著相关($P<0.05$), ** 表示极显著相关($P<0.01$)。

(三)讨论

1.3 种饲用灌木营养价值及其动态变化规律

3 种饲用灌木的粗蛋白含量较高,接近郭彦军等(2003)报道的高山灌木粗蛋白水平,略低于盛花期紫花苜蓿(14%~15%),粗蛋白的含量都比天然牧草干物质含量(40 ~70 g/kg)要高,甚至超过了水稻和玉米粗蛋白的含量。酸性洗涤纤维是动物难以消化利用的成分,张晓庆等(2005)报道盛花期苜蓿的酸性洗涤纤维质量分数为40% 左右,3 种饲用灌木均低于盛花期苜蓿。3 种饲用灌木中性洗涤纤维平均含量约为37%,接近周汉林等(2006)报道的热带地区优质饲用灌木热研 1 号银合欢 38.39%。3 种饲用灌木粗脂肪、有机物和总能含量平均值均较高,体外干物质消化率明显高于紫花苜蓿的活体外消化率,从营养价值和体外干物质消化率来看,与张桂杰(2010)报道的盛花期白三叶牧草相当。

3 种饲用灌木粗蛋白、粗脂肪、酸性洗涤纤维、中性洗涤纤维的平均含量差异显著($P<0.05$)。主要营养成分的动态变化规律如下:"N" 形

变化、倒"N"形变化、"V"形变化、倒"V"形变化、线性增加、线性减少。该动态变化规律与文亦苒等（2009a）、曹国军等（2010）对云南豆科饲用灌木的研究结果相近。

2. 饲用灌木体外产气特性

总的来说，饲用灌木体外产气量的变化都是经历缓慢增加、快速增加、趋于平缓3个过程。与严学兵（1991）、茹彩霞（2006）、丁学智等（2007）、王辉辉等（2008）、张文璐等（2009）报道的体外产气量变化规律基本一致。体外培养的开始阶段瘤胃微生物进行环境的适应和繁殖需要一定的时间，故开始阶段产气量增长较慢，但随发酵时间的延长，微生物的数量增加，微生物对纤维素类物质的降解力度也开始加大，从而导致产气量的组合效应逐步增加，但随发酵时间的延长，由于微生物发酵所产生的副产物不能及时排出，因此在一定程度上对微生物的进一步发酵产生负面影响，导致可发酵物质的降解速率较低，产气量增长又趋于平缓。

3. 营养成分对体外产气的影响

本研究结果显示，理论最大产气量 $a+b$、体外干物质消化率 IVDMD 受 CP、ADF、NDF 含量的影响，其中 $a+b$ 和 IVDMD 与 CP 呈不显著负相关，与 ADF 呈显著负相关，与 NDF 呈极显著负相关。这与以下学者的研究结果类似：汤少勋等（2005）研究发现，牧草中非结构性碳水化合物与蛋白质比例决定了体外发酵产气的特性，理论最大产气量与 CP 的含量呈显著负相关；Nsahlai 等（1994）对豆科田菁属牧草的研究发现，理论最大产气量与 NDF、木质素和半纤维素的含量呈显著负相关；文亦苒等（2009b）的研究结果表明，IVDMD 与 NDF、ADF 呈极显著负相关；Rotger 等（2006）的研究结果表明，饲料中 ADF 影响动物消化，含量越高饲料消化率越低；Cone（1999）对酪蛋白和淀粉的体外发酵研究结果表明，发酵 72 h 后蛋白质发酵的产气量为碳水化合物的30%，也表明饲料中碳水化合物与蛋白质含量共同影响体外产气。

（四）结论

① 3 种饲用灌木粗蛋白含量较高，酸性洗涤纤维、中性洗涤纤维含量较低，体外干物质消化率高，其营养价值接近优质豆科牧草苜蓿和白

三叶。

②主要营养成分粗蛋白、粗脂肪、酸性洗涤纤维、中性洗涤纤维的动态变化规律有"N"形变化、倒"N"形变化、"V"形变化、倒"V"形变化、线性增加、线性减少。

③饲用灌木碳水化合物（酸性洗涤纤维、中性洗涤纤维）与粗蛋白含量共同影响体外产气参数和体外干物质消化率。

三、4 种热带灌木饲用价值研究

海南地理位置与气候条件特殊，适于各类植物生长，饲用植物种类繁多。据中国热带农业科学院刘国道等（2000）的调查结果：海南饲用植物共 1 064 种，其中属低等植物者（主要是海藻类）6 种，高等植物 1 058 种；被子植物 1 042 种，包括单子叶植物 475 种，双子叶植物 567 种。这些饲用植物中木本植物占了相当大的比例，许多木本植物蛋白质含量高且富含多种家畜必需的氨基酸和微量元素。但是木本植物本身具有许多抗营养因子，如叶片被有绒毛，质地较硬，含有蛋白酶抑制因子、单宁等物质导致味苦，致使适口性降低，影响家畜的采食量，进而对动物生长发育和增重产生不利影响。银合欢、大叶千斤拔、木豆和假木豆为海南常见的豆科（Fabaceae）小型灌木，但本地山羊采食程度存在一定差异。刘国道等（2002）的研究表明，这些植物蛋白质含量高，纤维含量适中，有较高的营养价值。为进一步确定这些木本植物在家畜饲养中的饲用价值和利用方式，笔者采用海南黑山羊在舍饲条件下进行了以采食量为基础的适口性评价，并对海南黑山羊的采食量与植物的营养成分和单宁含量做了相关性分析。

本试验测定了银合欢、大叶千斤拔、木豆和假木豆 4 种常见的热带灌木的主要营养成分和单宁含量，以及在舍饲条件下海南黑山羊对 4 种供试植物的采食量，采用饲料相对值 RFV 和粗饲料分级指数 GI（Grading Index）对 4 种热带灌木的饲用品质进行了评定，并对干物质采食量与供试植物营养成分和单宁含量做了相关性分析。结果表明：通过 2 种评定体系分析，4 种供试植物都有较高的饲用价值，且其在 2 种评定体系中的排序完全一致；海南黑山羊对热带灌木的采食量显著受到植物中干物质、粗灰分、酸性洗涤纤维、单宁含量的影响，海南黑山羊对干物质含量高且单宁含量低的植物有较高的采食量。

（一）材料与方法

1.试验材料

供试植物银合欢、大叶千斤拔、木豆、假木豆的新鲜嫩茎叶采集于中国热带农业科学院热带作物品种资源研究所实验基地；供试动物为海南黑山羊，饲养于海南黑山羊种羊场。试验地点位于东经109°30′，北纬19°30′，海拔149 m，属热带季风气候，气候特点是夏秋季节高温多雨，冬春季节低温干旱，干湿季节分明；实验基地土壤为花岗岩发育而成的砖红壤土，土壤质地较差，无灌溉条件。

2.试验方法

（1）试验设计

试验采用4×4拉丁方设计（表2-8）。试验羊（体重约20 kg的海南黑山羊）分成A、B、C、D四个组，共8只羊，置于代谢笼中饲养；试验分为4期，每期过渡3 d、正试5 d，共32 d；分别于每天上午（9：00～9：30）和下午（16：00～16：30）2次分别单独饲喂供试植物新鲜嫩茎叶，并补给精料150 g。

表2-8　供试植物和试验羊的拉丁方试验设计安排

黑山羊	饲喂供试新鲜嫩茎叶的次序			
组别	木豆	银合欢	大叶千斤拔	假木豆
A	第1期	第3期	第4期	第2期
B	第3期	第4期	第2期	第1期
C	第2期	第1期	第3期	第4期
D	第4期	第2期	第1期	第3期

（2）样品收集处理

每天采集植物样本，称重并统计采食时间。采集的植物通过烘干、粉碎制成样品备测。

（3）样品分析测定

制成的植物样品分析干物质（DM）、粗蛋白质（CP）、粗脂肪（EE）、中性洗涤纤维（NDF）、酸性洗涤纤维（ADF）、粗灰分（ASH）以及单宁（Tannins）含量，其中DM、CP、EE、NDF、ADF、ASH的分析参照张丽英（2003）的方法，单宁测定采用 F-D 显色法。

（4）饲用品质评定

采用饲料相对值 RFV 和粗饲料分级指数 GI 评定。两种评定体系的分级标准见表 2-9。

表 2-9　RFV 和 GI 的饲料分级标准[①]

等级	分级	标准
	RFV	GI/Mcal
特级	>151	>12.83
1	125 ~ 151	8.01 ~ 12.83
2	103 ~ 124	4.59 ~ 7.00
3	87 ~ 102	2.66 ~ 3.93
4	75 ~ 86	1.50 ~ 2.55
5	<75	<1.50

$$RFV=DMI（BW，\%）×DDM（DM，\%）/1.29$$

DMI 与 DDM 的预测模型分别为

$$DMI（BW，\%）=120/NDF（DM，\%）$$

$$DDM（DM，\%）=88.9-0.779ADF（DM，\%）$$

式中，DMI 为粗饲料干物质的随意采食量，单位为占体重的百分比，即 %；DDM 为可消化的干物质，单位为 %。

$$GI（Mcal）=ME（Mcal/kg）×DMI（kg/d）×CP（DM，\%）/NDF$$
（或 ADL）（DM，%）

ME 与 DMI 的预测模型分别为

$$ME=4.2014+0.0236ADF+0.1794CP$$

$$DMI（g/d·kg\ W^{0.75}）=51.26/NDF（DM，\%）$$

（5）数据处理

参照白厚义（2005）的统计分析方法，采用 SAS 9.0 软件和 Excel 2003 软件进行数据处理和统计分析；差异显著性检验采用邓肯法。

（二）结果与分析

1. 供试植物的营养成分和单宁含量

测试结果表明：4 种供试植物干物质平均含量为 34.34%，其中假木

① 注：表格中卡（cal）为非法定计量单位，1 cal=4.19 J。

豆最高(39.18%),银合欢最低(29.50%);粗蛋白平均含量为18.43%,其中木豆含量最高(22.61%),大叶千斤拔含量最低(15.09%);粗脂肪平均含量为3.41%,木豆含量最高(4.55%),大叶千斤拔含量最低(2.30%);大叶千斤拔中性洗涤纤维和酸性洗涤纤维含量均最高,分别为61.19%和43.98%,银合欢最低(分别为28.32%和19.38%)。4种供试植物干物质含量和粗蛋白、粗脂肪、中性洗涤纤维和酸性洗涤纤维含量差异均达到显著水平(表2-10)。供试植物单宁平均含量为1.40%,其中银合欢显著高于其他3种植物,含量为2.23%,假木豆含量最低,为0.89%。

表2-10 供试植物化学成分和单宁含量 %

供试植物	DM	CP	EE	NDF	ADF	ASH	Tannins
木豆	36.54^{ab}	22.61^a	4.55^a	38.60^c	31.60^b	4.85^{ab}	0.98^{bc}
银合欢	29.50^{bc}	18.79^{ab}	3.47^b	28.30^d	19.30^c	3.87^b	2.23^a
大叶千斤拔	32.15^b	15.09^c	2.30^c	61.10^a	43.90^a	5.25^a	1.48^b
假木豆	39.18^a	17.22^b	3.32^b	46.20^b	38.10^{ab}	5.44^a	0.89^{bc}
平均值	34.34	18.43	3.41	43.59	33.28	4.85	1.40

注:同列不同小写字母表示差异极显著(P<0.01)。

2.供试植物的品质评定

测试结果表明:饲料相对值RFV银合欢最高,然后依次为木豆、假木豆、大叶千斤拔;粗饲料分级指数GI也有相同的排序,依次是银合欢、木豆、假木豆和大叶千斤拔,详见表2-11。

表2-11 供试植物的RFV和GI数值

供试植物	饲料相对值 RFV	粗饲料分级指数 GI/Mcal
木豆	154.92^b	6.08^b
银合欢	242.80^a	6.89^a
大叶千斤拔	83.28^d	2.56^d
假木豆	119.24^c	3.87^c

参照表2-11,在RFV体系中银合欢为特级,木豆为1级,假木豆为2级,大叶千斤拔为4级;在GI体系中银合欢和木豆为2级,假木豆为

3 级,大叶千斤拔在 3 级和 4 级之间。这表明在本试验中,RFV 体系分级更为细致。

3. 海南黑山羊对供试植物的干物质采食量

饲养试验结果表明:海南黑山羊对 4 种植物的采食量差异较大,假木豆最高(391.15 g/d),银合欢最低(232.42 g/d),采食量依次为假木豆 > 木豆 > 大叶千斤拔 > 银合欢,均达到差异极显著水平($P<0.01$),见表 2-12。本次试验结果还有以下特点:一是海南黑山羊对各种供试植物的采食量都是下午高于上午,但差异不显著;二是 4 种供试植物的采食量上午、下午的顺序都与每日的总采食量的顺序一样,且差异极显著($P<0.01$)。造成这两个现象的原因尚不明确,需做进一步的研究。

表 2-12 海南黑山羊对供试植物的干物质采食量

供试植物	干物质	采食量	全天合计 /(g·d⁻¹)
	上午	下午	
木豆	141.81[b]	148.54[b]	290.35[b]
银合欢	112.89[d]	119.53[d]	232.42[d]
大叶千斤拔	119.75[c]	132.26[c]	252.01[c]
假木豆	217.97[a]	223.48[a]	391.15[a]
平均值	148.11	159.95	291.48

4. 供试植物的化学成分和单宁含量对采食量的影响

海南黑山羊采食量与供试植物化学成分和单宁含量的相关性分析结果如表 2-13 所示:采食量与干物质含量、酸性洗涤纤维、粗灰分呈显著正相关($P<0.05$)(相关系数分别为 0.926 39,0.395 51,0.680 25);采食量与单宁含量呈极显著负相关($P<0.01$)(相关系数为 –0.787 46)。

表 2-13 采食量与植物化学成分和单宁含量的相关系数

项目	对于采食量的相关因子						
	DM	CP	EE	NDF	ADF	ASH	Tannins
相关系数	0.926 39	–0.021 93	0.153 74	0.161 90	0.395 51	0.680 25	–0.787 46
显著水平	0.013 6	0.178 1	0.046 3	0.038 1	0.045 1	0.029 8	0.002 5

（三）结论与讨论

1.4种热带小型灌木的营养成分

本试验测得粗蛋白含量木豆最高，为 22.61%，接近李正红等（2005）报道的粗蛋白水平（19% ~ 22%）；银合欢粗蛋白含量为 18.79%，与周汉林（2006）报道的 18.20% ~ 20.27% 结果相近；大叶千斤拔粗蛋白含量为 15.09%，高于何蓉等（2001）报道的 12.48%；假木豆粗蛋白含量为 17.22%，高于何蓉等（2001）报道的 12.99%。银合欢、大叶千斤拔和假木豆的粗蛋白含量均低于刘国道报道的水平（分别为 24.33%、17.67%、22.07%、26.79），木豆、银合欢和假木豆的中性洗涤纤维和酸性洗涤纤维含量与文亦莳等（2009）报道的结果相近。总的来说，本次试验测得的粗蛋白含量和中性洗涤纤维、酸性洗涤纤维含量与已报道的结果相近，造成部分差异的原因可能是植物生长地的气候环境、土壤肥力不同或者采样的生长时期差异。

根据美国牧草和草地局制定的标准，特级牧草产品的粗蛋白含量大于 19%，酸性洗涤纤维小于 31%，中性洗涤纤维小于 40%。从本次试验测定的结果看，木豆和银合欢已经达到或接近美国特级牧草产品的标准，属于优质粗饲料。而大叶千斤拔和假木豆虽然未达到美国特级牧草产品的标准，但仍然是有潜力的饲用资源。

2. 两种粗饲料评定体系的比较

美国牧草草地理事会饲草分析小组委员会用酸性洗涤纤维（ADF）和中性洗涤纤维（NDF）体系来制定干草等级划分标准，用以比较干草的饲用品质和预期采食量，如提出的粗饲料相对值 RFV 是目前美国唯一广泛使用的粗饲料质量评定指数。RFV 的参数预测模型是比较一种比较简便实用的经验模型，只需在实验室测定粗饲料的 NDF、ADF 以及 DM 便可计算出某粗饲料的 RFV 值。

卢德勋在继承 RFV 合理内涵（在粗饲料品质评定指数中引入采食量与能量指标）的基础上，克服现行粗饲料品质评定指数以能量为中心的不足，提出了全新的粗饲料评定指数——粗饲料分级指数（GI）。GI 除引入能量参数外，还引入了 CP 与粗饲料干物质随意采食量（DMI）等参数，首次将它们统一起来考虑。

周汉林等（2006）首次用 RFV 体系评定了几种热带牧草的营养价值，其中银合欢的 RFV 值为 153.26，低于本试验的结果（242.8），可能是由于采样时期或植物生长环境差异造成的。王旭（2003）首次验证了 GI 理论并将 GI 对粗饲料的分级与 RFV 对粗饲料的分级进行了比较，结果其品质优劣排序完全一致。本试验采用的两种评定体系对 4 种热带灌木的排序结果完全一致，表明两种评定体系都能较好地用于热带饲用植物的营养价值评定。

3. 植物单宁含量

Jackson 和 Barry 等（1996）对热带树木、灌木和豆科牧草叶片中单宁的含量进行了测定，银合欢属（*Leucaena* Bentham）和朱樱花属（*Calliandra* Bentham）等部分植物单宁含量为 60 ~ 90 g/kg DM。反刍动物对牧草和灌木的采食量与它们所含缩合单宁含量呈负相关关系（Feng Yu 等，1995）。本试验中，银合欢单宁含量为 2.23%、木豆为 0.98%、假木豆为 0.89%，均低于文亦苪报道的这 3 种植物的单宁含量（银合欢 6.62%、木豆 9.95%、假木豆 9.58%）。这可能是由于测定方法不同造成的。本试验采用的是国家标准《进出口粮食、饲料单宁含量检验方法》中磷钼酸 – 钨酸钠比色法测定单宁含量，而文亦苪等（2009a）采用的是总酚与简单酚的差值求得单宁的含量。黄毅斌等（2007）的研究表明，由磷钼酸 – 钨酸钠比色法测得的总单宁与香兰素盐酸法测得的缩合单宁含量有极显著的相关性（$R \geq 0.855\,5$，$P \leq 0.01$）。故本试验的结果是可信的。

4. 植物营养成分和单宁含量对采食量的影响

粗饲料中粗脂肪（EE）和结构性碳水化合物是反刍动物所需能量的主要来源。其中结构性碳水化合物为瘤胃微生物和动物提供能量，同时维护肠道健康，生产中使用的指标为中性洗涤纤维（NDF）、酸性洗涤纤维（ADF）。已知的研究结果表明，NDF、ADF 的含量直接影响牧草品质及消化率，即 NDF 含量与饲料干物质消化率呈负相关，直接影响反刍动物的瘤胃功能、咀嚼时间、唾液分泌量和乳脂率，而 ADF 含量则直接影响饲料干物质进食量。本试验结果表明，供试植物中 EE、NDF 和 ADF 含量与采食量呈显著正相关，其中 NDF 和 ADF 与采食量呈显著正相关和以往结果有所不同，这可能与海南黑山羊自身特点以及海南高温高湿的自然环境有关。海南黑山羊是由本地野生山羊驯化而来，具有耐粗饲、耐高温高湿的特点。本试验中几种供试植物除大叶千斤拔外，NDF、ADF 含量都较为适中，可能并未对其采食产生负面影响。李茂等研究发现，在体形相近情况下，生长期海南黑山羊每日总能需要量比波隆杂交羔羊高 2.32 MJ。这表明海南黑山羊对能量需要量较高，在一定程度上依靠采食富含 NDF、ADF 的植物补充所需能量，造成 NDF、ADF 含量与采食量呈显著正相关也是可能的。但是 NDF 和 ADF 含量过高会影响采食量是肯定的，本试验中大叶千斤拔 NDF、ADF 含量最高而海南黑山羊采食量最低，也证明如此。本试验中 NDF 、ADF 含量与采食量呈显著正相关的原因，以及植物中引起动物采食量下降的NDF、ADF 含量范围还需要进一步的试验来明确。

高含量的单宁可与唾液蛋白、糖蛋白在口腔中相互作用，引起粗糙皱褶的收敛感和干燥感，产生涩味，使组织产生收敛性。白静等（2005）报道牧草中单宁超过 2% 时，草食动物会产生明显拒食的现象。本试验中银合欢单宁含量为 2.23%，试验初期也出现了试验羊连续几天不采食银合欢的情况，证明了白静等的结论。Yi（1998）的研究结果表明，反刍动物对低单宁、高蛋白质、可消化率高的木本豆科牧草具有较高的采食率。本试验结果也证实了采食量与单宁含量呈极显著负相关。

（四）小结

银合欢、大叶千斤拔、木豆、假木豆新鲜嫩茎叶的干物质、粗蛋白、粗脂肪含量高，纤维含量较为适中，单宁含量较少，均具有较高的营养价值；此 4 种热带灌木的饲用品质次序为银合欢、木豆、假木豆、大叶千斤拔，两种粗饲料评定体系都能较好地评定这几种热带灌木的饲用品质，RFV 体系更为简单方便；海南黑山羊对热带灌木的采食量显著受到植物中干物质、粗灰分、酸性洗涤纤维、单宁含量的影响，对干物质含量高且单宁含量低的植物有较高的采食量；假木豆对于海南黑山羊的适口性最好。

四、14 种热带粗饲料营养价值评价

本试验测定了 14 种热带粗饲料主要营养成分含量，并进行营养价值评价。结果表明：14 种热带粗饲料主要营养平均含量为有机物94.01%，粗蛋白 13.47%，粗脂肪 3.64%，酸性洗涤纤维 33.34%，中性洗涤纤维40.64%。通过隶属函数法综合评价,热带粗饲料营养价值由低到高为克拉豆(营养期)<大叶千斤拔(营养期)<山毛豆(花期)<银柴(营养期)<瓦氏葛藤(花期)<大叶山蚂蝗(结荚期)<刺桐(营养期)<舞草(结荚期)<绒毛山蚂蝗(花期)<盾柱木(营养期)<假木豆(结荚期)<猪屎豆(结荚期)<羊蹄莢(营养期)<牛大力(营养期)<银柴(结果期)<糙伏山蚂蝗(营养期)<牛大力(结果期)<毛排钱草(花期)<含羞草决明(结荚期)<卵叶山蚂蝗(营养期)<柄腺山扁豆(结荚期)<短叶决明(结荚期)<银柴(花期)<链荚豆(结荚期)<两粤黄檀(营养期)<牛大力(花期)<土密树(营养期)<木蓝(结荚期)<盾柱木(结荚期)<儿茶(营养期)<儿茶(结荚期)<儿茶(花期)<红背山麻杆(花期)<木豆(营养期)<红背山麻杆(营养期)<坡柳(营养期)<银合欢(花期)<葫芦茶(花期)<凤凰木(结荚期)<洋金凤(结荚期)<假地豆(结荚期)<山乌柏(营养期)。

据报道,仅2006年我国反刍动物饲料的供需缺口放就已达到3 867万吨,常规饲料越来越满足不了畜牧业生产发展的需要,寻找新型的饲料资源成为当务之急。非常规粗饲料已成为饲料研究的热点(杨在宾,2008a,b)。海南地理位置与气候条件特殊,饲用植物资源丰富。据中国热带农业科学院刘国道等的调查报道:海南饲用植物共1 064种,其中属低等植物者(主要是海藻类)6种,高等植物1 058种;被子植物1 042种,包括单子叶植物475种,双子叶植物567种,其中许多植物蛋白质含量高,海南黑山羊等当地家畜乐于采食,已成为当地重要的饲料来源(刘国道,2006)。但是由于种类繁多且营养价值差异很大,其有效利用受到限制。本试验通过测定部分粗饲料主要营养成分含量,对其营养价值进行评定,以期为合理开发利用热带饲料资源提供理论依据。

(一)材料与方法

1. 试验材料

供试植物共14种分别为:克拉豆(*Cratylia argentea*)、大叶千斤拔(*Flemingia macrophylla*)、山毛豆(*Tephrosia vogelii*)、银柴(*Aporusa dioica*)、瓦氏葛藤(*Pueraria wallichii* DC.)、大叶山蚂蝗[*Desmodium gangeticum*(Linn.)DC.]、刺桐(*Erythrina variegata*)、圆叶舞草(*Desmodium gyroides*)、

绒毛山蚂蝗 [*Desmodium velutinum*（Willd.）DC.]、盾柱木（*Peltophorum pterocarpum*）、假木豆（*Desmodium triangulare*）、猪屎豆（*Crotalaria mucronata*）、羊蹄荚（*Bauhinia purpurea* L.）、牛大力（*Millettia speciosa*）、糙伏山蚂蝗（*Desmodium strigillosum*）、毛排钱草（*Desmodium blandum*）、卵叶山蚂蝗（*Desmodium ovalifolium*）、含羞草决明（*Cassia mimosoides* L.）、短叶决明（*Cassia leschenaultiana* DC.）、柄腺山扁豆（*Cassia pumila* L.）、链荚豆（*Alysicarpus vaginalis*）、两粤黄檀（*Dalbergia benthami* Prain）、土密树 [*Bridelia monoica*（Lour.）Merr.]、木蓝（*Indigofera tinctoria*）、儿茶（*Acacia catechu*）、红背山麻杆（*Alchornea trewioides*）、木豆（*Cajanus cajan*）、坡柳（*Dodonaea viscose*）、银合欢（*Leucaena Leucocephala*）、葫芦茶（*Desmodium triquetrum*）、凤凰木（*Delonix regia*）、洋金凤（*Caesalpinia pulcherrima*）、假地豆 [*Desmodium heterocarpon*（Linn.）DC.]、山乌桕（*Sapium discolor*）。

2. 试验地点概述

植物样品采集于中国热带农业科学院热带作物品种资源研究所。试验地点位于东经 109° 30′，北纬 19° 30′，海拔 149 m，属热带季风气候，气候特点是夏秋季节高温多雨，冬春季节低温干旱，干湿季节分明；试验地土壤为花岗岩发育而成的砖红壤土，土壤质地较差，无灌溉条件。

3. 测定指标与方法

采集的植物样本通过 120 ℃杀青 20 min 后用 65 ℃烘干 48 h，过 40 目筛粉碎制成样品备测。样品分析粗蛋白质（CP）、粗脂肪（EE）、中性洗涤纤维（NDF）、酸性洗涤纤维（ADF）、有机物（OM），其中 CP、EE、NDF、ADF、OM 的分析参照张丽英（2003）的方法。

4. 营养价值评定方式

应用模糊数学中的隶属函数值法（陶向新,1982），以有机物、粗蛋白、粗脂肪、酸性洗涤纤维和中性洗涤纤维含量等指标进行综合评价。

隶属函数值计算公式：

$$R（X_i）=（X_i-X_{min}）/（X_{max}-X_{min}）$$

式中，X_i 为指标测定值，X_{min}、X_{max} 为所有参试材料某一指标的最小值和最大值。

如果为负相关，则用反隶属函数进行转换，计算公式为

$$R（X_i）=1-（X_i-X_{min}）/（X_{max}-X_{min}）$$

5. 数据统计与分析

采用 SAS 9.0 软件和 Excel 2003 软件进行数据处理和统计分析。

（二）结果与分析

1. 营养成分分析

如表 2-14 所示，粗饲料有机物含量在 89.79% ~ 96.28%，平均含量为 94.16%；粗蛋白含量在 12.11% ~ 19.92%，平均含量为 15.09%；粗脂肪含量在 1.62% ~ 4.12%，平均含量为 2.91%；酸性洗涤纤维含量在 19.47% ~ 52.93%，平均含量为 37.78%；中性洗涤纤维含量在 30.02% ~ 61.19%，平均含量为 49.67%。

表 2-14　热带粗饲料营养成分含量　　　　　　　%

植物	生长期	有机物	粗蛋白	粗脂肪	酸性洗涤纤维	中性洗涤纤维
洋金凤	结荚期	96.28	12.11	4.12	19.47	30.02
假地豆	结荚期	95.41	12.90	1.67	47.96	56.59
葫芦茶	花期	95.51	13.16	3.57	43.84	54.54
大叶千斤拔	营养期	94.75	15.09	2.30	52.93	61.19
毛排钱草	花期	94.96	14.10	3.70	46.07	55.49
绒毛山蚂蝗	花期	93.72	16.19	2.73	39.29	51.31
克拉豆	营养期	89.79	19.92	3.71	34.68	56.24
刺桐	营养期	92.05	17.73	3.50	30.44	45.76
羊蹄荚	营养期	92.34	19.01	1.62	33.34	40.74
假木豆	结荚期	94.56	17.22	3.32	38.13	46.22
链荚豆	结荚期	93.82	14.18	2.92	35.19	46.55
含羞草决明	结荚期	95.70	13.28	2.86	36.20	51.51
短叶决明	结荚期	93.55	13.89	2.51	39.25	51.64
柄腺山扁豆	结荚期	95.81	12.41	2.14	32.16	47.64
平均值		94.16	15.09	2.91	37.78	49.67

2. 隶属函数分析

按照隶属函数法,将供试材料的营养价值进行综合分析。如表 2-15 所示,营养价值由低到高的顺序为:克拉豆(营养期)<大叶千斤拔(营养期)<山毛豆(花期)<银柴(营养期)<瓦氏葛藤(花期)<大叶山蚂蝗(结荚期)<刺桐(营养期)<舞草(结荚期)<绒毛山蚂蝗(花期)<盾柱木(营养期)<假木豆(结荚期)<猪屎豆(结荚期)<羊蹄荚(营养期)<牛大力(营养期)<银柴(结果期)<糙伏山蚂蝗(营养期)<牛大力(结果期)<毛排钱草(花期)<含羞草决明(结荚期)<卵叶山蚂蝗(营养期)<柄腺山扁豆(结荚期)<短叶决明(结荚期)<银柴(花期)<链荚豆(结荚期)<两粤黄檀(营养期)<牛大力(花期)<土密树(营养期)<木蓝(结荚期)<盾柱木(结荚期)<儿茶(营养期)<儿茶(结荚期)<儿茶(花期)<红背山麻杆(花期)<木豆(营养期)<红背山麻杆(营养期)<坡柳(营养期)<银合欢(花期)<葫芦茶(花期)<凤凰木(结荚期)<洋金凤(结荚期)<假地豆(结荚期)<山乌桕(营养期)。

表 2-15　热带粗饲料各营养成分隶属函数值

植物	生长期	$Z(1)$	$Z(2)$	$Z(3)$	$Z(4)$	$Z(5)$	S
洋金凤	结荚期	1.000 0	0.319 9	0.267 7	0.987 3	0.703 9	0.655 7
假地豆	结荚期	0.916 6	0.362 7	0.004 9	0.146 7	0.103 9	0.307 0
葫芦茶	花期	0.925 8	0.376 8	0.209 1	0.268 2	0.150 2	0.386 0
大叶千斤拔	营养期	0.852 9	0.481 6	0.073 1	0.000 0	0.000 0	0.281 5
毛排钱草	花期	0.873 3	0.427 9	0.222 6	0.202 4	0.128 7	0.371 0
绒毛山蚂蝗	花期	0.754 0	0.541 3	0.119 2	0.402 5	0.223 1	0.408 0
克拉豆	营养期	0.375 2	0.743 3	0.223 9	0.538 5	0.111 8	0.398 5
刺桐	营养期	0.592 9	0.624 3	0.201 3	0.663 6	0.348 5	0.486 1
羊蹄荚	营养期	0.620 7	0.693 9	0.000 0	0.578 0	0.461 8	0.470 8
假木豆	结荚期	0.834 6	0.597 0	0.181 7	0.436 7	0.338 1	0.477 6
链荚豆	结荚期	0.763 5	0.432 5	0.139 5	0.523 5	0.330 6	0.437 9
含羞草决明	结荚期	0.944 4	0.383 5	0.133 1	0.493 7	0.218 6	0.434 7
短叶决明	结荚期	0.737 4	0.416 7	0.095 4	0.403 7	0.215 7	0.373 8
柄腺山扁豆	结荚期	0.954 5	0.336 6	0.055 3	0.612 9	0.306 0	0.453 0

注:$Z(1)$、$Z(2)$、$Z(3)$、$Z(4)$、$Z(5)$ 分别表示有机物、粗蛋白、粗脂肪、酸性洗涤纤维、中型洗涤纤维;S 代表隶属函数平均值。

（三）结论与讨论

①对反刍动物而言,饲料的营养价值主要取决于蛋白质和纤维成分的含量。本试验中34种热带粗饲料平均粗蛋白含量较高,高于白昌军等(2004)、周汉林等(2010)报道的柱花草平均粗蛋白含量,甚至超过了水稻和玉米粗蛋白的含量,接近郭彦军等(2003)、李茂等(2011,2012)报道的饲用灌木粗蛋白水平,略低于盛花期紫花苜蓿粗蛋白含量(14%~15%)。酸性洗涤纤维是动物难以消化利用的成分,张晓庆等(2005)报道盛花期苜蓿的酸性洗涤纤维质量分数为40%左右,粗饲料平均含量低于盛花期苜蓿。热带粗饲料中性洗涤纤维含量与张桂杰等(2010)报道的盛花期白三叶相当,接近于美国苜蓿干草质量等级1级标准中中性洗涤纤维含量(小于40%)(贾玉山,2007)。本试验中热带粗饲料酸性洗涤纤维和中性洗涤纤维含量均低于已报道的柱花草,故本试验中大部分热带粗饲料具有较高的营养价值。

②不同动物对饲料的不同营养成分的消化利用程度存在差异,所以难以用单一指标进行营养价值的评定。隶属函数分析法在多指标测定基础上对材料特性进行综合评价的途径,具有一定的客观性和准确性,采用隶属函数分析法进行营养价值评定是一个有益的尝试。高杨等(2009)采用隶属函数分析法对鸭茅新品系进行营养价值评定,其结果为鸭茅新品种选育提供参考。本试验通过隶属函数分析法对34种热带粗饲料进行营养价值评定结果如下:克拉豆(营养期)＜大叶千斤拔(营养期)＜山毛豆(花期)＜银柴(营养期)＜瓦氏葛藤(花期)＜大叶山蚂蝗(结荚期)＜刺桐(营养期)＜舞草(结荚期)＜绒毛山蚂蝗(花期)＜盾柱木(营养期)＜假木豆(结荚期)＜猪屎豆(结荚期)＜羊蹄荚(营养期)＜牛大力(营养期)＜银柴(结果期)＜糙伏山蚂蝗(营养期)＜牛大力(结果期)＜毛排钱草(花期)＜含羞草决明(结荚期)＜卵叶山蚂蝗(营养期)＜柄腺山扁豆(结荚期)＜短叶决明(结荚期)＜银柴(花期)＜链荚豆(结荚期)＜两粤黄檀(营养期)＜牛大力(花期)＜土密树(营养期)＜木蓝(结荚期)＜盾柱木(结荚期)＜儿茶(营养期)＜儿茶(结荚期)＜儿茶(花期)＜红背山麻杆(花期)＜木豆(营养期)＜红背山麻杆(营养期)＜坡柳(营养期)＜银合欢(花期)＜葫芦茶(花期)＜凤凰木(结荚期)＜洋金凤(结荚期)＜假地豆(结荚期)＜山乌桕(营养期)。

③饲料的饲用价值是一个多层次概念,是营养成分、适口性和消化率三大因素综合作用的结果(龙明秀,2003)。本试验仅对其营养成分进行分析,结果具有一定局限性,针对热带粗饲料的评价还需做进一步的研究。

五、15 种热带灌木热值和灰分动态变化研究

本试验对 15 种热带灌木的热值和灰分含量的月变化进行了研究。结果表明:

① 15 种热带灌木干重热值平均值分别为:大果榕 15.82 kJ/g、对叶榕 14.02 kJ/g、克拉豆 17.37 kJ/g、银合欢 17.89 kJ/g、大叶千斤拔 17.98 kJ/g、木豆 19.16 kJ/g、假木豆 18.01 kJ/g、长穗决明 17.59 kJ/g、双荚决明 17.42 kJ/g、刺桐 16.65 kJ/g、圆叶舞草 18.09 kJ/g、白饭树 17.02 kJ/g、黄牛木 18.03 kJ/g、破布叶 17.54 kJ/g、金合欢 19.57 kJ/g。

② 15 种热带灌木的干重热值、灰分含量存在差异且具有不同的月变化,干重热值和灰分含量呈极显著线性负相关。

③ 15 种热带灌木去灰分热值平均值分别为:大果榕 18.23 kJ/g、对叶榕 17.30 kJ/g、克拉豆 19.14 kJ/g、银合欢 19.55 kJ/g、大叶千斤拔 19.04 kJ/g、木豆 20.12 kJ/g、假木豆 19.13 kJ/g、长穗决明 18.96 kJ/g、双荚决明 19.02 kJ/g、刺桐 18.40 kJ/g、圆叶舞草 18.96 kJ/g、白饭树 18.37 kJ/g、黄牛木 19.46 kJ/g、破布叶 18.98 kJ/g、金合欢 20.43 kJ/g。15 种热带灌木干重热值和去灰分热值排列顺序不同,而灰分含量可能是造成该差异的主要原因。

植物热值是指植物在一定的温度条件下干物质完全燃烧时所释放的能量,它直接反映植物对太阳能的转化效率,是评价和反映生态系统中物质循环和能量转化规律的重要指标之一。另外,植物转化的太阳能通过各种方式提供给其他生物,因此植物的热值在很大程度上决定了其营养价值,是评价其营养价值的重要标志。

杨福囤在 1983 年对高寒植物的热值进行了研究,是我国最早研究植物热值的学者。其后许多学者针对不同的研究目的对水稻、草本植物、竹林、苜蓿、桉树、热带红树林、亚热带常绿阔叶林等的热值进行了测定。龙瑞军等研究发现,灌木具有易燃烧、热值高、灰分含量低、生物量大等特点,具有巨大的开发利用的潜力。目前对我国热带地区灌木各方面研究还不多,对其热值方面的研究更是未见报道。因此,本研究对

海南常见的 15 种热带灌木热值、灰分动态变化进行了研究,对其热值特征进行探讨,从能源利用的角度认识它们的生物质特性,以期为这类植物作为生物质能源的开发利用提供理论依据。

(一)材料与方法

1. 试验地点

植物样品采集于中国热带农业科学院热带作物品种资源研究所十队试验基地。试验地概况:试验地点位于东经 109° 30′,北纬 19° 30′,海拔 149 m,属热带季风气候,气候特点是夏秋季节高温多雨,冬春季节低温干旱,干湿季节分明;试验基地土壤为花岗岩发育而成的砖红壤土,土壤质地较差,无灌溉条件。

2. 试验材料

试验材料分别为:大果榕、对叶榕、克拉豆、银合欢、大叶千斤拔、木豆、假木豆、长穗决明、双荚决明、刺桐、圆叶舞草、白饭树、黄牛木、破布叶、金合欢。采样时间为 2009 年 3 月至 2010 年 3 月每月采集一次。所采样品均为植物枝叶,各约 500 g。采集的植物样本通过 120 ℃杀青 20 min 后用 65 ℃烘 48 h,过 40 目筛粉碎制成样品备测。

3. 测定方法

干重热值采用美国 Parr6300 全自动氧弹测热仪测定,灰分含量采用干灰化法测定,去灰分热值 = 干重热值 /(1- 灰分含量)。

(二)结果与分析

1.15 种热带灌木的干重热值及月变化

随着植物的生长发育,植物热值必然发生不同程度的变化。15 种热带灌木之间热值存在一定差异,且随着生长发育其变化特点有所不同(表 2-16)。15 种热带灌木干重热值最高为 4 月木豆(22.14 kJ/g),最低为 12 月对叶榕(13.47 kJ/g);热带灌木平均干重热值金合欢最高(19.57 kJ/g),对叶榕最低(14.02 kJ/g)。大果榕的干重热值为 14.81 ~ 16.98 kJ/g,平均为 15.82 kJ/g;对叶榕的干重热值为 13.47 ~ 14.59 kJ/g,平均为 14.02 kJ/g;克拉豆的干重热值为 16.79 ~ 18.87 kJ/g,平均为 17.37 kJ/g;大叶千斤拔的干重热值为 17.43 ~ 18.54 kJ/g，平均为 17.98 kJ/g；木豆的干重热值为 18.17 ~ 22.14 kJ/g，平均为 19.16 kJ/g；假木豆的干重热值为 17.53 ~ 18.82 kJ/g，平均为 18.01 kJ/g；长穗决明的干重热值为 16.91 ~ 18.64 kJ/g，平均为 17.59 kJ/g；双荚决明的干重热值为 16.35 ~ 18.75 kJ/g，平均为 17.42 kJ/g；刺桐的干重热值为 15.18 ~ 17.79 kJ/g，平均为 16.65 kJ/g；圆叶舞草的干重热值为 17.51 ~ 18.66 kJ/g，平均为 18.09 kJ/g；白饭树的干重热值为 16.29 ~ 17.62 kJ/g，平均为 17.02 kJ/g；黄牛木的干重热值为 17.34 ~ 18.64 kJ/g，平均为 18.03 kJ/g；破布叶的干重热值为 16.48 ~ 18.16 kJ/g，平均为 17.54 kJ/g；金合欢的干重热值为 18.61 ~ 20.83 kJ/g，平均为 19.57 kJ/g。

2.15 种热带灌木的灰分含量及月变化

灰分是指植物体矿质元素氧化物的总和，不同植物以及不同生长发育时期其含量不同。不同热带灌木间灰分含量存在着差异，且具有不同的月变化趋势（表 2-17）。15 种热带灌木灰分最高为 2 月对叶榕（28.18%），最低为 7 月金合欢（3.20%）；热带灌木灰分平均含量对叶榕最高（18.63%），金合欢最低（4.22%）。大果榕的灰分为 9.97% ~ 25.26%，平均为 13.02%；对叶榕的灰分为 13.13% ~ 28.18%，平均为 18.63%；克拉豆的灰分为 7.41% ~ 12.72%，平均为 9.25%；银合欢的灰分为 5.73% ~ 21.02%，平均为 8.27%；大叶千斤拔的灰分为 3.23% ~ 14.61%，平均为 5.40%；木豆的灰分为 3.50% ~ 9.89%，平均为 4.80%；假木豆的灰分为 4.67% ~ 8.77%，平均为 5.85%；长穗决明的灰分为 5.30% ~ 13.21%，平均为 7.19%；双荚决明的灰分为 5.11% ~ 12.59%，平均为 8.32%；刺桐的灰分为 6.74% ~ 14.38%，平均为 9.49%；圆叶舞草的灰分为 3.38% ~ 8.79%，平均为 4.57%；白饭树的灰分为 6.01% ~ 7.89%，平均为 7.40%；黄牛木的灰分为 3.56% ~ 23.89%，平均为 6.99%；破布叶的灰分为 5.60% ~ 14.07%，平均为 7.53%；金合欢的灰分为 3.20% ~ 5.37%，平均为 4.22%。

表2-16 热带灌木不同月份干重热值

kJ/g

植物	1	2	3	4	5	6	7	8	9	10	11	12	平均值	标准差
大果榕	15.86	16.98	15.34	15.92	14.81	16.04	15.80	16.00	15.66	16.08	15.96	15.35	15.82[f]	0.52
对叶榕	14.24	13.48	13.51	14.47	13.67	13.90	14.31	14.43	14.59	13.70	14.48	13.47	14.02[g]	0.44
克拉豆	17.52	17.63	17.08	16.79	16.90	16.80	18.87	17.34	17.35	17.27	17.74	17.10	17.37[cd]	0.57
银合欢	18.78	17.92	17.66	17.47	17.72	17.94	17.10	17.56	17.83	18.45	18.21	18.03	17.89[bc]	0.45
大叶千斤拔	18.14	18.29	17.79	17.43	17.69	17.80	17.88	17.48	18.03	18.20	18.54	18.50	17.98[bc]	0.37
木豆	18.17	18.30	18.51	22.14	18.77	18.99	19.22	18.89	19.18	19.08	19.39	19.22	19.16[a]	1.02
假木豆	18.82	18.56	17.98	17.54	17.53	17.71	17.90	18.11	17.90	17.73	17.83	18.48	18.01[bc]	0.41
长穗决明	17.97	18.23	17.37	17.02	17.39	17.08	16.91	18.11	16.95	18.64	17.27	18.08	17.59[bcd]	0.59
双荚决明	18.75	18.26	17.42	16.35	16.88	17.08	17.06	17.42	17.60	17.35	17.67	17.19	17.42[bcd]	0.63
刺桐	17.21	16.95	16.30	16.12	15.18	15.32	16.40	17.04	17.69	16.35	17.79	17.39	16.65[e]	0.85
圆叶舞草	18.56	18.66	17.51	17.66	17.86	17.86	18.08	18.40	17.79	17.73	18.51	18.48	18.09[b]	0.41
白饭树	17.62	17.62	17.11	16.41	16.29	16.69	17.12	16.86	16.77	17.29	17.54	16.87	17.02[de]	0.45
黄牛木	18.64	18.27	18.00	18.12	17.34	17.61	17.78	18.03	17.77	17.84	18.54	18.38	18.03[bc]	0.39
破布叶	17.61	16.48	17.08	17.32	17.25	17.62	17.89	17.75	17.77	17.79	18.16	17.81	17.54[bcd]	0.45
金合欢	19.62	19.25	19.22	19.23	18.61	19.78	19.61	19.64	19.36	19.32	20.83	20.31	19.57[a]	0.57

注：同列不同字母表示差异极显著（$P<0.01$）。

表2-17 热带灌木不同月份灰分含量

植物	1	2	3	4	5	6	7	8	9	10	11	12	平均值	标准差
大果榕	25.26	12.94	10.25	10.34	14.23	10.04	10.46	11.59	9.97	10.91	12.02	18.20	13.02^b	4.52
对叶榕	27.29	28.18	15.47	13.61	14.93	15.24	14.12	14.21	13.13	18.48	25.45	23.46	18.63^a	5.77
克拉豆	11.89	11.02	7.41	8.73	8.37	8.69	8.70	9.08	7.61	8.40	12.72	8.32	9.25^{cd}	1.69
银合欢	12.25	21.02	7.22	6.58	5.97	6.16	7.14	5.73	5.75	6.44	6.18	8.80	8.27^{cde}	4.41
大叶千斤拔	10.81	14.61	3.87	4.37	4.29	3.62	3.50	4.04	3.23	3.91	4.17	4.36	5.40^{def}	3.53
木豆	9.89	7.12	3.96	4.44	4.02	3.79	4.48	3.50	3.85	3.72	4.41	4.47	4.80^{ef}	1.86
假木豆	8.77	6.33	5.43	5.31	5.38	7.97	5.24	5.33	5.09	4.90	4.67	5.79	5.85^{cdef}	1.26
长穗决明	8.74	13.21	7.15	7.71	5.30	6.38	6.50	6.13	5.93	6.26	6.28	6.67	7.19^{cdef}	2.10
双荚决明	12.59	10.55	8.03	7.68	7.85	5.11	8.40	7.90	7.03	8.16	8.39	8.10	8.32^{cde}	1.81
刺桐	14.38	13.60	8.79	7.71	10.92	10.96	7.57	8.03	6.74	8.37	7.54	9.25	9.49^c	2.47
圆叶舞草	8.79	3.93	4.10	4.46	3.85	3.38	3.99	4.13	4.90	4.12	4.55	4.67	4.57^{ef}	1.39
白饭树	7.76	7.60	7.51	7.85	7.66	7.25	7.26	7.42	6.95	6.01	7.58	7.89	7.40^{cdef}	0.51
黄牛木	11.97	5.11	5.02	4.10	4.39	3.86	3.89	3.56	7.34	23.89	5.04	5.76	6.99^{cdef}	5.80
破布叶	14.07	8.89	6.51	5.98	6.37	6.17	6.21	6.61	5.60	6.12	7.83	9.94	7.53^{cdef}	2.44
金合欢	5.37	5.37	4.36	3.75	4.79	3.71	3.20	3.41	3.84	5.12	3.67	4.06	4.22^f	0.77

注：同列不同字母表示差异极显著（$P<0.01$）。

第二章 热带木本植物饲用价值研究

3.15 种热带灌木的去灰分热值及月变化

用热值来反映植物生物量转化成相应的能量是有实用价值的，不同植物热值差异很大，而灰分含量的差异是植物热值差异的重要原因。去灰分热值能比较正确地反映单位有机物中所含的热量，可以消除灰分含量不同而造成的影响。因而，在对不同植物种类或不同生态环境下的同种植物的热值进行比较时，采用去灰分热值对植物样品进行比较分析更为科学合理（表2-18）。15 种热带灌木去灰分热值最高为 10 月黄牛木（23.44 kJ/g），最低为 3 月对叶榕（15.98 kJ/g）；热带灌木去灰分热值平均含量金合欢最高（20.43 kJ/g），对叶榕最低（17.30 kJ/g）。大果榕的去灰分热值为 17.09 ~ 21.22 kJ/g，平均为 18.23 kJ/g；对叶榕的去灰分热值为 15.98 ~ 19.58 kJ/g，平均为 17.30 kJ/g；克拉豆的去灰分热值为 18.40 ~ 20.67 kJ/g，平均为 19.14 kJ/g；银合欢的去灰分热值为 18.41 ~ 22.69 kJ/g，平均为 19.55 kJ/g；大叶千斤拔的去灰分热值为 18.23 ~ 21.42 kJ/g，平均为 19.04 kJ/g；木豆的去灰分热值为 19.27 ~ 23.17 kJ/g，平均为 20.12 kJ/g；假木豆的去灰分热值为 18.52 ~ 20.63 kJ/g，平均为 19.13 kJ/g；长穗决明的去灰分热值为 18.02 ~ 21.00 kJ/g，平均为 18.96 kJ/g；双荚决明的去灰分热值为 17.71 ~ 21.45 kJ/g，平均为 19.02 kJ/g；刺桐的去灰分热值为 17.04 ~ 20.10 kJ/g，平均为 18.40 kJ/g；圆叶舞草的去灰分热值为 18.26 ~ 20.35 kJ/g，平均为 18.96 kJ/g；白饭树的去灰分热值为 17.64 ~ 19.10 kJ/g，平均为 18.37 kJ/g；黄牛木的去灰分热值为 18.14 ~ 23.44 kJ/g，平均为 19.46 kJ/g；破布叶的去灰分热值为 18.09 ~ 20.49 kJ/g，平均为 18.98 kJ/g；金合欢的去灰分热值为 19.55 ~ 21.62 kJ/g，平均为 20.43 kJ/g。

4. 热带灌木热值与灰分含量的相关性

通过对 15 种热带灌木热值和灰分含量进行相关性分析，结果表明两者呈极显著的线性负相关（$P<0.01$）（图2-5），相关方程为：$y=-2.6678x+54.682$（$R^2=0.8972$）。杨福囷在我国首次提出灰分含量较高的植物干重热值较低，反之则干重热值较高。龙瑞军、林鹏等的研究也得出类似的结论。其后有很多学者针对不同植物灰分和热值的关系进行深入研究，如榕属植物、棕榈、高大禾草、牧草和作物秸秆等，结果发现很多植物干重热值与灰分呈极显著的线性负相关，只是不同植物其相关方程存在一定差异。

表2-18 热带灌木不同月份去灰分热值含量

kJ/g

植物	1	2	3	4	5	6	7	8	9	10	11	12	平均值	标准差
大果榕	21.22	19.50	17.09	17.76	17.27	17.83	17.65	18.10	17.39	18.05	18.14	18.77	18.23[de]	1.15
对叶榕	19.58	18.77	15.98	16.75	16.07	16.40	16.66	16.82	16.80	16.81	19.42	17.60	17.30[e]	1.26
克拉豆	19.88	19.81	18.45	18.40	18.44	18.40	20.67	19.07	18.78	18.85	20.33	18.65	19.14[bcd]	0.81
银合欢	21.40	22.69	19.03	18.70	18.85	19.12	18.41	18.63	18.92	19.72	19.41	19.77	19.55[abc]	1.26
大叶千斤拔	20.34	21.42	18.51	18.23	18.48	18.47	18.53	18.22	18.63	18.94	19.35	19.34	19.04[bcd]	0.96
木豆	20.16	19.70	19.27	23.17	19.56	19.74	20.12	19.58	19.95	19.82	20.28	20.12	20.12[ab]	1.00
假木豆	20.63	19.81	19.01	18.52	18.53	19.24	18.89	19.13	18.86	18.64	18.70	19.62	19.13[bcd]	0.62
长穗决明	19.69	21.00	18.71	18.44	18.36	18.24	18.09	19.29	18.02	19.88	18.43	19.37	18.96[bcd]	0.90
双荚决明	21.45	20.41	18.94	17.71	18.32	18.00	18.62	18.91	18.93	18.89	19.29	18.71	19.02[bcd]	1.02
刺桐	20.10	19.62	17.87	17.47	17.04	17.21	17.74	18.53	18.97	17.84	19.24	19.16	18.40[cde]	1.01
圆叶舞草	20.35	19.42	18.26	18.48	18.58	18.48	18.83	19.19	18.71	18.49	19.39	19.39	18.96[bcd]	0.60
白饭树	19.10	19.07	18.50	17.81	17.64	17.99	18.46	18.21	18.02	18.40	18.98	18.32	18.37[cde]	0.48
黄牛木	21.17	19.25	18.95	18.89	18.14	18.32	18.50	18.70	19.18	23.44	19.52	19.50	19.46[abc]	1.48
破布叶	20.49	18.09	18.27	18.42	18.42	18.78	19.07	19.01	18.82	18.95	19.70	19.78	18.98[bcd]	0.70
金合欢	20.73	20.34	20.10	19.98	19.55	20.54	20.26	20.33	20.13	20.36	21.62	21.17	20.43[a]	0.55

注：同列不同字母表示差异极显著（$P<0.01$）。

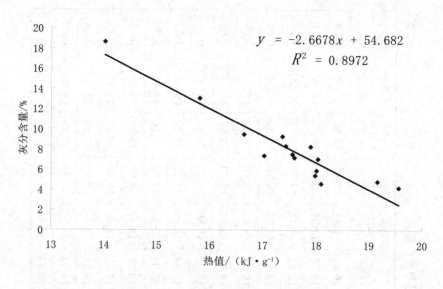

图 2-5　热带灌木热值和灰分含量的关系

（三）讨论

1. 热带灌木干重热值及其影响因素

15 种热带灌木平均干重热值为 17.48 kJ/g，明显高于一年生禾谷类作物平均热值：小麦秸秆（16.81±0.02）kJ/g、大麦秸秆（16.12±0.02）kJ/g、玉米秸秆（16.18±0.05）kJ/g；高于宁祖林等报道的 8 种高大禾草平均干重热值 17.46 kJ/g；高于毕玉芬报道的苜蓿平均干重热值 17.04 kJ/g，表明热带灌木可为家畜生产提供所需的能量。本研究中榕属的大果榕和对叶榕干重热值含量最低，低于向平等报道的榕属植物平均干重热值 19.05 kJ/g。龙瑞军等报道的天祝高山 15 种饲用灌木平均干重热值为 20.24 kJ/g，高于本研究的结果，可能是植物种类不同所造成的。热带灌木平均干重热值与热带亚热带地区不同植被类型相比，低于向平等报道的海南东寨港红树林干重热值（19.51 kJ/g），广东鼎湖山季风常绿阔叶林干重热值为 20.63 kJ/g，南亚热带福建厦门 10 种榕属植物叶片的平均干重热值为 19.05 kJ/g，福建南靖和溪南亚热带雨林干重热值为 20.97 kJ/g，热值大致有随纬度升高而上升的趋势。Golley（1962）的研究表明，植物的热值随着纬度的增加而上升，随着纬度的降低而下降。林鹏等（1991）从海南琼山（19°54′N）到浙江温州（27°51′N）

共选择 8 个样点进行秋茄的热值测定,得到干重热值含量在冬季随纬度升高而升高的结论。官丽莉等(2005)分析国内学者的研究结果发现,暖温带、南亚热带和热带的平均植物热值分别为 19.71 kJ/g、19.42 kJ/g 和 19.22 kJ/g,从南到北逐渐升高,与国外的多数研究结果吻合。杨福囤等(1983)指出影响植物热值含量的原因是多方面的,如生境条件、植物种类、植物化学组成、物候期等。由于这些研究是在不同时间单独得到的结果,只能在一定程度上反映大概的趋势,要得出更为精确的结论,必须针对不同的研究目的,采用统一的方法,进行同步的研究,才能得到我国植物热值较为科学的规律。

2. 热带灌木灰分含量及其意义

15 种热带灌木中,榕属的大果榕和对叶榕灰分含量较高,与向平等(2003)报道的榕属植物灰分含量接近。其他 13 种热带灌木灰分平均含量为 6.87%,略高于龙瑞军等报道的天祝高山 15 种饲用灌木平均灰分含量 6.32%,明显高于王立海(2008)报道的东北 12 种灌木平均灰分含量 0.96%,除了植物种类的不同外,采样方法不同可能是造成灰分差异较大的原因。热带灌木平均灰分含量明显低于小麦秸秆(8.32 ± 0.06)%、大麦秸秆(10.72 ± 0.05)%、玉米秸秆(7.46 ± 0.02)%,略高于 8 种高大禾草平均灰分 6.23%,总的来说,热带灌木具有相对较低的灰分含量,这对其作为生物能源生产是极为有利的。低灰分含量植物比较适合做固体生物燃料,这是因为:一方面灰分含量对植物的热值产生负面效应,灰分较高的植物热值则较低;另一方面,灰分含量高也会造成灰熔点下降,导致流化床的床料黏结和热面灰污、污垢和腐蚀问题,从而降低生产效率。

3. 热带灌木去灰分热值及其影响因素

15 种热带灌木去灰分热值平均值为 19.01 kJ/g,高于世界陆生植物的平均去灰分热值(17.79 kJ/g),相当于同等质量煤炭热值的 64.88%(1 kg 标准煤的平均热值为 29.3 MJ),是很有潜力的生物质能源。热带灌木去灰分热值平均值低于天祝高山 15 种饲用灌木平均去灰分热值(21.84 kJ/g)和东北 12 种灌木平均去灰分热值(20.86 kJ/g),可能是因为受到植物种类和纬度的影响。综合去灰分热值和热值的变化情况可以看出,两者变化的趋势不同,而造成该差异的重要原因可能是灰分含量的差异。因此,在对不同植物种类或不同生境条件下同种植物的热值进行比较时,应该采用去灰分热值以消除灰分含量不同而造成的不利影响。

(四)结论

15种热带灌木平均热值较高,平均灰分含量较低。不同植物不同月份热值、灰分含量存在差异,且月变化趋势因种类不同而不同。植物热值种间差异受其本身遗传特性和生长规律的影响,也与生长环境密切相关。

热带灌木干重热值与灰分含量呈极显著的线性负相关($P<0.05$)。干重热值与去灰分热值的月变化趋势不同,灰分含量的不同可能是导致差异的主要原因。

热带灌木去灰分热值高于世界陆生植物的平均值,且水分含量较草本植物低,加工更方便,是很有潜力的生物质能源。此外,热带灌木生命力强,对栽培生长条件没有特殊要求,可以充分利用盐碱化、滩涂、沙地等不适宜农作物生产的土地,在提供生物质能源和改善生态环境等方面都将发挥积极的作用。

六、15 种热带乔灌木单宁含量动态分析

通过对 15 种热带乔灌木不同月份(2009 年 3 月至 2010 年 2 月)单宁含量的测定,以期明确部分木本饲用植物单宁含量及其动态变化趋势。结果表明,15 种热带乔灌木单宁平均含量由低到高顺序如下:对叶榕(0.39%)< 刺桐(0.77%)< 克拉豆(0.78%)< 假木豆(1.16%)< 木豆(1.29%)< 双荚决明(1.38%)< 破布叶(1.56%)< 圆叶舞草(1.57%)< 大果榕(1.62%)< 长穗决明(1.82%)< 大叶千斤拔(1.91%)< 黄牛木(2.14%)< 银合欢(2.34%)< 金合欢(2.67%)< 白饭树(2.80%),15 种热带乔灌木单宁含量差异较大且含量随月份变化明显。不同植物种类、生长时期、生长环境等可能是导致单宁含量差异的原因。

植物单宁(Tannins)又称植物多酚(Plant Polyphenol),是广泛存在于植物体内的一类多元酚化合物,是植物进化过程中由碳水化合物代谢衍生出来的一种自身保护性物质,是植物与环境相互作用的产物。单

宁在亚热带和热带的一些乔木和灌木中含量较高,家畜采食后可能导致中毒或消化率下降、采食量降低等不良影响。白静等报道,对于草食动物而言,当牧草中单宁超过 2% 时,草食动物会产生明显拒食的现象。因此,单宁含量是制约家畜利用木本饲用植物的重要因素之一。

海南饲用植物共 1 064 种,其中属低等植物者(主要是海藻类)6 种,高等植物 1 058 种。被子植物 1 042 种,包括单子叶植物 475 种,双子叶植物 567 种。其中木本植物蛋白质含量高且富含多种氨基酸和动物必需的微量元素,是海南黑山羊的优质饲料,其单宁含量可能影响海南黑山羊采食,因此本研究选择 15 种海南黑山羊经常采食的热带乔灌木为研究对象,测定不同月份单宁含量,明确单宁含量的动态变化趋势,为合理利用木本饲用植物资源提供理论依据。

（一）材料与方法

1. 试验材料

试验材料:大果榕、对叶榕、克拉豆、银合欢、大叶千斤拔、木豆、假木豆、长穗决明、双荚决明、刺桐、圆叶舞草、白饭树、黄牛木、破布叶、金合欢,共 15 种,于 2009 ~ 2010 年每月 15 日采集每种植物嫩枝叶各约 500 g。采集的植物样本通过 120 ℃杀青 20 min 后用 65℃烘 48 h,置于空气中自然冷却,过 40 目筛粉碎制成样品备测。

2. 试验试剂

磷酸、无水碳酸钠、钨酸钠、磷钼酸、无水乙醇、丙酮、甲醇、单宁酸（$C_{76}H_{52}O_{46}$）。所用溶剂均为分析纯,水为去离子水。

饱和 Na_2CO_3 溶液:30 g 无水 Na_2CO_3 加热溶解在 100 mL 水中,溶液冷却晶体析出后用快速滤纸过滤。

Folin-Denis 显色剂:50 g 钨酸钠、10 g 磷钼酸溶于 375 mL 烧瓶中,再加入 25 mL 85% 的磷酸,加热煮沸回流 2 h,冷却后定容至 500 mL棕色瓶中保存。

3. 试验仪器

CHZ-82A 恒温振荡器,金坛市富华仪器有限公司;723PCS 可见分光光度计,上海欣茂仪器有限公司。

4. 试验方法

（1）单宁标准曲线的绘制

标准溶液制备，准确称取单宁 50 mg 于 100 mL 烧杯中，用少量水溶解，移入 500 mL 容量瓶中定容（此溶液不能长期存放，用时现配）。分别取单宁标准溶液 0 mL、0.5 mL、1.0 mL、1.5 mL、2.0 mL、2.5 mL、3.0 mL、3.5 mL 于 8 只盛有约 30 mL 水的 50 mL 容量瓶中，分别加入 2.5 mL Folin-Denis 显色剂、5 mL 饱和 Na_2CO_3 溶液，摇匀，用蒸馏水定容至刻度，放置 30 min 后，以未加单宁试剂的混合液作为空白，测定 756 nm 波长处吸光度值。以吸光度值作为纵坐标，以 50 mL 溶液中单宁的含量（mg）作为横坐标，绘制标准曲线。

（2）单宁标准曲线

按上述步骤得到标准曲线，如图 2-6 所示。标准方程：$y = 1.4762x + 0.0192$，相关系数 $R^2 = 0.9991$。

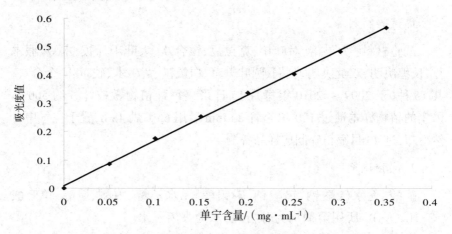

图 2-6　单宁标准曲线

乔灌木单宁含量以干基中单宁的质量百分比来表示，按以下公式计算：

$$单宁(干基,\%) = \frac{B \times 50}{m \times 1000 \times (1 - M)} \times 100$$

式中，B 为由测得的吸光度值，在标准曲线上查出相应 50 mL 溶液中的单宁含量，mg；m 为样品质量，g；M 为样品水分含量，%。

（3）植物中单宁的提取

准确称取 1 g 植物样品放入 250 mL 锥形瓶中，加入一定比例的提取溶剂，加塞子密封，置于恒温水浴锅中加热回流，双层滤纸过滤，弃去前面少部分滤液,其余滤液保存待测。

（二）结果与分析

1. 热带乔灌木单宁平均含量

本试验中 15 种热带乔灌木均含有水平不等的单宁,最低值为 5 月对叶榕(0.22%),最高值为 7 月金合欢(4.21%);乔灌木单宁含量平均值相比较,对叶榕单宁含量最低,平均为 0.39%,白饭树单宁含量最高,平均为 2.80%。按照乔灌木单宁含量,分为 4 组对其含量的动态变化进行分析,分别是:含量小于 1%,包括对叶榕、刺桐、克拉豆 3 种植物;含量为 1.0% ~ 1.5%,包括假木豆、木豆、双荚决明 3 种植物;含量为 1.5% ~ 2.0%,包括破布叶、圆叶舞草、大果榕、长穗决明、大叶千斤拔 5 种植物;含量在 2% 以上的包括黄牛木、银合欢、金合欢、白饭树(表 2-19)。

2. 热带乔灌木单宁含量的月际特征

对叶榕单宁平均含量为 0.39%,刺桐、克拉豆单宁平均含量分别为 0.77% 和 0.78%。对叶榕单宁含量极显著低于刺桐、克拉豆,后两者间差异不显著。由图 2-7 可知,对叶榕单宁含量变化趋势较平缓,最大值出现在 9 月,为 0.60%;刺桐单宁含量变化趋势为单峰形,9 月最高,含量为 1.43%;克拉豆单宁含量的峰值出现在 1 月和 2 月,分别为 0.94% 和 1.10%,此时为盛花期。

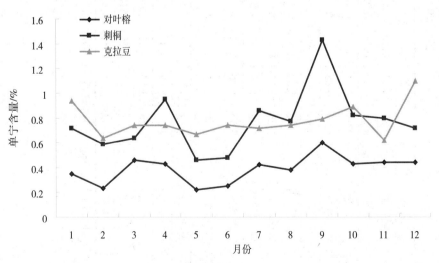

图 2-7 乔灌木单宁含量动态变化(平均含量小于 1%)

表2-19 热带乔灌木不同月份单宁含量（干物质）

%

品种	1	2	3	4	5	6	7	8	9	10	11	12	平均值	标准差
对叶榕	0.35	0.23	0.46	0.43	0.22	0.25	0.42	0.38	0.60	0.43	0.44	0.44	0.39[h]	0.11
刺桐	0.72	0.59	0.64	0.95	0.46	0.48	0.86	0.77	1.43	0.82	0.80	0.72	0.77[gh]	0.25
克拉豆	0.94	0.64	0.74	0.74	0.67	0.74	0.72	0.74	0.79	0.89	0.62	1.10	0.78[gh]	0.11
假木豆	1.50	0.88	1.10	0.89	1.19	0.75	1.20	1.41	1.37	1.11	1.21	1.32	1.16[fg]	0.23
木豆	0.99	1.60	1.99	1.19	1.13	1.07	1.20	1.25	1.18	1.37	1.18	1.32	1.29[efg]	0.27
双荚决明	1.31	1.63	1.51	1.29	1.09	1.25	1.71	1.45	1.46	1.60	1.04	1.16	1.38[ef]	0.22
破布叶	1.25	1.15	0.93	0.80	0.86	1.93	2.71	1.93	2.31	1.46	1.58	1.82	1.56[def]	0.60
圆叶舞草	1.12	1.27	1.69	1.44	1.79	1.63	1.98	2.12	1.39	1.70	1.33	1.37	1.57[def]	0.30
大果榕	0.55	1.40	0.59	1.43	1.24	1.55	3.07	2.43	1.32	1.76	1.73	2.34	1.62[def]	0.73
长穗决明	0.64	0.65	1.60	1.36	1.16	1.85	2.35	2.27	2.61	3.17	2.56	1.63	1.82[cde]	0.79
大叶千斤拔	1.63	2.12	1.32	1.80	1.68	1.87	2.89	1.92	1.95	1.82	1.84	2.07	1.91[bcd]	0.37
黄牛木	2.05	1.82	2.31	1.73	1.96	2.05	2.83	2.44	2.40	2.24	2.10	1.78	2.14[bc]	0.32
银合欢	1.76	3.05	2.01	1.98	2.03	2.41	2.97	2.18	2.66	2.83	2.19	1.95	2.34[ab]	0.44
金合欢	2.21	3.03	2.59	2.17	1.85	2.21	4.21	2.59	3.79	2.39	2.52	2.53	2.67[a]	0.69
白饭树	2.52	2.91	2.49	2.41	2.05	3.20	4.08	2.60	3.73	2.50	2.54	2.57	2.80[a]	0.59

注：同列不同字母表表示差异极显著（$P<0.01$）。

假木豆、木豆、双荚决明单宁平均含量分别为 1.16%、1.29% 和 1.38%,其中双荚决明单宁含量极显著高于假木豆、木豆,后两者间差异不显著。由图 2-8 可知,假木豆单宁含量变化趋势为波浪形,最大值为 1.50%,出现在 1 月;木豆单宁含量的峰值出现在 3 月,为 1.99%,其余月份变化平缓;双荚决明单宁含量变化呈波浪形,在 2 月、7 月和 10 月有 3 个较大的值,分别为 1.63%、1.71% 和 1.60%。

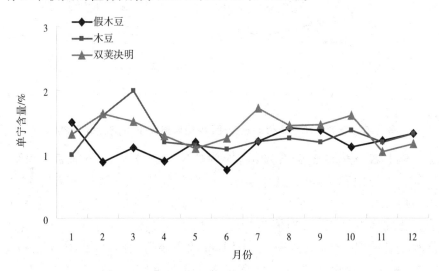

图 2-8 乔灌木单宁含量动态变化(平均含量大于 1% 小于 1.5%)

破布叶、圆叶舞草、大果榕、长穗决明、大叶千斤拔单宁含量平均值分别为 1.56%、1.57%、1.62%、1.82% 和 1.91%,其中长穗决明、大叶千斤拔单宁含量极显著高于破布叶、圆叶舞草、大果榕,后三者间无显著差异。由图 2-9 可知,破布叶单宁含量变化趋势为单峰形,最大值出现在 7 月,为 2.71%;圆叶舞草单宁含量变化趋势为波浪形,最大值出现在 8 月,为 2.12%;大果榕单宁含量变化趋势为单峰形,最大值出现在 7 月,为 3.07%,1 月有最小值 0.55%;长穗决明也为单峰形,但从 1 月至 10 月有比较明显的上升趋势,10 月有最大值为 3.17%,1 月有最小值 0.64%;大叶千斤拔单宁含量变化趋势为单峰形,峰值出现在 7 月,为 2.89%,其他月份变化较小。

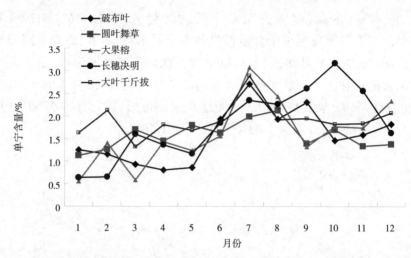

图 2-9　乔灌木单宁含量动态变化（平均含量大于 1.5%、小于 2%）

　　黄牛木、银合欢、金合欢、白饭树单宁含量平均值分别为2.14%、2.34%、2.67%和2.80%，其中金合欢、白饭树单宁含量显著高于黄牛木、银合欢（$P<0.05$），后两者间差异不显著。由图2-10可知，黄牛木单宁变化曲线起伏较小，峰值为2.88%，出现在7月；银合欢单宁含量变化曲线呈波浪形，在2月、7月、10月有3个峰值，分别为3.05%、2.97%和2.83%；金合欢、白饭树单宁含量变化曲线也呈波浪形，在2月、7月、9月有3个峰值，金合欢为3.03%、4.21%和3.79%，白饭树为2.91%、4.08%和3.73%。这4种植物单宁含量均较高，最小值都维持在1.5%以上，由此可见，单宁含量始终在一个较高的水平上波动。

（三）讨论

　　不同植物种类所含单宁的量不同。Jackson 和 Barry 等发现花生属（*Arachis* spp.）和决明属（*Cassia* spp.）等植物单宁含量不足 5.5 g/kg DM，而银合欢属（*Leucaena* Bentham）和朱樱花属（*Calliandra* Bentham）等部分植物单宁含量为 60 ~ 90 g/kg DM。本研究中，各种乔灌木单宁平均含量也有较大差异，含量小于1%的有3种植物，包括对叶榕、刺桐、克拉豆；含量在1.0% ~ 1.5%的植物有3种，包括假木豆、木豆、双荚决明；含量在1.5% ~ 2.0%的包括破布叶、圆叶舞草、大果榕、长穗决明、大叶千斤拔5种植物；含量在2.0%以上的包括黄牛木、银合欢、金合欢、白饭树。从含量很低的对叶榕为0.39%，到含量很高的白饭树

2.80%,所有植物单宁含量的平均值为 1.53%。

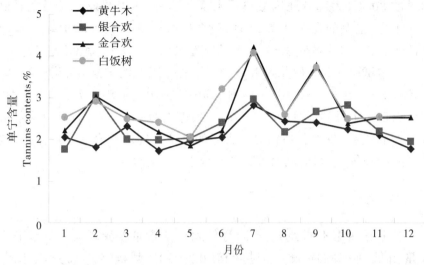

图 2-10 乔灌木单宁含量动态变化(平均含量大于 2%)

  相同植物不同部位以及不同生长时期的单宁含量也存在差异。郭彦军(2000)研究发现,灌木单宁含量在整个季节都呈下降趋势,而珠芽蓼和苔草在 5 ~ 7 月逐渐上升,然后又开始下降。王静研究发现高寒植物单宁含量变化趋势大致有波浪形和"V"形两种。李素群等(1993)研究表明,红豆草营养期单宁含量高于盛花期。本试验中,各种乔灌木单宁含量也随着生长月份有一定的波动,概括有如下规律:单宁含量变化曲线波动较小的有对叶榕、克拉豆、双荚决明、圆叶舞草、黄牛木;单宁含量变化曲线为单峰形的有破布叶、大果榕、长穗决明、大叶千斤拔;单宁含量变化曲线为 3 个峰值的有银合欢、金合欢、白饭树。

  温度、降水量等气候条件也可能影响单宁含量。Jackson 等研究发现,生长在亚热带地区多年生黑麦草(*Lolium perenne* L.)含量明显高于温带地区。Lees 和 Hinks 等(1994)研究发现,高温条件下,湿地百脉根(*Lotus cornculatus* L.)植株成熟早,单宁含量明显高于低温条件。Shure 等(1998)研究发现,由于旱季植物体中碳水化合物的分配发生了改变,用于形成酚类化合物的碳源不足,导致叶蛋白和酚类化合物含量明显降低,经过雨季后,植物中叶蛋白含量和缩合单宁含量又再升高。

海南岛干湿季分明。雨季一般出现在 5 ~ 10 月,雨季降水约占年雨量的 80%。大部分地区最热月出现在 7 月,年极端最低气温主要出现在 1 月,也有的在 2 月或 12 月,极端最低气温的多年平均值,中部山区低于 5℃(白沙最低 3.6℃),大部分地区为 6 ~ 8℃,南部沿海稍高于 10℃。本试验中,18 种乔灌木单宁含量的峰值出现在全年温度较高、雨水较多的月份(6 ~ 10 月)有 14 种,其中峰值出现最热的 7 月的有 9 种,峰值出现在 1 月和 2 月的各 1 种。结果也表明单宁含量与温度、降水量有密切的关系,少部分植物单宁含量的峰值可能不符合这个规律,可能是样品的采集、土壤的肥力等因素造成的。

(四)结论

热带乔灌木不同种类、不同月份间单宁含量差异较大。单宁平均含量由低到高顺序如下:对叶榕(0.39%)< 刺桐(0.77%)< 克拉豆(0.78%)< 假木豆(1.16%)< 木豆(1.29%)< 双荚决明(1.38%)< 破布叶(1.56%)< 圆叶舞草(1.57%)< 大果榕(1.62%)< 长穗决明(1.82%)< 大叶千斤拔(1.91%),黄牛木(2.14%)< 银合欢(2.34%)< 金合欢(2.67%)< 白饭树(2.80%)。需要注意的是,家畜在饲喂单宁平均含量在 2% 以上的植物(黄牛木、银合欢、金合欢、白饭树)和部分月份含量在 2% 以上的植物(破布叶、圆叶舞草、大果榕、长穗决明、大叶千斤拔等)时应注意动物的不良反应,可搭配王草等其他粗饲料饲喂,适当补充精料,保证足够的饮水,只有在保证动物健康的情况下才能提高家畜的生产性能。

七、热带木本饲料营养价值研究

海南黑山羊是一种优质热带肉羊,以农户散养为主,饲料来源主要是天然牧草和农副产品废弃物。海南岛雨季旱季分明,在冬旱季节期间牧草生长缓慢,农副产品供应不足,造成饲料短缺,家畜日粮营养低下,生产性能差,是海南黑山羊产业发展所面临的主要问题。海南岛饲用植物资源丰富,其中木本植物比例较大且多为常绿植物,粗蛋白质和总能含量高,矿物质、维生素含量丰富,分布广泛、生物量大,是海南黑山羊重要的饲料来源(刘国道,2006)。然而这些饲料资源种类繁多且营养成分含量差异很大,其有效利用受到限制,如果能确定其营养价值高低,在生长茂盛季节加以收集调制并贮存,将有力缓解冬旱季节的饲草短缺,提高家畜生产性能。饲料的营养价值,一方面取决于其营养物质含量多少,另一方面取决于营养物质在畜体内的消化和利用效率。体外消化率与动物试验直接测定消化率有极高的相关性,且操作简便、重复性好,在反刍动物饲料评价中广泛应用(Menke,1988)。研究表明,饲料营养成分含量和动物消化程度存在一定的内在联系,饲料的消化率、代谢能可以用化学成分建立的模型进行估测(刘洁,2012)。本试验以海南黑山羊较常采食的20种热带木本饲料为研究对象,通过测定主要营养成分含量,并通过预测模型计算消化率和代谢能,对其营养价值进行研究,以期为合理开发利用热带饲料资源提供理论依据。

本试验测定了20种热带木本饲料主要营养成分含量,并通过饲料相对值、干物质体外消化率、代谢能等指标进行营养价值评价。结果表明:20种热带木本饲料干物质平均含量为34.37%,有机物平均含量为93.98%,粗蛋白平均含量为12.67%,粗脂肪平均含量为4.01%,酸性洗涤纤维平均含量为30.18%,中性洗涤纤维平均含量为37.05%,平均饲料相对值181.52,平均干物质体外消化率为55.67%,平均代谢能为8.83 MJ/kg。饲料相对值由低到高顺序为:圆叶舞草(结荚期)<卵叶山蚂蝗(营养期)<洋金凤(营养期)<大叶山蚂蝗(结荚期)<糙伏山蚂蝗(营养期)<山毛豆(花期)<牛大力(营养期)<牛大力(结果期)<盾柱木(营养期)<木蓝(结荚期)<银柴(花期)<木豆(营养期)<儿茶(结荚期)<牛大力(花期)<盾柱木(结荚期)<两粤黄檀(营养期)<土密树(营养期)<银柴(结果期)<猪屎豆(结荚期)<银柴(营养期)<儿茶(营养期)<坡柳(营养期)<银合欢(花期)<红背山麻杆(花期)<儿茶(花期)<红背山麻杆(营养期)<凤凰木(结荚期)<山乌桕(营养期)。综合来看,本研究中木本饲料具有干物质、有机物、粗蛋白、粗脂肪含量较高,饲料相对值、干物质体外消化率和代谢能高,纤维成分含量低等特点,是优质的粗饲料资源。

(一)材料与方法

1. 试验材料

本研究中20种植物分别为:山毛豆、银柴、洋金凤、大叶山蚂蝗、圆叶舞草、盾柱木、猪屎豆、牛大力、糙伏山蚂蝗、卵叶山蚂蝗、两粤黄檀、土密树、木蓝、儿茶、红背山麻杆、木豆、坡柳、银合欢、凤凰木、山乌桕。

2. 试验地点

植物样品采集于中国热带农业科学院热带作物品种资源研究所。试验地点位于东经 109°30′，北纬 19°30′，海拔 149 m，属热带季风气候，气候特点是夏秋季节高温多雨，冬春季节低温干旱，干湿季节分明；试验地土壤为花岗岩发育而成的砖红壤土，土壤质地较差，无灌溉条件。

3. 测定指标与方法

采集植物茎叶（可食部分）约 500 g（每种植物不少于 5 株）。植物样本通过 120 ℃杀青 20 min 后用 65 ℃烘 48 h，过 40 目筛粉碎制成样品备测。样品分析粗蛋白质（CP）、粗脂肪（EE）、中性洗涤纤维（NDF）、酸性洗涤纤维（ADF）、有机物（OM），其中 CP、EE、NDF、ADF、OM 的分析参照张丽英（2003）的方法，所有分析指标均设两个重复。

4. 饲料相对值（RFV）的计算方法

参照 Rohweder（1978）的方法。

$$RFV=DMI（BW，\%）\times DDM（DM，\%）/1.29$$

DMI 与 DDM 的预测模型分别为

$$DMI（BW，\%）=120/NDF（DM，\%）$$

$$DDM（DM，\%）=88.9-0.779ADF（DM，\%）$$

其中，DMI 为粗饲料干物质的随意采食量，单位为占体重的百分比，即 %；DDM 为可消化的干物质，单位为 %。

5. 体外干物质消化率和代谢能的计算方法

参照李茂（2012）的方法。

$$IVDMD=246.083-0.676DM+3.404EE-0.739ADF+0.120NDF-1.734OM$$

$$ME=17.184-0.137DM-0.203CP+0.506EE-0.185ADF+0.067NDF$$

其中，DM、EE、ADF、NDF、OM 和 IVDMD 单位为 %；ME 单位为 MJ/kg。

6. 数据统计与分析

采用 SAS 9.0 软件和 Excel 2003 软件进行数据处理和统计分析。

（二）结果与分析

1.热带木本饲料营养成分、体外干物质消化率和代谢能

如表2-20所示,20种热带木本饲料干物质含量为20.76%～44.61%,平均含量为34.37%;有机物含量为85.89%～96.15%,平均含量为93.98%;粗蛋白含量为6.2%～24.66%,平均含量为12.67%;粗脂肪含量为1.82%～10.95%,平均含量为4.01;酸性洗涤纤维含量为16.91%～43.28%,平均含量为30.18%;中性洗涤纤维含量为19.04%～56.33%,平均含量为37.05%;干物质体外消化率为39.73%～84.01%,平均为55.67%,代谢能为6.17～11.67 MJ/kg,平均值为8.83 MJ/kg。

表2-20　热带木本饲料营养成分含量

品种	生长时期	DM	OM	CP	EE	ADF	NDF
银柴	营养期	34.78	85.89	6.65	3.29	26.69	29.67
	花期	35.64	88.17	9.86	10.95	36.55	38.73
	结果期	34.83	90.44	6.20	4.39	29.83	30.69
牛大力	营养期	29.33	95.74	11.41	3.09	42.36	44.02
	花期	32.22	95.31	10.66	2.85	32.34	34.16
	结果期	28.64	96.10	10.73	1.89	37.36	40.89
儿茶	营养期	29.96	94.45	9.38	2.69	24.84	29.19
	花期	33.41	95.10	9.38	3.37	21.55	26.96
	结荚期	43.81	93.96	14.61	4.96	31.21	36.41
红背山麻杆	营养期	34.07	95.59	9.38	4.66	21.15	24.57
	花期	34.95	95.38	9.38	3.64	23.30	26.76
盾柱木	营养期	35.17	93.56	9.38	2.70	36.39	40.37
	结荚期	33.78	95.30	9.38	3.99	31.05	34.52
土密树	营养期	36.71	92.70	8.56	4.74	29.14	31.40
两粤黄檀	营养期	32.57	94.98	10.39	2.60	31.18	34.41
坡柳	营养期	31.85	94.04	11.24	6.01	20.99	28.89
凤凰木	结荚期	40.85	96.15	10.18	6.18	19.20	23.64
山乌桕	营养期	44.61	94.14	9.51	8.30	16.91	19.04

品种	生长时期	DM	OM	CP	EE	ADF	NDF
糙伏山蚂蝗	营养期	33.44	94.80	12.56	3.29	37.35	48.89
洋金凤	营养期	36.26	93.16	14.05	2.77	39.38	56.06
卵叶山蚂蝗	营养期	36.16	93.77	13.17	1.82	43.28	55.14
山毛豆	花期	29.13	94.98	18.32	3.65	34.6	49.89
圆叶舞草	结荚期	38.00	94.88	13.79	2.51	42.55	56.31
木蓝	结荚期	20.76	93.25	24.66	4.14	26.58	44.79
大叶山蚂蝗	结荚期	34.18	92.71	17.12	2.56	36.08	52.77
木豆	营养期	33.79	95.15	22.61	4.55	31.60	38.63
猪屎豆	结荚期	30.54	95.58	23.34	3.16	22.30	32.42
银合欢	花期	42.95	96.13	18.80	3.47	19.37	28.31
平均值		34.37	93.98	12.67	4.01	30.18	37.05

2. 热带木本饲料饲料相对值

如表 2-21 所示,20 种热带木本饲料饲料相对值为 92.10 ~ 369.98,平均值为 181.52。饲料相对值由低到高顺序为:圆叶舞草(结荚期)<卵叶山蚂蝗(营养期)<洋金凤(营养期)<大叶山蚂蝗(结荚期)<糙伏山蚂蝗(营养期)< 山毛豆(花期)< 牛大力(营养期)< 牛大力(结果期)< 盾柱木(营养期)< 木蓝(结荚期)< 银柴(花期)< 木豆(营养期)< 儿茶(结荚期)< 牛大力(花期)< 盾柱木(结荚期)< 两粤黄檀(营养期)< 土密树(营养期)< 银柴(结果期)< 猪屎豆(结荚期)< 银柴(营养期)< 儿茶(营养期)< 坡柳(营养期)< 银合欢(花期)< 红背山麻杆(花期)< 儿茶(花期)< 红背山麻杆(营养期)< 凤凰木(结荚期)< 山乌桕(营养期)。

表 2-21　饲料相对值、干物质体外消化率和代谢能

品种	生长时期	RFV	IVDMD/%	ME/（MJ·kg^{-1}）
银柴	营养期	213.54	68.67	9.78
	花期	145.14	84.01	11.67
	结果期	199.03	62.30	9.91

品种	生长时期	RFV	IVDMD/%	ME/（MJ·kg^{-1}）
牛大力	营养期	118.13	44.74	7.53
	花期	173.48	48.94	8.35
	结果期	136.04	43.82	7.87
儿茶	营养期	221.64	56.36	9.90
	花期	248.82	57.38	10.23
	结荚期	165.01	51.73	7.39
红背山麻杆	营养期	274.20	60.48	10.70
	花期	245.94	55.45	9.82
盾柱木	营养期	139.53	47.22	7.80
	结荚期	174.38	52.78	9.24
土密树	营养期	196.12	58.89	9.53
两粤黄檀	营养期	174.67	49.31	8.47
坡柳	营养期	233.60	69.90	11.63
凤凰木	结荚期	290.97	61.43	10.68
山乌桕	营养期	369.98	70.73	11.49
糙伏山蚂蝗	营养期	113.79	48.56	8.08
洋金凤	营养期	96.61	47.09	7.24
卵叶山蚂蝗	营养期	93.10	39.87	6.17
山毛豆	花期	115.50	54.54	8.26
圆叶舞草	结荚期	92.10	39.73	6.35
木蓝	结荚期	141.63	70.18	9.51
大叶山蚂蝗	结荚期	107.17	50.60	7.18
木豆	营养期	154.80	55.02	7.01
猪屎豆	结荚期	205.24	57.87	7.91
银合欢	花期	242.53	51.25	7.55
平均值		181.52	55.67	8.83

第二章 热带木本植物饲用价值研究

（三）讨论

①木本饲料资源特别是植物枝叶，具有粗蛋白质、热值含量高、矿物质含量丰富等特点，是家畜重要的饲料来源。据报道，高山高寒地区灌木粗蛋白质平均含量为 16%，高于本研究中热带木本饲料平均值；酸性洗涤纤维平均含量略低于 30%，与本研究结果相当，具有较高的饲用价值（蒲小朋，1999；郭彦军，2000）。据报道，鄂尔多斯高原锦鸡儿属植物粗蛋白平均含量（9.28%）和粗脂肪平均含量（2.28%）均低于本研究中热带木本饲料粗蛋白、粗脂肪平均含量（高优娜，2006）。内蒙古荒漠地区主要灌木类植物不同生长期 CP、NDF、ADF、EE 平均含量分别为 7.80% ~ 18.45%、38.10% ~ 49.91%、29.34% ~ 37.69%、1.77% ~ 6.59%（李九月，2010）。热带饲用灌木干物质、粗蛋白质、粗脂肪、中性洗涤纤维、酸性洗涤纤维、有机物平均含量分别为 32.22%、14.14%、3.99%、38.83%、33.67%、91.48%（李茂，2012）。本研究中热带木本饲料营养成分与已报道的这些木本饲料营养成分较为接近，与优质豆科牧草比较，本研究中热带木本饲料粗蛋白含量略低于盛花期紫花苜蓿（14% ~ 15%）（张晓庆，2005），略高于热带地区重要豆科牧草柱花草（白昌军等，2004；周汉林等，2010）。对反刍动物而言，优质饲料除要求粗蛋白质含量较高外，还要求有合适的纤维成分含量和组成，以满足瘤胃微生物的能量需要。本研究中热带木本饲料酸性洗涤纤维和中性洗涤纤维含量均低于已报道的苜蓿和柱花草的纤维含量，根据美国牧草和草地局制定的标准，特级牧草产品酸性洗涤纤维小于 31%，中性洗涤纤维小于 40%，故本研究中大部分热带木本饲料具有较高的营养价值（字学娟，2011）。

②美国牧草草地理事会饲草分析小组委员会提出的粗饲料相对值 RFV 是目前美国唯一广泛使用的粗饲料质量评定指数。本研究中木本饲料的 RFV 平均值高于本地区优质饲用灌木银合欢的 RFV 值 145（周汉林，2006），高于苜蓿干草（109）（红敏，2011）。参照表 1-3 中 RFV 饲料分级标准对本研究中 20 种热带木本饲料进行分级（贾玉山，2007），属于 3 级的有舞草（结荚期）、卵叶山蚂蝗（营养期）、洋金凤（营养期）；属于 2 级的有大叶山蚂蝗（结荚期）、糙伏山蚂蝗（营养期）、山毛豆（花期）、牛大力（营养期）；属于 1 级的有牛大力（结果期）、盾柱木（营养期）、木蓝（结荚期）、银柴（花期）；其他均属于特级。

（四）结论

综合来看,本研究中热带木本饲料具有干物质、有机物、粗蛋白、粗脂肪含量较高,饲料相对值、干物质体外消化率和代谢能高,纤维成分含量低等特点,是优质的粗饲料资源。20种热带木本饲料 RFV 由低到高顺序为: 圆叶舞草(结荚期)＜卵叶山蚂蝗(营养期)＜洋金凤(营养期)＜大叶山蚂蝗(结荚期)＜糙伏山蚂蝗(营养期)＜山毛豆(花期)＜牛大力(营养期)＜牛大力(结果期)＜盾柱木(营养期)＜木蓝(结荚期)＜银柴(花期)＜木豆(营养期)＜儿茶(结荚期)＜牛大力(花期)＜盾柱木(结荚期)＜两粤黄檀(营养期)＜土密树(营养期)＜银柴(结果期)＜猪屎豆(结荚期)＜银柴(营养期)＜儿茶(营养期)＜坡柳(营养期)＜银合欢(花期)＜红背山麻杆(花期)＜儿茶(花期)＜红背山麻杆(营养期)＜凤凰木(结荚期)＜山乌柏(营养期)。

八、山蚂蝗属植物饲用价值评价

海南黑山羊是海南省重要的反刍家畜,其羊肉是海南“四大名菜”之一。海南黑山羊以农户散养为主,饲料来源主要是天然牧草和农副产品废弃物。然而冬旱季节牧草生长缓慢、产量较低,农副产品供应不足,造成饲料短缺,家畜生产性能差,是海南黑山羊产业发展所面临的主要问题。近年来,随着“三聚氰胺”“瘦肉精”等事件的曝光,畜产品安全问题受到越来越多的关注,天然饲料资源的开发已成为广大科研人员的重要课题。木本植物枝叶具有粗蛋白质、热值含量高,矿物质含量丰富等特点,是反刍家畜重要的饲料来源。海南饲用植物资源丰富,其中木本植物在热带地区反刍家畜生产中起到非常重要的作用。山蚂蝗属植物为多年生常绿灌木,具有营养丰富、产量较高、适应性强等特点,是热带亚热带地区极具潜力的高蛋白饲料来源。

本试验以海南黑山羊较常采食的14种山蚂蝗属植物为研究对象,通过测定其主要营养成分和单宁含量,并采用体外法测定体外干物质消化率、代谢能,最后应用层次分析模型进行饲用价值的综合评价,以期为热带木本饲料资源的开发利用提供科学依据。

（一）材料与方法

1. 试验材料

于 2009 年 8 月至 2010 年 7 月在中国热带农业科学院热带作物品种资源研究所十队试验基地内采集排钱草、毛排钱草、假木豆、单节荚假木豆、绒毛山蚂蝗、糙伏山蚂蝗、尖叶绒毛山蚂蝗、印尼山蚂蝗、圆叶舞草、卵叶山蚂蝗、葫芦茶、长叶排钱、异叶山蚂蝗、三点金 14 种豆科山蚂蝗属植物。每月采集植物幼嫩茎叶约 500 g（每次每种植物不少于 3 株），经过 120 ℃杀青后于 65 ℃烘至恒重，过 40 目筛粉碎制成样品备测（所有测定指标为12 个月的平均值）。

2. 营养成分的测定

植物样品参照张丽英（2003）的方法测定干物质（DM）、粗蛋白质（CP）、粗脂肪（EE）、中性洗涤纤维（NDF）、酸性洗涤纤维（ADF）、灰分（Ash）、总能（GE），单宁（Tannins）的分析参照国家标准《进出口粮食、饲料单宁含量检验方法》。

3. 饲料相对值（RFV）计算

$$RFV=DMI（BW，\%）×DDM（DM，\%）/1.29$$
DMI 与 DDM 的预测模型分别为

$$DMI（BW，\%）=120/NDF（DM，\%）$$
$$DDM（DM，\%）=88.9-0.779ADF（DM，\%）$$

其中，DMI 为粗饲料干物质的随意采食量，单位为占体重的百分比，即 %；DDM 为可消化的干物质，单位为 %。

4. 体外消化试验

测定样品消化率的方法与步骤参照李茂（李茂等，2012）的方法与步骤。

样本体外干物质消化率 IVDMD（DM，%）=（样本质量－残渣质量）/样本质量 ×100%。

代谢能（ME）计算应用 ARC（1965）提供的方法：

$$ME= GE × IVDMD × 0.815$$

其中，ME 为代谢能，GE 为总能，IVDMD 为体外干物质消化率。

5. 热带乔灌木饲用价值综合评价

利用层次分析法（Analytic Hierarchy Process, AHP）进行饲用价值综合评价，选取营养价值、适口性和体外干物质消化率作为山蚂蝗属植物饲用价值的评判指标，营养价值、适口性和消化率的权重值分别为 57.1%、28.7%、14.2%。其中营养价值由主要营养成分含量决定，确定 CP、ME、EE 和 Ash 含量的权重分别为 49.6%、28.7%、14.4%、7.3%。适口性以 Tannins 含量作为相关量化指标，IVDMD 由体外消化试验测得。

6. 统计分析

采用 Excel 2003 软件和 SAS 9.0 软件进行数据处理和统计分析，并用邓肯法进行多重比较，以 $P<0.05$ 为显著性判断标准，结果均以平均值 ± 标准误表示。

（二）结果

1. 山蚂蝗属植物营养成分、饲料相对值、体外干物质消化率和代谢能

山蚂蝗属植物营养成分见表 2-22，其中 DM 平均含量最高的是毛排钱（41.88%），最低的是印尼山蚂蝗（28.92%）；CP 平均含量最高的是尖叶绒毛山蚂蝗（16.46%），最低的是单节荚假木豆（9.40%）；EE 平均含量最高的是毛排钱（5.24%），最低的是卵叶山蚂蝗（2.40%）；Ash 平均含量最高的是三点金（6.97%），最低的是卵叶山蚂蝗（4.73%）；NDF 平均含量最高的是假木豆（50.30%），最低的是排钱草（37.45%）；ADF 平均含量最高的是假木豆（47.45%），最低的是印尼山蚂蝗（28.48%）；Tannins 平均含量最高的是排钱草（3.20%），最低的是绒毛山蚂蝗（1.08%）；ME 平均含量最高的是印尼山蚂蝗（9.53 MJ/kg），最低的是毛排钱草（4.56 MJ/kg）；饲料相对值平均值最高的是三点金（168.4），最低的为假木豆（106.8）；IVDMD 平均值最高的是印尼山蚂蝗（66.1%），最低的是毛排钱草（32.4%）。14 种山蚂蝗 DM 平均含量为 34.49%，CP 平均含量为 11.69%，EE 平均含量为 3.81%，Ash 平均含量为 5.61%，NDF 平均含量为 41.81%，ADF 平均含量为 35.39%，Tannins 平均含量为 2.09%，ME 平均含量为 7.36 MJ/kg，RFV 平均值为 139.88，IVDMD 平均值为 49.63%。

表2-22 山蚂蝗属植物主要营养成分和饲料相对值（风干基础）

项目	DM/%	CP/%	EE/%	Ash/%	NDF/%	ADF/%	Tannins/%	ME/(MJ·kg⁻¹)	RFV
排钱草	38.18±7.4[ab]	11.55±1.84[cd]	4.14±1.14[ab]	5.46±0.69[cde]	35.57±5.27[f]	34.04±6.4[cd]	3.20±0.68[a]	6.63±1.97[de]	168±37[a]
毛排钱草	41.88±5.04[a]	9.19±1.78[ef]	4.98±1.47[a]	4.73±0.42[e]	44.76±3.7[ab]	42.83±5.43[ab]	2.20±0.43[bcd]	8.45±1.47[bc]	117±17[de]
假木豆	36.44±4.25[bcd]	11.93±1.91[bcd]	3.97±2.03[abc]	5.70±0.66[bcd]	47.78±3.56[a]	44.32±4.87[a]	1.44±0.29[g]	9.17±1.52[ab]	107±15[e]
单节莱假木豆	37.74±3.13[abc]	8.93±1.79[f]	4.00±1.69[abc]	5.1±30.7[de]	39.67±5.29[cde]	38.84±2.99[b]	2.66±0.33[b]	6.51±1.79[de]	139±19[bc]
绒毛山蚂蝗	29.66±2.44[e]	14.11±2.07[ab]	3.49±1.17[de]	6.40±1.12[a]	47.24±3.04[a]	33.31±2.99[cde]	1.08±0.26[i]	4.56±1.47	125±11[cde]
糙伏山蚂蝗	33.47±3.72[cde]	10.42±2.59[def]	4.28±1.15[ab]	5.23±1.47[cde]	41.91±4.25[bcd]	34.13±5.26[cd]	2.07±0.11[cd]	6.10±1.43[cd]	140±20[bc]
尖叶绒毛山蚂蝗	31.39±2.76[de]	15.72±2.38[a]	4.13±1.36[ab]	6.32±1.33[abc]	45.33±3.23[ab]	30.32±2.47[ef]	1.21±0.15[h]	5.59±1.35[ef]	135±12[cd]
印尼山蚂蝗	28.92±2.03[e]	14.15±2.83[ab]	4.31±1.64[ab]	5.96±0.83[bcd]	38.78±3.23[f]	28.99±2.31[f]	2.00±0.41[cd]	8.43±1.67[bc]	160±15[ab]
圆叶舞草	32.59±3.47[de]	11.71±2.13[bcd]	2.71±0.89[cd]	5.17±1.15[de]	46.91±4.54[a]	38.20±3.32[b]	1.90±0.22[de]	9.53±1.26[a]	118±13[de]
卵叶山蚂蝗	33.17±6.62[de]	9.78±1.65[def]	2.40±1.39[d]	5.06±0.59[de]	42.90±4.35[bc]	36.85±1.92[bc]	2.45±0.38[b]	6.97±0.91[cd]	132±14[cd]
葫芦茶	32.00±2.42[de]	11.24±2.09[de]	3.35±1.24[cde]	5.42±1.62[cde]	36.27±5.76[ef]	38.39±3.89[b]	2.58±0.51[b]	7.55±0.66[cd]	156±31[b]
长叶排钱草	36.43±3.92[bcd]	11.09±1.24[def]	4.53±1.78[ab]	5.33±0.86[de]	37.68±4.49[ef]	34.53±3.85[cd]	3.03±0.63[a]	6.43±1.45[e]	156±23[ab]
异叶山蚂蝗	37.68±7.91[abc]	10.87±2.63[bcd]	3.28±1.22[bcd]	5.85±0.7[bcd]	42.79±2.96[bc]	31.06±4.76[d]	1.93±0.35[df]	8.32±1.45[bc]	142±17[abc]
三点金	33.39±7.12[cde]	14.27±2.57[ab]	3.74±0.66[abc]	6.98±0.99[a]	37.23±3.72[f]	28.75±3.33[f]	1.60±0.30[f]	9.05±2.11[ab]	168±24[a]
平均值	34.49±4.44	11.73±2.11	3.79±1.34	5.61±0.94	41.77±4.09	35.33±3.94	2.09±0.64	7.36±1.47	139±19

注：同列不同字母表示差异显著（$P<0.05$）。

2. 山蚂蝗属植物饲用价值

　　饲用价值采用营养价值、适口性和消化率3个指标进行综合评价，营养价值采用CP、ME、EE和Ash含量作为评判指标，结果见表2-23。本试验中山蚂蝗属植物营养价值平均值为8.91，其中单节荚假木豆最低（7.25），三点金最高（10.72）。本实验室前期研究表明，热带饲用灌木单宁含量与海南黑山羊采食量呈极显著负相关，单宁含量在一定程度上反映粗饲料的适口性的高低，故适口性用单宁含量进行量化。按单宁含量0～1.0、1.1～1.5、1.6～2.0、2.1～2.5、大于2.5分为5个等级，分别用5、4、3、2、1作为适口性的相应等级量化指数。山蚂蝗属植物饲用价值平均值为12.84，其中单节荚假木豆最低（10.60），三点金最高（15.90），饲用价值由低到高顺序为单节荚假木豆、糙伏山蚂蝗、长叶排钱草、绒毛山蚂蝗、排钱草、卵叶山蚂蝗、尖叶绒毛山蚂蝗、葫芦茶、毛排钱草、异叶山蚂蝗、印尼山蚂蝗、假木豆、圆叶舞草、三点金。

（三）讨论

1. 山蚂蝗属植物主要营养成分

　　木本饲料是反刍家畜重要的饲料来源，特别是在牧草等粗饲料受温度、水分、土壤肥力等影响较大的地区，如高原、高寒以及干旱地区容易造成草料短缺，木本饲料的作用非常关键。据报道，高山灌木营养价值高，其具有高蛋白特性，牦牛等家畜采食较多。部分高寒饲用灌木CP含量平均值为9.69%，EE含量平均值为3.94%，ADF含量平均值为37.75%。鄂尔多斯高原锦鸡儿属植物饲用价值研究结果表明，CP量为9.28%，EE含量为2.28%。内蒙古荒漠地区主要灌木类植物不同生长期CP、NDF、ADF、EE平均含量分别为7.80%～18.45%、38.10%～49.91%、29.34%～37.69%、1.77%～6.59%。部分热带饲用灌木DM、CP、EE、NDF、ADF、OM、Tannins、RFV、ME和IVDMD平均含量分别为32.22%、14.14%、3.99%、38.83%、33.67%、91.48%、1.53%、114、8.24 MJ/kg、58.85%。本研究中的山蚂蝗属植物大部分是常绿灌木，其CP、EE、NDF、ADF的平均含量分别为11.73%、3.79%、41.77%、35.33%。

表 2-23　山蚂蝗属植物饲用价值综合评价

项目	营养价值	适口性	干物质体外消化率	饲用价值
排钱草	8.62 ± 0.20^c	1	43.3 ± 12.3^{de}	11.35 ± 1.23^e
毛排钱草	8.12 ± 0.44^{cd}	2	56.8 ± 10.9^{bc}	13.28 ± 1.09^c
假木豆	9.53 ± 0.29^b	4	62.1 ± 10.8^{ab}	15.41 ± 1.08^a
单节荚假木豆	7.25 ± 0.29^e	1	43.5 ± 12.7^{de}	10.60 ± 1.17^f
绒毛山蚂蝗	9.28 ± 0.49^b	4	31.1 ± 9.6^f	10.87 ± 0.96^f
糙伏山蚂蝗	7.92 ± 0.10^{cd}	2	40.1 ± 9.3^{ef}	10.78 ± 0.93^f
尖叶绒毛山蚂蝗	10.46 ± 0.51^a	4	37.3 ± 8.9^{ef}	12.41 ± 1.10^d
印尼山蚂蝗	10.50 ± 0.44^a	3	56.1 ± 11^{bc}	14.82 ± 1.03^b
圆叶舞草	9.31 ± 0.49^b	3	66.1 ± 10.8^a	15.57 ± 1.21^a
卵叶山蚂蝗	7.57 ± 1.24^{de}	2	46.3 ± 5.9^{de}	11.48 ± 0.59^e
葫芦茶	8.62 ± 0.67^c	1	52.2 ± 3.4^{cd}	12.63 ± 0.43^d
长叶排钱草	8.14 ± 1.23^{cd}	1	41.8 ± 10.0^e	10.86 ± 085^f
异叶山蚂蝗	8.68 ± 1.47^c	3	56.6 ± 10.3^{bc}	13.85 ± 1.34^{bc}
三点金	10.72 ± 0.89^a	3	62.8 ± 14.4^{ab}	15.90 ± 1.22^a

注：同列不同字母表示差异显著（$P<0.05$）。

单宁一般被当作饲料的抗营养因子,特别是在热带亚热带木本饲用植物中含量较高,影响动物的采食和消化。据报道,肉羊日粮中单宁酸含量为 2% 时,动物表现最佳的生产性能;当日粮中单宁酸含量高于3.5% 时,会对动物的生产性能造成不利的影响。本研究中山蚂蝗单宁含量平均值为 2.09%,仅有少量山蚂蝗属植物在部分生长时期单宁含量超过 3.5%,因此在以山蚂蝗属植物作为单一饲料时如果注意其生长时期并适当搭配其他草料便不会影响动物健康,进而可以更好地利用这一饲料资源。

美国国家研究委员会资料表明,对于反刍动物生产其所需的蛋白含量为 12% ~ 25%,故本试验中山蚂蝗属植物可为海南黑山羊提供较为丰富的蛋白质。与以上研究结果比较发现,山蚂蝗属植物 DM、CP、EE、ME 含量较高, NDF、ADF、Tannins 含量较为适中,具有较高的营养价值。

2. 山蚂蝗属植物饲料相对值

RFV 是由美国饲草和草原理事会下属的干草市场全国饲草协会确认的粗饲料评价指标，是比较简便实用的经验模型，只需在实验室测定粗饲料的 NDF、ADF 含量便可计算出粗饲料的 RFV 值，在生产中应用较广，测定结果具有一定的参考价值。本试验中 14 种山蚂蝗属植物饲料相对值最高为三点金（168.8），最低为假木豆（106.8），平均值为 139，等级为 1 级。参照表 1-3 中 RFV 粗饲料分级标准对本研究中 14 种山蚂蝗属植物进行分级，属于特级的有排钱草、印尼山蚂蝗、葫芦茶、长叶排钱草、三点金；属于 1 级的有单节荚假木豆、绒毛山蚂蝗、糙伏山蚂蝗、尖叶绒毛山蚂蝗、卵叶山蚂蝗、异叶山蚂蝗；属于 2 级的有毛排钱草、假木豆、圆叶舞草。本研究中山蚂蝗属植物的 RFV 值接近本地区优质饲用灌木银合欢的 RFV 值（145），高于苜蓿干草（109）、玉米青贮饲料（100）、羊草（91）、热带豆科牧草热研 2 号柱花草（85）、玉米秸秆（69）、象草（68.3）、玉米苞叶及芯（61.5），以饲料相对值为标准来看，山蚂蝗属植物具有较高的营养价值，是优良的饲料资源。

3. 层次分析法的应用

层次分析法是一种系统分析与决策的综合评价方法，我国学者已将其应用于灌木、牧草等粗饲料饲用价值的评价，研究结果在畜牧生产中具有一定的参考价值。本研究应用层次分析法对山蚂蝗植物进行饲用价值评价，对海南黑山羊饲料资源的开发利用有一定理论意义，但是由于影响饲用价值的因素很多，不同粗饲料对于不同家畜的饲用价值还有待于进一步深入研究，本研究仅是利用一种综合评判模型在热带木本植物饲用价值评定上的探索。

（四）结论

① 14 种山蚂蝗属植物 DM、CP、EE、NDF、ADF、Ash、Tannins、RFV、ME 和 IVDMD 平均含量分别为：34.49%、11.73%、3.79%、41.77%、35.33%、5.61%、2.09%、139、7.36 MJ/kg、49.63%，表明山蚂蝗属植物 DM、CP、EE 较高，NDF、ADF、Tannins 含量较为适中，RFV、ME 和 IVDMD 较高，具有较高的饲用价值，是一种很有开发利用潜力的饲料资源。

　　②应用层次分析法对 14 种山蚂蝗属植物进行饲用价值的综合评价,饲用价值由低到高顺序为单节荚假木豆、糙伏山蚂蝗、长叶排钱草、绒毛山蚂蝗、排钱草、卵叶山蚂蝗、尖叶绒毛山蚂蝗、葫芦茶、毛排钱草、异叶山蚂蝗、印尼山蚂蝗、假木豆、圆叶舞草、三点金。

第三章 王草青贮技术研究

一、添加蔗糖、葡萄糖、糖蜜和纤维素酶对王草青贮饲料发酵品质和体外产气的影响

王草是一种禾本科牧草,在中国热带亚热带地区被广泛种植。王草产量高,营养价值丰富,是当地反刍家畜主要的粗饲料来源。海南岛是典型的热带季风气候,雨季旱季明显。气候条件限制了华南地区饲料生产并影响了反刍家畜饲料的均衡供应。王草在夏季或雨季生长旺盛,但在冬季生长缓慢,造成饲料短缺,有必要通过青贮保存王草,以便冬季持续供应反刍动物。研究表明,热带禾本科牧草由于粗糙和木质化严重,糖分含量低,纤维含量高,难以制作高品质的青贮饲料。为了提高王草青贮品质,可以用添加蔗糖、葡萄糖和糖蜜的方法来为青贮中的乳酸菌提供发酵底物。添加纤维素酶能够提高纤维素降解速率,增加碳水化合物含量并将其作为发酵底物。这些处理可以使青贮原料快速酸化,降低 pH 值,进而提高及改善发酵品质。目前,对于热带地区王草青贮的研究较少。因此,研究碳水化合物和酶及其混合处理对王草发酵品质、干物质消化率和瘤胃发酵的影响尤为重要。

为了提高热带地区王草青贮品质,我们在中国海南开展了添加蔗糖、葡萄糖、糖蜜和纤维素酶对王草青贮发酵品质和体外产气影响的研究。试验材料为营养期王草。青贮采用实验室小型青贮系统,蔗糖(SU)、葡萄糖(GL)、糖蜜(MO)添加量为 2%,纤维素酶(CE)添加量为 0.02%,试验设 8 个处理:①对照,② CE,③ SU,④ GL,⑤ MO,⑥ SU + CE,⑦ GL + CE,⑧ MO + CE。青贮料保存于室温,30 d 后开封进行青贮品质分析。原料营养成分如下:初水分 82.43%,粗蛋白质 8.27%,中洗纤维 65.39%,酸洗纤维 46.18%。研究发现:添加蔗糖、葡萄糖、糖蜜后乳酸含量显著提高,pH 值显著降低,丁酸和铵态氮含量与

对照相当,改善了青贮品质。另外,糖蜜处理效果好于其他单独添加处理。糖加酶处理增加了乳酸含量,但没有显著提高青贮品质。所有添加剂处理都影响了营养成分,增加了粗蛋白含量,降低了纤维含量。通过体外产气试验发现,添加剂处理提高了干物质消化率和代谢能。综合考虑青贮品质、营养成分和体外消化情况,糖和酶处理都可以获得高品质的王草青贮饲料,糖蜜处理效果最好。

(一)材料与方法

1. 青贮饲料调制

试验地点为中国热带农业科学院热带作物品种资源研究所畜牧研究中心试验基地。试验采用热研 4 号王草(*P.purpureum × P.glaucum cv.Reyan No.4*),种植于 2011 年 3 月 20 日,收获时间为 2011 年 7 月 1 日。王草收割后,用全自动切段机切至约 20 mm,装入塑料瓶中青贮,压实密封。蔗糖(SU)、葡萄糖(GL)、糖蜜(MO)添加量为 2%,纤维素酶(CE)添加量为 0.02%(以鲜重计)。蔗糖、葡萄糖和纤维素酶购于国药集团化学试剂有限公司,纤维素酶:酶活力 ≥ 15 000 U/g。每个处理各 3 个重复,贮藏 30 d。

2. 化学分析

青贮饲料调制时取样,65℃经 48 h 烘干,粉碎后密封保存待测。制成的样品分析干物质(DM)、粗蛋白质(CP)、粗脂肪(EE)、中性洗涤纤维(NDF)、酸性洗涤纤维(ADF),分析参照杨胜(1999)的方法。蒽酮 – 硫酸比色法(Owens,1999)测定水溶性碳水化合物(WSC)含量。

pH 值用 pH 计对浸提液直接进行测定。氨态氮(AN)采用苯酚 – 次氯酸钠比色法测定。有机酸:乳酸(LA)、乙酸(AA)、丙酸(PA)、丁酸(BA)采用高效液相色谱法(HPLC)测定,色谱条件:采用 COMOSIL5C18-PAD 色谱柱(4.6 mm × 250 mm),进行二元梯度洗脱,流动相 A 为 20 mmol/L NaH_2PO_4(H_3PO_4 调 pH 值 2.65),B 为甲醇。起始流动相为 100% A,0% B,维持 5 min;到 8 min 为 90% A,10% B,维持 14 min;最后在 22 min 时恢复起始浓度,平衡柱子,进下一个样。流速 1 mL/min,柱温 30 ℃,检测波长 215 nm,进样体积 20 μL。

3. 体外产气试验

体外产气试验操作步骤、缓冲液的配制：称取约 0.2 g 样品,倒入已知质量的宽 3 cm、长 5 cm 的尼龙袋中,绑紧后放入注射器。抽取晨饲前海南黑山羊瘤胃液,取 312.5 mL 过滤后的瘤胃液加入装有 1 000 mL 蒸馏水并经 38 ℃ 水浴预热的真空容器中,然后加入 250 mL 预先配制好经 38 ℃ 预热的混合培养液,并持续通入 CO_2 约 10 min。取 30 mL 这种瘤胃液 – 缓冲液的混合物加到每一个注射器中,排净注射器中的空气,并用密封针头封闭注射器,保持真空状态,然后在 38 ℃ 的水浴摇床中培养。在发酵开始后 96 h 内读取不同时间点的产气量。为防止注射器内压强过大影响产气,统一在 48 h 时排气。

将各样品不同时间点的产气量代入由 Rrskov 和 McDonald 提出的模型 $GP=a+b(1-e^{-ct})$,根据非线性最小二乘法原理,求出 a、b、c 值,其中 a 为饲料快速发酵部分的产气量,b 为慢速发酵部分的产气量,c 为 b 的速度常数(产气速率),$a+b$ 为潜在产气量,GP 为 t 时的产气量。

样本体外干物质消化率 IVDMD(DM,%)=（样本质量 − 残渣质量)/样本质量 ×100%

代谢能(ME)计算应用 1965 年 ARC 提供的方法：

$$ME= GE \times IVDMD \times 0.815$$

式中,ME 为代谢能,GE 为总能,IVDMD 为体外干物质消化率。

4. 数据分析

试验数据用平均值 ± 标准差表示,采用 SAS 9.0 软件和 Excel 2003 软件进行数据处理和统计分析,数据的多重比较采用邓肯法,显著水平为 $P<0.05$。

(二)试验结果

1. 王草青贮饲料化学成分

王草青贮饲料化学成分见表 3-1。添加剂处理提高了干物质含量,处理组(除了 CE 和 SU 外)显著高于对照组($P<0.05$)。酶和糖分混合处理干物质含量显著高于糖分单独处理。添加剂处理提高了粗蛋白含量,但与对照相比差异不显著。粗脂肪各处理无显著差异。添加剂处理与对照相比降低了纤维含量($P<0.05$),混合处理纤维含量显著低于单

独处理。总能各处理间无显著差异。

表 3-1　王草青贮饲料化学成分

处理	干物质/%	粗蛋白/%	粗脂肪/%	酸性洗涤纤维/%	中性洗涤纤维/%	总能/（MJ·kg⁻¹ DM）
王草	17.57	8.27	2.19	46.18	65.39	12.33
对照组	22.08^e	9.15	2.09	46.85^a	65.71^a	12.17
CE	22.28^e	9.21	2.06	42.65^{bc}	60.78^c	12.94
SU	22.36^e	9.36	2.14	41.74^c	61.96^b	12.04
GL	25.33^b	9.40	1.95	43.06^b	61.71^b	12.37
MO	23.23^d	9.35	1.91	43.56^b	60.26^c	12.26
SU+CE	23.05^d	9.24	2.23	39.41^d	59.47^c	12.53
GL+CE	27.73^a	9.27	2.08	41.66^c	59.53^c	12.74
MO+CE	24.51^c	9.55	2.17	40.76^d	57.48^d	12.49

注：同列不同字母表示差异显著（$P<0.05$）。

2. 王草青贮饲料发酵品质

王草青贮饲料发酵参数见表 3-2。添加剂处理显著降低了 pH 值，MO+CE 处理最低（$P<0.05$）。添加剂处理增加了乳酸含量，最低和最高分别是对照和 GL+CE 处理组（$P<0.05$）。添加剂处理降低了乙酸含量（$P<0.05$），最低和最高分别为 SU 处理组和对照组。对照组丙酸含量最高，MO+CE 处理组最低（$P<0.05$）。丁酸仅在对照、GL 和 MO+CE 处理组中检测到，与其他处理无显著差异。对照组总酸含量最低，MO 处理组最高（$P<0.05$）。与对照相比，添加剂处理降低了铵态氮（$P<0.05$）。糖和酶处理与对照相比都能显著降低 pH 值、乙酸、丙酸和铵态氮含量，显著提高了乳酸和总酸含量（$P<0.05$）。

表 3-2　王草青贮饲料发酵参数

处理	pH 值	乳酸 /%	乙酸 /%	丙酸 /%	丁酸 /%	总酸 /%	铵态氮占总氮百分比 /%
对照组	4.64^a	3.63^d	1.73^a	0.59^a	0.16^a	6.11^c	5.83^a
CE	4.28^c	4.46^c	1.23^b	0.43^b	0.00^b	6.12^c	4.55^b
SU	4.37^b	4.56^c	0.57^e	0.23^c	0.00^b	5.36^d	4.31^b
GL	4.46^b	4.36^c	0.98^c	0.54^a	0.10^a	5.98^c	3.89^c
MO	4.35^{bc}	5.33^b	0.69^d	0.32^{bc}	0.00^b	6.34^{bc}	3.55^c
SU+CE	4.29^c	5.31^b	0.75^d	0.25^c	0.00^b	6.31^{bc}	4.18^{bc}
GL+CE	4.23^c	6.36^a	1.13^{bc}	0.39^b	0.00^b	7.88^a	4.34^b
MO+CE	4.18^d	5.38^b	0.80^d	0.17^d	0.19^a	6.54^b	3.62^c
SEM	0.05	0.30	0.13	0.05	0.03	0.27	0.25

注：同列不同字母表示差异显著（$P<0.05$）。

3. 体外产气试验

王草青贮饲料体外产气参数见表 3-3。参数 a 代表快速发酵部分产气量，SU+CE 处理组 a 值最低，GL 处理组最高。参数 b 代表慢速发酵部分产气量，对照组最低，MO 处理组最高。所有添加剂处理均提高了 b 值。MO 处理组潜在产气量 $a+b$ 值最大，GL 处理组最低。所有添加剂处理组（除 SU 和 GL 外）$a+b$ 值均高于对照组。参数 c 代表产气速率，各组间无显著差异。添加剂处理提高了总产气量、干物质消化率和代谢能。总产气量对照组最低，MO+CE 组最高（$P<0.05$）。干物质消化率和代谢能对照组最低，GL+CE 组最高（$P<0.05$）。

表 3-3　王草青贮饲料体外产气参数

处理	a /mL	b /mL	$(a+b)$ /mL	c /(mL·h^{-1})	GP /mL	IVDMD /%	ME /(MJ·kg^{-1})
对照组	−1.66^a	45.89^c	44.22^c	0.02	32.00^d	55.57^d	7.06^d
CE	−2.11^b	48.36^c	46.25^c	0.02	35.00^c	62.32^c	7.91^c
SU	−3.51^d	46.97^c	43.46^c	0.02	38.50^b	63.76^c	8.10^c
GL	−1.53^a	41.83^d	40.30^d	0.02	36.00^c	64.24^b	8.16^b

处理	a /mL	b /mL	$(a+b)$ /mL	c /(mL·h^{-1})	GP /mL	IVDMD /%	ME /(MJ·kg^{-1})
MO	−2.11^b	66.97^a	64.86^a	0.01	42.00^{ab}	65.45^b	8.31^b
SU+CE	−3.91^d	57.11^b	53.20^b	0.02	44.00^a	66.68a^b	8.47a^b
GL+CE	−2.73^c	56.82^b	54.09^b	0.01	40.00^b	68.53^a	8.70^a
MO+CE	−1.55^a	55.18^b	53.63^b	0.02	46.00^a	67.91^a	8.62^a
SEM	0.32	2.87	2.82	0.00	1.40	1.45	0.18

注：同列不同字母表示差异显著（$P<0.05$）。

（三）讨论

1. 纤维素酶和糖分对营养成分的影响

王草青贮添加纤维素酶和糖分后干物质和粗蛋白含量较高，但对粗脂肪和总能含量无影响。添加纤维素酶和糖分处理可以降低纤维含量，混合处理的效果好于单独处理，可能是两者存在组合效应，但相关机制还不明确。本研究结果与 Colombatto 等（2003）和 Sun 等（2009）的结果一致，添加纤维素酶可以减少青贮过程中干物质、中性洗涤纤维和粗蛋白质的损失。糖分如蔗糖、葡萄糖和糖蜜被广泛用于牧草青贮。添加糖分可以减少营养物质损失。本研究结果与 Bureenok 等（2005）和 Li 等（2010）的结果一致。本研究发现王草青贮中添加纤维素酶和糖分可以保存更多的营养成分。

2. 纤维素酶和糖分对青贮品质的影响

本研究中添加纤维素酶和糖分降低了王草青贮饲料 pH 值、铵态氮含量，增加了乳酸含量，较对照提高了发酵品质。许多研究都报道了相似的作用。Eun 和 Beauchemin（2007）报道，添加纤维素酶青贮可以降低纤维含量。造成该现象的原因可能是添加纤维素酶降解了更多纤维变成乳酸菌发酵的底物，促进发酵初期产生更多的乳酸菌。这一过程中乳酸快速增加，pH 值快速降低，抑制非乳酸菌和其他酶的活性。Colombatto 等（2003）和 Sun 等（2009）也报道了相似的结果。糖蜜是甜菜或甘蔗生产的副产物，被用作青贮发酵底物。糖蜜已经被成功应用于牧草青贮（Wuisman 等，2006；Shellito，2006；Cao 等，2010）。

蔗糖也被应用于青贮发酵,提供乳酸菌所需的底物促进乳酸生产,乳酸是好品质青贮中降低 pH 值的主要原因。豆科牧草青贮中添加蔗糖可以增加乳酸,降低 pH 值和铵态氮含量,提高有氧稳定性(Heinritz 等,2012)。添加葡萄糖是对发酵过程中原料中有害微生物消耗糖分的有效补充,并保证了乳酸菌快速生长所需的糖分,用于产生足够的乳酸来维持较低的 pH 值。添加葡萄糖的好处也同样被 Shao 等(2004)报道。

本研究中糖蜜单独添加的青贮质量高于其他糖分或者纤维素酶单独处理或混合处理。糖蜜处理保存了更多的乳酸和丙酸,降低了铵态氮含量。可能的解释是糖蜜为王草青贮提供了更多的底物,加速了乳酸产生,降低 pH 值,进而提供发酵品质。相反,纤维素酶和糖分的混合处理并未显著提高发酵品质。另外,糖蜜和纤维素酶的混合处理增加了丁酸含量,降低了发酵品质,可能是酶活性被乳酸菌获其他微生物抑制了酶的活性。本研究所有处理中乳酸含量最高,乙酸高于丙酸和丁酸。因此,王草青贮是乳酸发酵和乙酸发酵的混合体。乙酸发酵的产物包括较少的乳酸和较高的乙酸或乙醇,可能是由较高的 pH 值造成的。

3. 纤维素酶和糖分对体外产气的的影响

体外产气法是用来预测饲料瘤胃消化率和代谢能的经典方法,广泛应用于饲料营养价值评价(Menke 和 Steingass,1988;Muck 等,2007;Negesse 等,2009;Van Ranst 等,2013;Tang 等,2006;Zhou 等,2011)。该方法揭示了营养成分与体外消化参数存在相关性,化学成分的变化会引起产气量和其他动态参数的不同。本研究中,不同青贮处理王草的体外产气参数存在差异。快速发酵参数 a 为负数表明体外消化存在滞后。Tang 等(2008)报道了麦秸发酵的滞后时间与苜蓿和白三叶均不同,不同体外发酵特性可能是牧草种类不同造成的。低值饲料比如作物秸秆和禾本科牧草,纤维含量高,粗蛋白含量低,微生物难以消化代谢,导致消化的滞后。添加剂处理王草的快速发酵产气量、潜在产气量和产气总量较对照都有所提高,可能是添加剂处理减少了营养物质损失,增加了气体的产生。这些结果与前人的报道一致(Cone 和 Van Gelder,1999;Tang 等,2006;Sun 等,2009)。

干物质消化率的差异主要取决于营养成分,以及纤维含量在可消化干物质中快速减少的程度。许多研究发现,外源纤维素酶可以促进牧草的体外消化(Eun 和 Beauchemin,2007;Jalilvand 等,2008)。Sahoo

和 Walli（2008）发现添加糖蜜可以提高干物质消化率。Cai 等（2003）报道了乳酸菌处理的青贮饲料有较高的体外消化率,因为乳酸菌可以减少青贮发酵的干物质损失。因此,糖分处理可以提高青贮饲料的干物质消化率,而纤维素酶和糖分混合处理比单独处理更加高效。然而Moharrery 等（2009）在苜蓿青贮中添加纤维素酶作用却相反。这些分歧可能是由于牧草组成中易消化成分和难消化的纤维比例有关。Cao等（2010）发现饲料稻配制的全混合日粮添加糖蜜、乳酸菌和混合处理,干物质消化率有上升趋势。这些结果表明,牧草和灌木添加纤维素酶和糖分对干物质消化率的效果存在差异,但豆科和禾本科牧草间这种差异可能很小。

（四）结论

王草青贮中添加葡萄糖、糖蜜、蔗糖和纤维素酶能有效提高发酵品质,并影响体外消化特性。这些添加剂有提高热带地区糖分含量低的禾本科牧草发酵品质的潜力。综合考虑发酵品质、营养成分和体外消化特性,糖分和纤维素酶单独处理均能获得高品质的王草青贮饲料,其中糖蜜效果最好。

二、凋萎和添加剂对王草青贮品质和营养价值的影响

王草是一种优质的热带多年生禾本科牧草,以刈割后鲜饲家畜为主,在我国南方各省已有大面积种植。海南岛降雨量大且空气湿度大,干草调制较为困难,通过青贮贮藏多余王草,对均衡家畜全年饲料供应具有重要意义。青贮原料适宜的干物质含量为 30% ~ 40%,新鲜王草水分含量可达 80% 以上,直接青贮时产生大量汁液,造成营养物质损失甚至变质,难以获得优质青贮饲料。凋萎可以降低水分含量,抑制丁酸菌等有害微生物的活动。绿汁发酵液（PFJ）作为一种新型的纯天然的添加剂,改善青贮品质效果明显,成为近年来青贮研究的热点,利用热带地区乡土牧草附着的乳酸菌制作绿汁发酵液,对该地区调制优质的青贮饲料具有重要的意义。青贮过程添加纤维水解酶可分解细胞壁成分,增加可溶性碳水化合物含量,对纤维成分含量高的低质粗饲料青贮效果好,针对王草纤维含量较高的特点,添加纤维素酶可能有助于提高饲料青贮品质。我国王草青贮技术研究起步较晚,研究重点主要集中在添加

剂青贮上。研究发现,添加乳酸菌、纤维素酶、蔗糖、葡萄糖、山梨酸等均能提高青贮品质,且提出了每种添加剂的适宜用量。但是降低含水量以及添加绿汁发酵液与纤维素酶对王草青贮品质的研究较少,本研究采用凋萎以及凋萎后添加绿汁发酵液与纤维素酶处理,对王草青贮饲料发酵品质及其主要营养成分进行测定,从而得到较佳的青贮方式,对指导王草青贮饲料的生产具有重要的意义。

（一）材料与方法

1.试验材料

试验采用热研 4 号王草,采自中国热带农业科学院热带作物品种资源研究所畜牧研究中心试验基地。原料化学成分如表 3-4 所示。

表 3-4　王草的化学成分（风干基础）

干物质 /%	水溶性碳水化合物 /%	粗蛋白 /%	中性洗涤纤维 /%	酸性洗涤纤维 /%	饲料相对值
20.03	7.21	8.36	60.44	40.36	88.44

2.试验方法

（1）青贮饲料调制

绿汁发酵液:称取 150 g 王草,切碎后加入 300 mL 蒸馏水打浆,用四层纱布过滤,量取 250 mL 滤液,加入 5 g 葡萄糖摇匀,排出空气后密封保存,于 30 ℃下恒温发酵 48 h 后使用。

纤维素酶:酶活力 ≥ 15 000 U/g,购于国药集团化学试剂有限公司。

试验处理:对照组,凋萎（W）,凋萎 + 绿汁发酵液（WP）、凋萎 + 纤维素酶（WC）、凋萎 + 绿汁发酵液 + 纤维素酶（WPC）。王草生长至 180 cm（营养期）刈割,切碎至 1 ~ 2 cm,部分鲜草直接青贮,剩余凋萎处理（晾晒 4 h,水分含量约 70%）。绿汁发酵液和纤维素酶添加量分别为 4.0 mL/kg 和 0.1 g/kg。将处理好的王草快速填装至 300 mL 聚乙烯瓶中,压实加盖并用黑胶带密封,室温保存,每个处理 3 个重复。

（2）青贮饲料品质及营养成分分析

青贮 35 d 后开瓶,将青贮饲料全部取出并充分混匀,准确称取 20 g 于三角瓶中,加入 180 g 蒸馏水,搅拌均匀,4 ℃下浸提 24 h 后用四层纱布过滤,再将滤液用定量滤纸二次过滤,所得浸提液保存于 –20 ℃冰箱中，用于测定 pH 值、氨态氮、有机酸等青贮品质指标。余下青贮料烘干并粉碎，用于测定营养成分指标。

pH 值用 pH 计对浸提液直接测定，氨态氮（AN）采用苯酚 – 次氯酸钠比色法，有机酸：乳酸（LA）、乙酸（AA）、丙酸（PA）、丁酸（BA）用高效液相色谱法（HPLC）测定，色谱条件：采用 COMOSIL5C18-PAD 色谱柱（4.6 mm × 250 mm），进行二元梯度洗脱，流动相 A 为 20 mmol/L NaH_2PO_4（H_3PO_4 调 pH 值 2.65），B 为甲醇。起始流动相为 100% A，0% B，维持 5 min；到 8 min 为 90% A，10% B，维持 14 min；最后在 22 min 时恢复起始浓度，平衡柱子，进下一个样。流速 1 mL/min，柱温 30℃，检测波长 215 nm，进样体积 20 μL。

青贮样品分析干物质（DM）、粗蛋白质（CP）、中性洗涤纤维（NDF）、酸性洗涤纤维（ADF），分析参照杨胜（1999）的方法。采用蒽酮 – 硫酸比色法测定水溶性碳水化合物（WSC）含量。

（3）V-Score 评分

V-Score 评分是以氨态氮和挥发性脂肪酸为评定指标的青贮品质评价体系，在青贮饲料评价中应用较广。该评价体系满分为 100 分，各指标不同含量分配的分数不同，见表 3-5。根据此评分结果，可将青贮饲料品质分为良好（80 分以上）、尚可（60~80 分）和不良（60 分以下）3 个级别。

表 3–5　V-Score 分数分配计算式

氨态氮 / 总氮		乙酸 + 丙酸		丁酸		V-Score
XN/%	计算式	XA/%	计算式	XB/%	计算式	
≤ 5	YN=50	≤ 0.2	YA=10	0~0.5	YB=40–80XB	
5~10	YN=60–2XN	0.2~1.5	YA=（150–100XA）/13	>0.5	YB=0	Y= YN+ YA+ YB
10~20	YN=80–4XN	>1.5	YA=0			
>20	YN=0					

注：XN、XA、XB 分别为氨态氮 / 总氮、乙酸 + 丙酸、丁酸的百分比；YN、YA、YB 分别为氨态氮 / 总氮、乙酸 + 丙酸、丁酸的得分，Y 为总评分。

（4）饲料相对值（RFV）计算

$$RFV=DMI（BW，\%）\times DDM/1.29（DM，\%）$$

DMI 与 DDM 的预测模型分别为

$$DMI（BW，\%）=120/NDF（DM，\%）$$

$$DDM（DM，\%）=88.9-0.779ADF（DM，\%）$$

其中，DMI 为粗饲料干物质的随意采食量，单位为占体重的百分比，即 %；DDM 为可消化的干物质，单位为 %，粗饲料分级标准参照文献（李茂，字学娟，周汉林，等，2012）。

3. 数据分析

试验数据用平均值 ± 标准差表示，采用 SAS 9.0 软件和 Excel 2003 软件进行数据处理和统计分析，数据的多重比较采用邓肯法，显著水平为 $P<0.05$。

（二）结果与分析

1. 王草青贮饲料发酵品质

结果显示（表3-6），各处理 pH 值均小于 4.0，其中 W 与 WC 组，对照组、WP 与 WPC 组差异均不显著，W 与 WC 组的 pH 值显著高于其余三个处理组（$P<0.05$）。凋萎后的各添加组 LA 含量显著高于对照组（$P<0.05$），其中 WPC 组含量最高，凋萎处理中 W 组 LA 含量最低；对照组 AA 含量最高（$P<0.05$），W 组含量最低（$P<0.05$），其他处理组数量上相差较小；各处理 LA/AA 值均大于1，都是以乳酸发酵为主，其中 WP 组与 WPC 组差异不显著，W 组显著高于其他处理组（$P<0.05$），对照组最低；各处理中仅有 WP 组检测到少量 PA，其他各组均未检测到，所有处理均未检测到 BA。对照组的 AN/TN 显著高于其他处理组（$P<0.05$），WPC 又显著低于其他处理组（$P<0.05$），W、WP 与 WC 组的 AN/TN 差异不显著。

表 3-6 王草青贮饲料发酵品质

项目	pH 值	乳酸 /%	乙酸 /%	乳酸／乙酸	丙酸 /%	丁酸 /%	铵态氮占总氮百分比 /%
对照组	3.75 ± 0.03[b]	6.892 ± 0.03[bc]	0.755 ± 0.04[a]	9.15 ± 0.47[d]	0.00	0.00	10.57 ± 0.69[a]
调萎（W）	3.93 ± 0.04[a]	6.262 ± 0.32[c]	0.291 ± 0.06[d]	19.82 ± 1.45[a]	0.00	0.00	5.96 ± 0.44[b]
调萎＋绿汁发酵液（WP）	3.77 ± 0.02[b]	7.654 ± 0.21[ab]	0.515 ± 0.02[c]	14.86 ± 1.13[b]	0.06 ± 0.01	0.00	5.32 ± 0.13[b]
调萎＋纤维素酶（WC）	3.88 ± 0.04[a]	7.134 ± 0.34[b]	0.588 ± 0.00[b]	12.13 ± 2.13[c]	0.00	0.00	5.73 ± 0.15[b]
调萎＋绿汁发酵液＋纤维素酶（WPC）	3.74 ± 0.02[b]	7.943 ± 0.20[a]	0.502 ± 0.03[c]	15.82 ± 0.87[b]	0.00	0.00	4.70 ± 0.32[c]

注：同列不同字母表示差异显著（$P<0.05$）。

2. 王草青贮饲料的 V-Score 评分

王草青贮饲料 V-Score 评分结果见表3-7,各处理评分均在80以上,等级属于"优"。其中对照组得分为83.45,评分最低;WPC组得分为97.68,评分最高,表明王草直接青贮也可获得优质青贮饲料,但凋萎和添加剂处理均能提高王草青贮品质,其中王草经凋萎后添加绿汁发酵液和纤维素酶处理组青贮品质最好。

表3-7 王草青贮饲料的 V-Score 评分

项目	氨态氮占总氮百分比 /%		乙酸＋丙酸		丁酸		评分	等级
	比值（XN）	计算式	比值（XA）	计算式	比值（XB）	计算式		
对照组	10.57	37.72	0.76	5.73	0.00	40.00	83.45	优
凋萎（W）	5.96	48.08	0.29	9.30	0.00	40.00	97.38	优
凋萎＋绿汁发酵液（WP）	5.32	49.36	0.57	7.15	0.00	40.00	96.51	优
凋萎＋纤维素酶（WC）	5.73	48.54	0.59	7.02	0.00	40.00	95.55	优
凋萎＋绿汁发酵液＋纤维素（WPC）	4.70	50.00	0.50	7.68	0.00	40.00	97.68	优

3. 王草青贮饲料营养价值

从表3-8中可以看出 CP 的含量对照组显著低于其余四个处理组（$P<0.05$）,其余四个处理组差异不显著。WC组与WPC组的 NDF 和 ADF 的含量均显著低于其他处理组,W组的 NDF 和 ADF 的含量在各处理组中最高,对照组、W组与WP组的 NDF 含量差异不显著,对照组与W组的 ADF 含量差异不显著（$P<0.05$）。WC组与WPC组的 WSC 含量差异不显著,WC组与WPC组的 WSC 含量又显著高于其他处理组（$P<0.05$）,各处理中WP组的 WSC 含量最低。WC组与WPC组的饲料相对值 RFV 显著高于对照组、W组、WP组（$P<0.05$）,WC组与WPC组差异不显著,对照组、W组、WP组之间差异不显著。结果表明,

王草直接青贮 CP 含量最低，RFV 仅高于凋萎处理，营养价值较低；凋萎后添加纤维素酶以及绿汁发酵液和纤维素酶混合处理能显著提高 CP 含量并提高王草青贮饲料 RFV，参照粗饲料分级标准，王草青贮饲料等级由 3 级提升至 2 级，明显提高了王草青贮饲料的营养价值。

表 3-8　青贮王草营养成分（风干基础）

项目	粗蛋白质 /%	中性洗涤纤维 /%	酸性洗涤纤维 /%	水溶性碳水化合物 /%	饲料相对值
对照组	8.25 ± 0.10^c	59.05 ± 1.45^a	39.48 ± 1.28^{ab}	5.68 ± 0.08^b	91.61 ± 5.49^b
凋萎（W）	11.11 ± 0.62^b	59.11 ± 0.75^a	41.08 ± 0.53^a	5.33 ± 0.33^{bc}	89.56 ± 3.76^b
凋萎＋绿汁发酵液（WP）	11.73 ± 0.40^a	58.84 ± 0.62^a	38.20 ± 1.11^{bc}	4.88 ± 0.40^c	93.51 ± 4.87^b
凋萎＋纤维素酶（WC）	11.03 ± 0.23^b	54.13 ± 2.01^b	37.15 ± 0.46^c	8.00 ± 0.59^a	103.03 ± 6.84^a
凋萎＋绿汁发酵液＋纤维素酶（WPC）	11.97 ± 0.03^a	53.63 ± 1.00^b	36.60 ± 0.94^c	7.67 ± 0.14^a	104.75 ± 6.42^a

（三）讨论

1. 王草原料的特点

青贮对原料的含水量要求一般为 60% ~ 70%，并有足够的可溶性碳水化合物为微生物提供发酵底物。本研究中，王草水分含量较高，不利于青贮调制；中性洗涤纤维、酸性洗涤纤维含量高，饲料相对值低，营养价值较低。合理的青贮调制可以提高王草的青贮品质并改善其营养价值。

2. 凋萎处理对青贮品质和营养成分的影响

许多研究表明，降低青贮料的含水量有助于促进乳酸发酵，可以改善青贮料的发酵品质,并能延长保存时间。然而,对降低青贮原料中水分含量的作用也有其他观点。Kim 等和 Manyawu 等的研究结果表明,含水量降低导致 pH 值升高和乳酸等含量降低,影响青贮品质。本试验中王草凋萎处理后青贮料的 pH 值显著高于直接青贮,乳酸含量低于直接青贮,可能是晾晒处理后的王草细胞液渗出减少,由于乳酸菌对低水分环境忍受力有限,使乳酸菌的繁殖受到部分抑制,导致较低的乳酸含量和较高的 pH 值,与郑丹等对杂交狼尾草的研究结果一致,可能是狼尾草属牧草特有的青贮特性。Hidehiko 等研究发现,将稻草含水量由50% 降至 27.5%,青贮品质将有显著提高,但是继续降低含水量,青贮品质反而有所下降。因此,针对不同的青贮原料青贮时是否需要降低水分含量以及降低多少需要区别对待。本研究中凋萎处理与直接青贮饲料营养成分无显著差异,表明未造成营养物质的流失,可能是由于实验室青贮条件下汁液不能外排,实际生产中青贮所产生的汁液是排出青贮窖的,肯定会伴随营养物质的损失。另外,凋萎后干物质含量的提高可有效增加动物干物质采食量,这对提高饲料利用率、提高生产性能具有积极意义。因此,针对含水量高的青贮原料,建议适当降低含水量。

3. 纤维素酶处理对青贮品质和营养成分的影响

纤维素酶的作用是分解植物细胞壁,并使细胞内容物流出,增加能被乳酸菌直接利用的水溶性碳水化合物含量,补充了发酵底物,促进乳酸菌生长繁殖,产生更多的乳酸,促进了乳酸发酵。许多研究者都报道了添加纤维素酶能提高青贮品质和降低纤维成分含量,与本研究结果相似。贾燕霞等研究表明,添加复合纤维素酶显著提高了乳酸含量,降低了 pH 值,改善了象草的青贮发酵品质。原现军等的研究结果也表明,添加酶制剂明显改善了青稞秸秆和黑麦草混合青贮发酵品质,显著提高了乳酸含量,显著降低了 pH 值和氨态氮,抑制了乙酸、丙酸和丁酸的产生。徐然等研究发现,纤维素酶能显著提高光叶紫花苕青贮品质,并在添加量为 2 g/t 时青贮效果最好。另外,上述研究还发现添加纤维素酶青贮后,能够在一定程度上降低 NDF 与 ADF 含量,保留更多的 WSC,提高了青贮饲料的营养价值。当然也有研究发现,纤维素酶对原料青贮品质和营养成分无明显作用。Kung 等添加纤维素酶对大麦和野豌豆青贮饲料发酵品质的影响不明显,NDF 和 ADF 含量也无明显差异。Sheperd 与 Kung 的研究发现,纤维素酶对玉米青贮饲料有机酸含量无显著影响。李平等（2012）研究发现，纤维素酶对改善籽草青贮饲料发酵品质无显著影响。添加纤维素酶出现不同效果的原因可能与青贮原料特性（碳水化合物、缓冲能力、水分含量）、贮藏条件（温度、密度）以及酶的用量等因素相关。另外，酶对环境条件敏感，不适的外界条件容易影响酶的活性甚至造成酶失活，这都可能导致酶处理的青贮效果不同。

4. 绿汁发酵液处理对青贮品质和营养成分的影响

绿汁发酵液由青贮原料添加碳水化合物经厌氧发酵制得，原料本身附着的乳酸菌群，经过厌氧发酵，乳酸菌在绿汁发酵液中的数量会大幅提高。青贮时添加绿汁发酵液，可以增加发酵初期的乳酸菌，确保乳酸菌迅速繁殖并抑制其他有害微生物，短时间内产生大量乳酸，进而提高青贮品质。许多研究都表明，绿汁发酵液能够改善青贮品质，Shao 等在大黍和意大利黑麦草青贮中添加绿汁发酵液，青贮效果改善明显。其他学者在水葫芦与甜玉米秸秆混合青贮、苜蓿、象草以及多花黑麦草等原料青贮时添加绿汁发酵液，都明显改善了青贮品质。本研究中添加绿汁发酵液处理与直接青贮相比，pH 值较低，乳酸含量较高，降低了铵态氮含量，提高了青贮品质；添加绿汁发酵液的处理 CP 含量明显高于直接青贮，NDF 与 ADF 的含量较低，提高了饲料相对值，与上述研究结论相符。

5. 混合添加绿汁发酵液与纤维素酶对青贮品质和营养成分的影响

绿汁发酵液的主要作用是增加青贮初期乳酸菌数量，纤维素酶的主要作用是分解细胞壁成分，为乳酸菌提供发酵底物，青贮时两者混合添加，可能会产生叠加效应，在更短时间内改善青贮品质，效果更明显。许多研究者在光叶紫花苕、苜蓿、二色胡枝子、玉米秸秆等原料青贮时混合添加乳酸菌和纤维素酶都能明显改善青贮品质且较单独添加处理效果好。本研究也得到类似的结果，绿汁发酵液与纤维素酶混合添加较其他处理pH值含量最低，乳酸含量最高，铵态氮含量最低，V-Score 评分最高，青贮品质最好；主要营养成分 CP 含量最高，NDF 与 ADF 的含量最低，饲料相对值最高且达到 2 级饲料标准，提高了青贮饲料的营养价值。

（四）结论

①王草可以直接青贮，但营养价值较低。
②凋萎后添加绿汁发酵液和纤维素酶混合处理能改善王草青贮品

质并提高其营养价值。

三、葡萄糖对王草青贮品质的影响

青贮是利用微生物的发酵作用来实现长期保存青绿多汁饲料的营养特性,是常年均衡供给家畜青绿多汁饲料的有效措施,在畜牧生产中已得到广泛使用。王草在畜牧生产中的研究利用主要涉及栽培、刈割技术、生物产量及其饲喂动物等方面。陈勇等(2009)研究表明,在王草的营养物质中,粗蛋白、粗脂肪、粗灰分含量均随刈割株高的增加而降低,其中粗蛋白含量和刈割株高之间呈极显著负相关;而钙含量和中性洗涤纤维(NDF)、酸性洗涤纤维(ADF)、酸性洗涤木质素(ADL)含量则随刈割株高增加而增加,与刈割株高呈显著正相关。许岳飞等(2006)研究了不同施肥和株行距处理对王草生产性状的影响,发现平衡施肥有利于王草的分蘖和干物质积累,株行距对王草的生产性状也有显著影响,最佳株行距为 70 cm × 50 cm。温翠平等(2012)的研究结果表明,随着土壤含水量的降低,王草的鲜重、干重、组织含水量、相对含水量均呈逐渐下降的趋势,但王草叶片的水分饱和亏缺及体内的游离脯氨酸则呈上升趋势;王草生长的最佳土壤含水量为田间持水量的65% ~ 75%。关于王草青贮调制方面,Michelena 等(2002)、刘贤等(2004)、刘秦华等(2009)、马清河等(2011)分别通过添加有机酸、葡萄糖、乳酸菌和纤维素酶等来提高王草青贮饲料的发酵品质。碳水化合物能够增加青贮原料中可溶性糖含量,为乳酸菌生长提供充足的有效能,使乳酸菌迅速繁殖并发酵产生有机酸,降低青贮饲料 pH 值,而抑制和杀死各种有害微生物的繁衍,达到长期保存饲料的目的,但目前通过添加碳水化合物提高王草青贮品质的研究鲜有报道。将不同比例的葡萄糖添加于王草中,通过对饲料青贮发酵品质的评价及主要营养成分含量进行测定,以确定王草青贮时葡萄糖的最佳添加比例,为改善王草青贮品质提供技术参考。

(一)材料与方法

1.试验材料

供试牧草为株高约 2.0 m 的热研 4 号王草,王草收割后,用全自动切段机切成约 20 mm，晾晒 4 h（干物质含量 23%）后分别添加不同比例葡萄糖，装入 500 mL 广口瓶中，压实密封，常温下（约 25 ℃）贮藏 30 d。葡萄糖由国药集团化学试剂有限公司生产提供。试验地位于中国热带农业科学院热带作物品种资源研究所畜牧研究中心试验基地（N 19° 30′，E109° 30′），海拔 149 m，属热带季风气候。试验基地土壤为花岗岩发育而成的砖红壤土，土壤质地较差，无灌溉条件。

2. 试验设计

根据葡萄糖的不同添加比例，试验共设 6 个处理：直接青贮处理（CK）及按原料重分别添加 5 g/kg、10 g/kg、15 g/kg、20 g/kg 和 25 g/kg 葡萄糖的 5 个葡萄糖处理（G1 ~ G5），各处理 3 个重复。

3. 王草青贮饲料取样与品质测定

青贮饲料调制前和开封后分别取样，经 65 ℃烘干 48 h 后粉碎密封保存。样品干物质（DM）、粗蛋白质（CP）、中性洗涤纤维（NDF）、酸性洗涤纤维（ADF）分析参照张丽英（2002）的方法。同时，取青贮饲料样品 20 g，加入 80 mL 蒸馏水，4 ℃下浸泡 24 h，经双层滤纸过滤后静置 30 min，用雷磁 PHS-3C 精密 pH 计测定 pH 值，用高效液相色谱仪（岛津 LC-20A）测定乳酸、乙酸、丙酸、丁酸含量。此外，还对青贮饲料进行了 Flieg 氏评分（刘丹丹，2008），根据这一评分标准将青贮饲料品质分为 5 个等级：81 ~ 100 分为优，61 ~ 80 分为良，41 ~ 60 分为可，21 ~ 40 分为中，0 ~ 20 分为劣。

4. 统计分析

采用 SAS 9.0 软件和 Excel 2003 软件进行统计分析，并采用 Duncan's 新复极差法对处理间平均数进行多重比较。

（二）结果与分析

1. 王草青贮饲料营养成分

经测试分析发现，鲜王草的 DM 含量 16.24%、CP 含量 7.34%、NDF 含量 66.83%、ADF 含量 43.36%。经 30 d 青贮后，王草青贮饲料营养成分见表 3-9。由表 3-10 可知，添加葡萄糖有效提高了王草青贮饲料 DM 含量，其中以处理 G4 的 DM 含量最高（26.55%），较青贮前和青贮后的对照处理分别提高了 10.31% 和 3.47%（绝对值）。青贮过程中添加葡萄糖在一定程度上降低了王草青贮饲料的 CP 和 NDF 含量，但差异均不显著（$P>0.05$）；其中处理 G4 的 CP 含量与对照处理相当，NDF 和 ADF 含量则均低于各葡萄糖处理。

表 3-9　王草青贮饲料营养成分

处理	干物质 /%	粗蛋白质 /%	中性洗涤纤维 /%	酸性洗涤纤维 /%
CK	23.08	7.23	65.71[ab]	46.85
G1	23.79	7.14	64.44[b]	47.09
G2	23.08	7.17	64.73[b]	48.07
G3	25.53	7.10	64.58[b]	48.41
G4	26.55	7.21	64.07[b]	45.71
G5	23.34	7.15	64.61[b]	46.66

注：同列不同字母表示差异显著（$P<0.05$）。

2. 王草青贮饲料感官评定

王草青贮饲料感官评定结果见表 3-10。从色泽、气味、质地、pH 值等指标进行综合评定，各处理的青贮饲料均属良好以上等级，其中处理 G4 的感官评定总分最高（92.5 分），较对照处理（67.0 分）高出 25.5 分。

表 3-10　王草青贮饲料感官评定结果

处理	气味	色泽	质地	pH 值	水分	总分	等级
CK	19	18	9	15	6	67.0	良好
G1	20	17	8	18	8	71.0	良好
G2	21	18	9	17	9	74.0	良好
G3	19	19	10	20	11	79.0	优等
G4	22	20	10	23	17.5	92.5	优等
G5	19	18	9	19	14	79.0	优等

3. 王草青贮饲料发酵品质

如表 3-11 所示，与对照处理相比，添加葡萄糖能显著增加王草青贮饲料乳酸含量,但在降低青贮饲料 pH 值方面效果并不明显。其中,处理 G4 的青贮效果最佳,pH 值显著低于其他处理($P<0.05$),而乳酸含量显著高于其他处理($P<0.05$)。在乙酸和丁酸含量方面,也是以处理 G4 最低,显著低于对照处理($P<0.05$);总酸含量方面则以处理 G4 显著高于其他处理($P<0.05$)。

表 3–11　王草青贮饲料发酵品质

处理	pH 值	乳酸 /%	乙酸 /%	丙酸 /%	丁酸 /%	总酸 /%
CK	4.64[b]	3.63[d]	1.23[a]	0.59[b]	0.16[b]	5.62[c]
G1	4.63[b]	4.29[b]	1.22[a]	0.46[bc]	0.11[bc]	6.08[b]
G2	4.83[a]	4.08[bc]	1.08[b]	0.61[b]	0.11[bc]	5.88[bc]
G3	4.65[b]	4.41[b]	1.12[b]	0.38[c]	0.15[b]	6.06[b]
G4	4.26[c]	4.98[a]	0.85[c]	0.39[c]	0.08[c]	6.30[a]
G5	4.89[a]	3.91[c]	0.61[d]	0.83[a]	0.20[a]	5.55[c]

注:同列不同字母表示差异显著($P<0.05$)。

4. 王草青贮饲料 Flieg 氏评分

王草青贮饲料的 Flieg 氏评分结果见表 3-12。由表 3-12 可知,各处理的评分均为优等(80 分以上),且添加葡萄糖的各处理评分均高于对照处理,其中以处理 G4 的评分最高,表明青贮过程中添加葡萄糖能提高王草青贮品质。

表 3–12　王草青贮饲料 Flieg 氏青贮评分

处理	乳酸	乙酸	丁酸	总分	等级
CK	23	23	38	84	优
G1	25	24	40	89	优
G2	25	25	40	90	优
G3	25	25	38	88	优
G4	25	25	45	95	优
G5	25	25	37	87	优

（三）讨论

已有大量研究表明,添加葡萄糖能显著改善粗饲料的青贮品质。杨志刚（2002）研究发现,2% 葡萄糖处理拔节期及抽穗期的多花黑麦草青贮均能较好地促进乳酸发酵,提高青贮饲料品质。Shao 等（2004）研究表明,在坚尼草等可溶性碳水化合物含量低的植物材料青贮时添加葡萄糖等发酵底物,比添加绿汁发酵液更能有效提高发酵品质。唐维新（2004）认为,紫花苜蓿青贮时每 100 mL 宜添加 2 g 葡萄糖。张新平等（2006）通过正交试验得出苜蓿青贮最佳组合是:苜蓿水分含量 71.2%,乳酸菌添加量 10^6 CFU/g,纤维素酶添加量 0.1 g/kg,葡萄糖添加量 20 g/kg。万里强等（2007）研究表明,糖类物质的添加浓度越高,乳酸数量就越多,氨态氮数量越低,最佳组合为乳酸菌 10^8 CFU/g、纤维素酶 0.1 g/kg 和葡萄糖 20 g/kg。李静（2007）也认为,添加乳酸菌和葡萄糖显著改善了各品种稻草的发酵品质和营养价值,其效果显著优于单独添加乳酸菌,因此建议在青贮时同时添加乳酸菌和糖类。陈明霞等（2011）研究表明,饲料稻经过葡萄糖和植物乳杆菌混合处理后,其 pH 值、乙酸和氨态氮含量降低,乳酸含量升高,青贮品质最佳。本研究结果表明,与对照处理相比,添加葡萄糖处理后王草青贮饲料乳酸含量升高,且乳酸占总酸的比例均在 70% 以上,而丁酸含量非常低,说明在整个发酵过程中以乳酸发酵为主;由 Flieg 氏评分结果也可以看出,添加葡萄糖能有效改善王草青贮品质,且以添加 20 g/kg 的葡萄糖效果最佳。

虽然人们普遍认为添加碳水化合物能提高青贮饲料的发酵品质,但关于添加碳水化合物对青贮饲料营养成分的影响却说法不一。董洁等（2009）在串叶松香草中添加蔗糖青贮,发现乳酸和可溶性糖含量提高,但粗蛋白质含量却低于对照组,且有丁酸存在;许庆方等（2009）在小黑麦中加入 2% 蔗糖进行青贮,发现氨态氮和丁酸含量较高;而焉石（2010）的研究结果显示,青贮玉米青贮后 NDF、ADF 含量有所提高。可见,添加碳水化合物后青贮饲料营养价值有所降低。但杨志刚（2002）认为在多花黑麦草青贮中添加葡萄糖对 NDF、ADF 的影响较小;彭海兰（2003）研究表明,在苜蓿中添加葡萄糖后,降低了青贮饲料中氨态氮和乙酸含量,提高了 WSC 含量;而李静（2007）研究表明,稻草添加乳酸菌和葡萄糖混合处理后,NDF、ADF 含量较乳酸菌单独处理明显降低,说明添加碳水化合物在一定程度上降低了纤维和氨态氮含量、提高了 WSC 含量,营养价值有所提高。本研究中,王草青贮前后其 DM、CP、NDF 和 ADF 含量变化不明显,较好地保存了王草的营养成分,其营养价值未遭到破坏,一定程度上能满足家畜在冬旱季节的饲料需要,在生产中应用前景广泛。

（四）结论

在王草中添加葡萄糖可显著提高其青贮发酵品质,主要营养成分含量变化不明显,未影响其营养价值。从改善王草青贮发酵品质和营养价值方面综合考虑,王草青贮中添加 20 g/kg 的葡萄糖效果最佳。

四、山梨酸对王草青贮品质及其营养成分的影响

王草是由象草和美洲狼尾草杂交育成（象草♀ × 美洲狼尾草♂）。1984 年由中国热带农业科学院热带牧草研究中心从国际热带农业中心（CIAT）引进,1998 年经过全国牧草品种审定委员会审定通过,定名为热研 4 号王草,该草喜潮湿的热带、亚热带气候,适应性强,抗性广,牧草产量高,是一种优质的热带多年生禾本科牧草（全国牧草品种审定委员会,1992；刘国道等,2002）。王草已报道的研究主要涉及栽培、刈割技术（陈勇等,2009）及其饲喂动物等方面（王东劲,1993）,而王草调制加工方面的研究较少,已报道的仅有马清河等（2011）、刘秦华等（2009）、Michelena 等（2002）通过添加纤维素酶、乳酸菌和有机酸来提高王草青贮饲料的发酵品质,但添加山梨酸处理的研究还未见报道。

山梨酸是一种不饱和脂肪酸,对酵母、霉菌和许多真菌具有抑制作用,是国际粮农组织和卫生组织推荐的高效安全的防腐保鲜剂,已广泛应用于人类食品、动物饲料、化妆品、医药等行业。研究表明山梨酸可改善青贮饲料微生物的有氧腐败,还可以减少青贮早期好氧性微生物对青贮饲料中可溶性碳水化合物的额外消耗,为乳酸菌繁殖提供更多的糖分,进而提高青贮发酵品质（Shao 等,2004；Kleinschmit 等,2005）。本试验通过将不同比例的山梨酸添加于王草中,研究它们对青贮发酵品质及营养成分含量的影响,以确定王草青贮时山梨酸最佳添加比例。

研究添加不同比例山梨酸对王草青贮发酵品质及营养成分的影响,以确定其适宜的添加量。试验设对照组（CK）和 5 个不同添加比

例处理组,添加量分别为 0.05%、0.1%、0.15%、0.2%、0.25%。结果表明:添加山梨酸能显著降低青贮饲料 pH 值($P<0.05$),提高乙酸、丙酸和总酸含量($P<0.05$),添加高于 0.1% 的山梨酸能显著提高乳酸含量($P<0.05$);添加山梨酸能显著提高粗蛋白(CP)含量($P<0.05$),但对干物质(DM)、中性洗涤纤维(NDF)、酸性洗涤纤维(ADF)和可溶性碳水化合物(WSC)含量无显著影响($P>0.05$)。结论:从改善王草青贮发酵品质和营养价值综合考虑,王草青贮时添加高于 0.15% 的山梨酸效果较好。

(一)材料与方法

1. 试验材料

试验材料为株高 2.0~2.4 m 的热研 4 号王草,试验地位于中国热带农业科学院热带作物品种资源研究所十队试验基地,东经 109° 30′,北纬 19° 30′,海拔 149 m,属热带季风气候,气候特点是夏秋季节高温多雨,冬春季节低温干旱,干湿季节分明;试验基地土壤为花岗岩发育而成的砖红壤土,土壤质地较差,无灌溉条件。添加剂:山梨酸(化学纯),国药集团化学试剂有限公司生产。

2. 试验设计

试验设 6 个处理:直接青贮(CK)、按原料重分别添加 5 个比例的山梨酸 0.05%、0.1%、0.15%、0.2%、0.25%,各 3 个重复。

3. 试验方法

(1)王草青贮调制

王草收割后,用全自动切段机切至约 20 mm,晾晒 4 h 后分别添加不同比例山梨酸,装入 500 mL 实验室青贮窖中,压实密封,常温下(约 25 ℃)贮藏 30 d。

(2)王草青贮饲料取样与测定

青贮饲料调制时取样,65 ℃经 48 h 烘干,粉碎后密封保存待测。制成的样品分析干物质(DM)、粗蛋白质(CP)、粗脂肪(EE)、中性洗涤纤维(NDF)、酸性洗涤纤维(ADF)、粗灰分(ASH)含量,其中 DM、CP、EE、NDF、ADF、ASH 的分析参照杨胜(1999)的方法。蒽酮-硫酸比色法测定水溶性碳水化合物含量(Owens,1999)。

（3）王草青贮饲料品质实验室评定

取青贮饲料样品 20 g，加入 80 mL 蒸馏水，在 4 ℃下浸泡 24 h，经双层滤纸过滤后静置 30 min，用雷磁 PHS-3C 精密 pH 计测定 pH 值。用高效液相色谱仪（岛津 LC-20A）测定乳酸、乙酸、丙酸、丁酸含量。分析条件：色谱柱（RSpak KC-811 昭和电气），岛津流动相为 3 mmol/L 高氯酸溶液，流速为 1 mL/min，柱温为 40 ℃，检测波长为 210 nm。

4. 数据分析

采用 SAS 9.0 软件和 Excel 2003 软件进行数据处理和统计分析，采用邓肯法对处理间平均数进行多重比较，显著水平为 $P<0.05$。

（二）结果与分析

1. 王草化学成分

本试验中王草干物质含量为 16.24%，粗蛋白含量为 9.28%，中性洗涤纤维含量为 66.83%，酸性洗涤纤维含量为 43.36%，水溶性碳水化合物含量为 4.59%。

2. 王草青贮饲料发酵品质

如表 3-13 所示，与对照组（CK）相比较，添加山梨酸处理能显著降低王草青贮饲料的 pH 值（$P<0.05$），其中添加 0.25% 处理 pH 值最低；添加 0.1% 处理乳酸含量显著低于其他处理，添加 0.15% 处理乳酸含量显著高于其他各组（$P<0.05$），表明添加一定比例山梨酸能有效增加王草青贮饲料乳酸含量；添加 0.15% 处理乙酸含量最高，显著高于其他各组（$P<0.05$），对照组乙酸含量最低；添加山梨酸处理丙酸含量显著高于 CK（$P<0.05$），添加 0.15% 处理丙酸含量最高；本试验中王草青贮饲料丁酸含量都较低，添加 0.15% 处理丁酸含量最高，添加 0.25% 处理丁酸含量显著低于其他处理（$P<0.05$）；总酸含量添加山梨酸处理各组均显著高于对照组，添加 0.15% 处理最高且显著高于其他处理（$P<0.05$）。

表 3-13　不同处理王草青贮饲料发酵品质

处理	pH 值	乳酸	乙酸	丙酸	丁酸	总酸
CK	4.64[a]	3.63[bc]	1.23[d]	0.59[c]	0.16[a]	5.62[d]
0.05%	4.34[b]	3.09[c]	1.80[c]	2.38[a]	0.08[b]	7.36[c]

处理	pH 值	乳酸	乙酸	丙酸	丁酸	总酸
0.1%	4.43[b]	2.46[d]	1.69[cd]	1.83[b]	0.14[a]	6.12[d]
0.15%	4.06[c]	6.09[a]	3.04[a]	2.46[a]	0.17[a]	11.75[a]
0.2%	4.02[c]	4.05[b]	1.96[c]	2.30[a]	0.08[b]	8.39[b]
0.25%	3.89[cd]	3.93[b]	2.31[b]	1.75[b]	0.02[c]	8.02[b]

注：同列不同字母表示差异显著（$P<0.05$）。

3. 王草青贮饲料 Flieg 氏评分

王草青贮饲料 Flieg 氏评分结果见表 3-14，包括对照在内的各处理评分均在 80 以上，等级属于"很好"。添加山梨酸处理各组评分有一定差异，其中添加 0.2% 山梨酸处理评分最高，表明王草晾晒后直接青贮或添加一定比例的山梨酸处理均可获得优质青贮饲料。

表 3-14　王草青贮饲料 Flieg 氏评分

处理	乳酸	乙酸	丁酸	总分	等级
CK	20.5	16	50	86.5	很好
0.05%	11	22	50	83	很好
0.1%	10	21	50	81	很好
0.15%	16	22	50	83	很好
0.2%	15	23	50	88	很好
0.25%	15	20	50	85	很好

4. 王草青贮饲料营养成分

如表 3-15 所示，添加山梨酸处理对王草青贮饲料干物质含量影响较小，干物质含量均未达到显著差异（$P>0.05$）；添加山梨酸处理提高了 CP 含量，各处理均显著高于对照组（$P<0.05$）；添加山梨酸处理与对照组相比，ADF 含量无显著差异（$P>0.05$）；添加山梨酸处理影响 NDF 含量（$P>0.05$），其中添加 0.2% 山梨酸处理 NDF 含量最低，添加 0.15% 山梨酸处理含量最高；对照组 WSC 含量最高，但与添加山梨酸处理相比较并未达到显著差异水平（$P>0.05$），添加 0.15% 山梨酸处理含量最低。

表 3-15　不同处理王草营养成分

处理	干物质	粗蛋白质	酸性洗涤纤维	中性洗涤纤维	可溶性碳水化合物
CK	23.08[ab]	8.23[b]	46.85[a]	65.71[a]	3.85[a]
0.05%	26.87[a]	9.04[a]	47.62[a]	65.22[a]	3.11[ab]
0.1%	26.63[a]	9.11[a]	45.53[a]	62.51[ab]	3.23[ab]
0.15%	21.34[b]	8.96[a]	46.56[a]	68.76[a]	2.99[ab]
0.2%	20.85[b]	8.85[a]	46.87[a]	61.32[ab]	3.60[a]
0.25%	22.49[ab]	8.87[a]	44.71[a]	66.89[a]	2.89[ab]

注：同列不同字母表示差异显著（$P<0.05$）。

（三）讨论

本研究中，添加山梨酸后降低了王草青贮饲料 pH 值，提高了乳酸、乙酸、丙酸和总酸含量，一定程度上改善了其青贮品质。张增欣等（2009）研究表明，多花黑麦草添加山梨酸青贮后可显著降低 pH 值、丁酸含量，显著提高干物质含量，与本研究结果相似。但添加山梨酸对乳酸、乙酸及丙酸含量无显著影响，与本研究结果有所不同，可能是两种青贮材料的发酵类型差异造成的。本研究中虽然总酸含量显著高于对照，但乙酸和丙酸含量较高，尤其是丙酸含量已经接近乙酸含量，其发酵类型应以异型发酵为主；而张增欣等报道的多花黑麦草青贮饲料中乙酸、丙酸含量较低，且丙酸含量远低于乙酸含量，应以同型发酵为主。两者发酵类型不同可能导致乳酸和有机酸含量的差异。Shao 等（2003，2007）通过添加 0.1% 山梨酸处理冷季型牧草燕麦、多花黑麦草后，显著降低了 2 种青贮饲料的 pH 值以及乙醇、乙酸、挥发性脂肪酸含量，明显提高了其青贮品质。

通过 Flieg 氏评分比较，本研究中添加山梨酸与对照组评分并无明显差异，主要原因可能是添加山梨酸后青贮饲料中丙酸含量较高，导致总酸含量较高，进而降低了乳酸、乙酸占总酸的比例，一定程度上影响了评分结果。本研究中各处理评分等级均在"很好"以上，属于优质青贮饲料。另外据报道，一定含量的丙酸能有效地提高青贮的有氧稳定性，抑制酵母菌的生长，进而延长青贮饲料开封后的使用时间，但添加山梨酸后丙酸含量增加及其机理还需进一步研究（Kung 等，2003；

Kleinschmit 等,2005)。

通过对王草青贮饲料营养成分分析发现,添加山梨酸后提高了粗蛋白含量且达到显著水平,但其对干物质含量及其他营养成分含量均未有显著影响。已报道的研究结果均表明添加山梨酸后降低了氨态氮与总氮的比值,降低了饲料中蛋白质的损耗,可能与山梨酸抑制了酵母菌、霉菌的生长作用有关。

(四)结论

王草青贮添加山梨酸处理后具有较好的青贮发酵品质,且未损失主要营养成分,提高了粗蛋白含量,从改善王草青贮发酵品质和营养价值综合考虑,王草青贮时添加高于 0.15% 的山梨酸效果较好。

五、纤维素酶对王草青贮品质及其碳水化合物含量的影响

王草系多年生禾本科狼尾草属品种,是由象草和美洲狼尾草杂交育成(象草♀ × 美洲狼尾草♂),是一种优质的热带多年生禾本科牧草。1984 年由中国热带农业科学院热带牧草研究中心从哥伦比亚国际热带农业中心(CIAT)引进,1998 年经过全国牧草品种审定委员会审定通过,定名为热研 4 号王草,经多年试验和生产推广应用证明,该草喜潮湿的热带、亚热带气候,适应性强,抗性广,牧草产量高。王草的栽培、刈割技术与生物产量及其饲喂动物等研究已经较为深入,而王草青贮方面的研究较少,已报道的有刘秦华、Michelena 等通过添加乳酸菌和添加甲酸、丙酸来提高王草青贮饲料的发酵品质。

酶制剂作为一种生物活性物质添加剂用于青贮饲料生产来提高青贮饲料的营养价值与品质已引起广泛的关注,其中又以纤维素酶应用较多。纤维素酶不仅可降解纤维素、半纤维素,释放水溶性碳水化合物,增加乳酸菌发酵所需底物含量,而且能消耗青贮窖内的氧气,尽快形成厌氧环境,减少由于呼吸与好氧性微生物作用所造成的水溶性碳水化合物损失。因此,在粗饲料青贮中添加纤维素酶制剂能有效提高其营养价值,已成为当前动物营养学研究中的一个热点。本试验通过将不同比例的纤维素酶添加于王草中,研究它们对青贮发酵品质及营养成分含量的影响,以确定王草青贮时纤维素酶最佳添加比例。

（一）材料与方法

1. 试验材料

试验材料为株高 2.0～2.4 m 的热研 4 号王草,试验地位于中国热带农业科学院热带作物品种资源研究所十队试验基地,东经 109°30′,北纬 19°30′,海拔 149 m,属热带季风气候,气候特点是夏秋季节高温多雨,冬春季节低温干旱,干湿季节分明;试验基地土壤为花岗岩发育而成的砖红壤土,土壤质地较差,无灌溉条件。添加剂:纤维素酶(酶活力 ≥ 150 000 U/g),国药集团化学试剂有限公司生产。

2. 试验设计

试验设 6 个处理:直接青贮(CK),按原料重分别添加 5 个比例的纤维素酶(E1)0.05 g/kg,(E2)0.1 g/kg,(E3)0.15 g/kg,(E4)0.2 g/kg,(E5)0.25 g/kg,各 3 个重复。

3. 试验方法

（1）王草青贮调制

王草收割后,用全自动切段机切至约 20 mm,晾晒 4 h 后(干物质含量为 23%)分别添加不同比例纤维素酶,装入 500 mL 广口瓶中,压实密封,常温下(约 25 ℃)贮藏 30 d。

（2）王草青贮饲料取样与测定

青贮饲料调制前和开封后分别取样,65℃经 48 h 烘干,粉碎后密封保存待测。制成的样品分析干物质(DM)、中性洗涤纤维(NDF)、酸性洗涤纤维(ADF),其中 DM、NDF、ADF 的分析参照杨胜的方法(杨胜,1999)。采用蒽酮 – 硫酸比色法测定水溶性碳水化合物含量。

（3）王草青贮饲料品质实验室评定

取青贮饲料样品 20 g,加入 80 mL 蒸馏水,在 4℃下浸泡 24 h,经双层滤纸过滤后静置 0.5 h,用雷磁 PHS-3C 精密 pH 计测定 pH 值。用高效液相色谱仪(岛津 LC-20A)测定乳酸、乙酸、丙酸、丁酸含量。分析条件:色谱柱(RSpak KC-811 昭和电气),岛津流动相为 3 mmol/L 高氯酸溶液,流速 1 mL/min,柱温为 40℃,检测波长为 210 nm。

4. 青贮饲料 Flieg 氏评分

Fileg 氏评分法是以青贮饲料中的 3 种主要有机酸——乳酸、醋酸、丁酸的比例为基础进行评分的，Fileg 氏评分法只适用于常规青贮的鉴定。青贮饲料品质根据这一评分标准分为 5 个等级：81～100 分为优；61～80 分为良；41～60 分为可；21～40 分为中；0～20 分为劣。

5. 数据分析

采用 SAS 9.0 软件包和 Excel 2003 软件进行数据处理和统计分析，采用邓肯法对处理间平均数进行多重比较。

（二）结果与分析

1. 王草化学成分

本试验中王草干物质含量为 16.24%，中性洗涤纤维含量为 66.83%，酸性洗涤纤维含量为 43.36%，水溶性碳水化合物含量为 4.59%。

2. 王草青贮饲料发酵品质

如表 3-16 所示，与对照组相比较，添加纤维素酶能显著降低王草青贮饲料的 pH 值，其中 E4 组 pH 值最低，显著低于其他酶处理；E4 组乳酸含量显著高于其他各组，CK 与 E1 处理显著低于其他处理，两者间无显著差异，表明添加纤维素酶能有效增加王草青贮饲料乳酸含量；乙酸含量 E4 组最高，显著高于其他各组，E1 组乙酸含量最低；丙酸含量 CK 与 E1 处理显著高于其他处理，E5 处理含量最低；王草青贮饲料丁酸含量都较低，对照组含量最高，各处理间无显著差异；总酸含量 E4 显著高于其他处理，E1 处理最低。

表 3-16　不同处理王草青贮饲料发酵品质

处理	pH 值	乳酸 /%	乙酸 /%	丙酸 /%	丁酸 /%	总酸 /%
CK	4.64^a	3.630^d	1.231^b	0.593^a	0.161^a	5.62^c
E1	4.04b^c	3.636^d	1.103^b	0.526^a	0.025^a	5.29^d
E2	4.11^b	4.273^c	1.262^b	0.391^b	0.022^a	5.95^{bc}
E3	3.92^c	5.012^b	1.555^b	0.293^{bc}	0.067^a	6.93^b
E4	3.80^d	6.002^a	1.735^a	0.304^{bc}	0.002^a	8.04^a
E5	4.02^{bc}	4.519^{bc}	1.592^b	0.269^c	0.019^a	6.40^b

注：同列不同字母表示差异显著（$P<0.05$）。

3. 王草青贮饲料评分

王草青贮饲料 Flieg 氏评分结果见表 3-17,包括对照在内的各处理评分均为优等(80 以上),表明王草控制水分含量后可以直接青贮;添加纤维素酶处理各组评分均高于对照,其中 E4 处理评分最高,表明添加纤维素酶能提高王草青贮品质。

表 3-17　王草青贮饲料 Flieg 氏青贮评分

处理	乳酸	乙酸	丁酸	总分	等级
CK	20.5	16	50	86.5	优
E1	24	17	50	91	优
E2	26	17	50	93	优
E3	26.5	16.5	50	93	优
E4	29	17	50	96	优
E5	24.5	14.5	50	89	优

4. 王草青贮饲料营养成分

如表 3-18 所示,添加纤维素酶显著提高了王草青贮饲料干物质含量,其中 E5 处理最高,对照组最低;添加纤维素酶显著降低了 ADF 含量,E4 处理显著低于其他处理;添加纤维素酶降低了 NDF 含量,但各处理间差异不明显;E4 处理 WSC 含量最高,对照组 WSC 含量显著低于其他处理。

表 3-18　不同处理王草碳水化合物含量

处理	DM/%	ADF/%	NDF/%	WSC/%
CK	23.09[d]	46.85[a]	65.71[a]	3.64[c]
E1	27.19[bc]	41.61[b]	64.89[a]	3.85[bc]
E2	35.71[ab]	42.28[b]	62.95[a]	4.52[ab]
E3	32.08[b]	42.75[b]	63.25[a]	4.49[ab]
E4	30.28[b]	38.65[c]	63.18[a]	5.07[a]
E5	40.48[a]	39.86[b]	64.04[a]	4.90[a]

注:同列不同字母表示差异显著(*P*<0.05)。

（三）讨论

常规青贮时，原料中的水分含量应为65%~75%，WSC含量应不低于鲜重的3%。本试验中王草WSC含量为4.59%，但由于其干物质只有16.24%，经过晾晒后干物质含量上升到23%，但WSC含量仍未达到3%，因此调制优质青贮饲料需添加青贮添加剂。

与对照相比，添加纤维素酶处理后王草青贮饲料的pH值均在4.0左右，并且乳酸占总酸量中的比例均在70%以上，丁酸含量非常低，说明在整个发酵过程中以乳酸发酵为主，由Flieg氏评分结果可以说明添加纤维素酶能有效改善王草青贮品质。对照组的Flieg氏评分也属于优等（86.5分），但pH值偏高（4.64），不能有效抑制酵母菌、梭菌等有害菌的生长，不利于青贮饲料的保存，进而会影响青贮饲料的品质。对于纤维素酶，许多研究者都认为其与对照组相比能够降低青贮pH值，增加乳酸含量；Yu等报道，细胞降解酶可以控制意大利黑麦草（*Lolium multiflorum* La.）与三叶草（*Trifolium repens* L.）青贮的pH值，增加乳酸含量。

与对照相比，添加纤维素酶处理后王草青贮饲料干物质含量显著提高；显著降低了ADF含量，NDF含量也有所降低，但未达到显著水平；显著提高了WSC含量。纤维素酶能降解青贮原料的结构性碳水化合物为单糖或双糖，为乳酸发酵提供更多可利用的底物。糖类的增加在青贮早期可加速乳酸菌的繁殖，使青贮饲料pH值快速降低，可以减少青贮早期植物呼吸作用对糖的氧化和蛋白质的水解。王安等研究表明，纤维素酶处理组WSC含量高于对照组，发酵品质较好。Colombatto等发现，添加纤维性酶制剂在显著降低玉米青贮料的pH值的同时，也降低了酸性洗涤纤维（ADF）和中性洗涤纤维（NDF）的含量，提高玉米青贮料的营养价值。赵国琦等（2003）研究表明，纤维素酶能显著提高大黍青贮料细胞内容物含量与乳酸含量，降低青贮的NDF与ADF。

（四）小结

在王草中添加纤维素酶可以显著提高其青贮发酵品质，降低ADF、NDF含量，提高WSC含量。因此，从改善王草青贮发酵品质和营养价值方面综合考虑，在王草青贮中添加0.2 g/kg的纤维素酶效果最好。

六、添加乳酸菌和纤维素酶对王草青贮品质和瘤胃降解率的影响

热研 4 号王草是我国主要热带牧草品种之一,茎叶柔嫩多汁、适口性好、饲用价值高、生物量大,是南方热带地区草食畜牧业发展的重要生产资料,王草的大面积推广利用可以有效缓解南方热区优质饲草短缺的难题。南方热区雨热同期、高温高湿,干草调制困难,通过青贮贮藏多余王草,对均衡家畜全年饲料供应具有重要意义。青贮发酵进程的启动需要一定数量的乳酸菌,然而植物本身附着的乳酸菌较少,直接青贮品质欠佳,通过添加外源乳酸菌促进青贮发酵,改善青贮品质的研究已有较多的报道。另外,热带牧草通常含有较多结构性多糖,纤维含量高,直接青贮难以调制优质青贮饲料,添加乳酸菌和纤维素酶则能明显改善青贮品质。青贮过程添加纤维水解酶可增加可溶性碳水化合物含量、改善青贮品质,对纤维成分含量高的低质粗饲料如秸秆、禾本科牧草青贮效果更好。另外,有报道称青贮可以改变饲草纤维结构,提高消化率,促进生产性能。

近年来王草青贮调制技术也有报道,研究发现,糖类、山梨酸等化学添加剂以及乳酸菌、绿汁发酵液等生物添加剂等均可以改善青贮品质。但是添加乳酸菌与纤维素酶对王草青贮品质、营养成分以及瘤胃降解率有何影响报道较少。因此,本研究采用添加乳酸菌、纤维素酶以及混合添加处理,对王草青贮饲料发酵品质及其瘤胃降解率进行研究,为王草的加工调制提供理论依据。

(一)材料与方法

1.试验材料

热研 4 号王草作为本试验的青贮原料,化学成分如表 3-19 所示。乳酸菌:植物乳杆菌(*Lactobacillus plantarum*,LP)、鼠李糖乳杆菌(*Lactobacillus Rhamnosus*,LR),活菌数 $\geq 1 \times 10^{10}$ CFU/g,由日本国际农林水产研究中心蔡义民研究员惠赠;纤维素酶(Cellulase,CE),酶活力 $\geq 15\,000$ U/g,购自国药集团化学试剂有限公司。

表 3-19　王草的化学成分(干物质基础)

干物质	粗蛋白	中性洗涤纤维	酸性洗涤纤维	饲料相对值
21.54	8.29	63.57	44.61	79.24

注:营养成分均为实测值。

2. 青贮调制及样品制备

刈割株高约 180 cm 的营养期王草,用铡草机切成约 2 cm 备用。设 6 个处理,对照组(CK)直接青贮,试验组分别添加植物乳杆菌(LP 组)、添加鼠李糖乳杆菌(LR 组),添加纤维素酶(CE 组)、混合添加(LP+CE 组)、混合添加(LR+CE 组),共 6 组,每组 3 个重复。2 种乳酸菌添加量均为 5 mg/kg,即 1.0×10^5 CFU/g(鲜重),纤维素酶为 20 mg/kg(鲜重),原料和添加剂混匀装入青贮袋中,抽真空后室温保存。30 d 开封后取出 10 g 草样,放入锥形瓶中,再加入 90 mL 去离子水,置于 4 ℃冰箱中保存 24 h,用双层滤纸过滤于 50 mL 离心管中,最后将滤液存放在 4 ℃冰箱中,用于检测 pH 和乳酸、有机酸。剩余的草样放在 65 ℃烘箱中烘干 48 h 后粉碎保存。

3. 青贮饲料指标测定

(1)营养成分测定

取出烘干的草样,称重干物质(DM)含量,分析粗蛋白(CP)、中性洗涤纤维(NDF)和酸性洗涤纤维(ADF)。饲料相对值(RFV)是由美国牧草草地理事会饲草分析小组委员会提出粗饲料质量评定指数,计算公式参照文献(Rohweder D. A.et al.,1978)。

(2)青贮品质分析

前期处理的滤液取出静置 30 min,用雷磁 PHS-3C 精密 pH 计测 pH 值,乳酸等有机酸含量用高效液相色谱仪(岛津 LC-20A)测定,分析条件参考文献(李茂等,2014;Li M. et al.,2017)。

(3)青贮饲料 Flieg 氏评分

以乳酸、乙酸及丁酸的含量占总酸之比来表示青贮品质高低。很好:81 ~ 100 分;好:61 ~ 80 分;合格:41 ~ 60 分;失败:0 ~ 20 分。

(4)瘤胃降解率

根据李茂等(2011)的方法测定瘤胃降解率。选用 3 只体重约 20 kg、装有永久瘤胃瘘管的海南黑山羊,试验于 2018 年 4 ~7 月在中国热带农业科学院热带作物品种资源研究所畜牧试验基地进行,预试期 10 d。试验羊单圈饲养,饲喂由精料和新鲜王草组成的基础日粮,每天 8:00 和 15:00 分 2 次饲喂,自由饮水。精料组成及营养成分见表 3-20 和表 3-21。尼龙袋大小为 5 cm×10 cm,标号并称重。称取样品 5 g 左右放入尼龙袋中,每个样品 3 个重复。于清晨饲喂前放入尼龙袋,分别在 72 h 后从瘤胃中取出,立即用自来水冲洗尼龙袋,直至水清为止。再将尼龙袋放入 65 ℃烘箱内,烘干至恒重,测定营养上述成分。

72 h 营养成分降解率(%)=[(降解前样品营养成分含量 – 样品降解后营养成分含量)/ 降解前样品营养成分含量]×100%

表 3-20　精料组成(干物质基础)

原料组成	含量 /%
玉米	67.00
豆粕	12.00
麸皮	4.00
酵母	10.00
植物油	1.00
食盐	1.40
贝壳粉	0.10
小苏打	0.50
预混料[①]	4.00
合计	100

注:预混料为每千克饲粮提供维生素 A 15 000 IU,维生素 D 5 000 IU,维生素 E 50 mg,铁 9 mg,铜 12.5 mg,锌 100 mg,锰 130 mg,硒 0.3 mg,碘 1.5 mg,钴 0.5 mg。

表 3-21　营养成分

营养成分	含量
消化能 /（MJ·kg^{-1}）	13.34[a]
CP/%	16.80[b]
EE/%	4.95[b]
ADF/%	4.15[b]
NDF/%	10.19[b]
钙 /%	0.64[b]
磷 /%	0.11[b]

注:a 为计算值,b 为实测值。

4. 数据统计分析

采用 SAS 9.0 软件和 Excel 2007 软件进行数据处理和统计分析，所有指标均采用单因素邓肯法分析，$P<0.05$ 表示差异显著，结果表示为平均值 ± 标准差。

（二）结果

1. 王草青贮饲料发酵品质

由表 3-22 可知，与对照组相比，添加剂处理组的 pH 值显著降低（$P<0.05$）。添加剂处理组乳酸含量显著高于对照组（$P<0.05$），其中混合添加处理组显著高于单独添加组（$P<0.05$）。对照组的乙酸含量高于添加剂处理组，LP + CE 组乙酸的含量最低（1.52%）。3 个纤维素酶处理组的丙酸含量显著高于对照组和乳酸菌处理组。与对照组相比，添加剂处理组中丁酸的含量显著降低（$P<0.05$），其中混合添加处理组未检出丁酸。添加剂处理组中总酸的含量显著提高（$P<0.05$），其中 LR+ CE 组含量最高（$P<0.05$）。与对照组相比，添加剂处理组中的氨态氮含量显著降低（$P<0.05$），混合添加处理组显著低于单独添加组（$P<0.05$）。综上所述，添加乳酸菌和纤维素酶处理，能明显降低王草青贮饲料的 pH 值，减少丁酸和氨态氮的含量，增加乳酸、总酸的含量，提高了王草青贮品质，混合添加效果较好。

表 3-22　王草青贮饲料发酵品质

处理	pH 值	乳酸 /%	乙酸 /%	丙酸 /%	丁酸 /%	总酸 /%	氨态氮 /%
CK	4.88 ± 0.48ᵃ	3.55 ± 0.23ᶜ	2.10 ± 0.29ᵃ	0.38 ± 0.06ᵇ	0.26 ± 0.03ᵃ	6.49 ± 0.38ᶜ	4.33 ± 0.50ᵃ
LP	4.12 ± 0.19ᵇ	4.78 ± 0.45ᵇ	1.86 ± 0.27ᵃ	0.34 ± 0.07ᶜ	0.09 ± 0.02ᵇ	7.20 ± 0.27ᵇ	4.08 ± 0.38ᵇ
LR	4.23 ± 0.08ᵇ	4.62 ± 0.28ᵇ	1.77 ± 0.22ᵇ	0.32 ± 0.02ᶜ	0.08 ± 0.01ᵇ	6.97 ± 0.32ᵇ	4.14 ± 0.19ᵇ
CE	4.30 ± 0.36ᵇ	4.44 ± 0.34ᵇ	1.89 ± 0.18ᵃ	0.44 ± 0.06ᵃ	0.08 ± 0.02ᵇ	7.08 ± 0.49ᵇ	3.88 ± 0.23ᵇ
LP+ CE	3.94 ± 0.15ᵇ	5.20 ± 0.16ᵃ	1.52 ± 0.14ᶜ	0.42 ± 0.05ᵃ	0.00 ± 0.00ᶜ	7.24 ± 0.61ᵇ	3.19 ± 0.35ᶜ
LR+ CE	4.08 ± 0.27ᵇ	5.39 ± 0.24ᵃ	1.65 ± 0.28ᵇ	0.45 ± 0.04ᵃ	0.00 ± 0.00ᶜ	7.58 ± 0.53ᵃ	3.05 ± 0.14ᶜ

注：同列不同小写字母表示差异显著（$P<0.05$）；相同字母或无字母标注表示差异不显著（$P>0.05$）。

2. 王草青贮饲料营养成分

王草青贮饲料营养成分见表 3-23,混合添加处理组 DM 含量显著高于对照组($P<0.05$)。各处理组间 CP 含量无显著差异($P>0.05$)。与对照组相比,添加剂处理组 ADF 的含量显著降低($P<0.05$),其中 CK 组 ADF 含量最高(42.85%),LR+CE 组 ADF 含量最低(37.41%)。添加剂处理组的 NDF 的含量显著低于对照组($P<0.05$),其中 LR + CE 组显著低于其他添加剂处理组($P<0.05$)。添加剂处理组与对照组相比,显著提高了王草青贮饲料 RFV ($P<0.05$)。与对照组相比,添加剂处理组一定程度上提高了 DM 含量,降低了纤维成分含量,提高了 RFV,提高了王草饲用价值。

表 3-23　王草青贮饲料营养成分含量(干物质基础)

处理	DM	CP	ADF	NDF	RFV
CK	23.02 ± 1.35^b	8.25 ± 0.38^a	42.85 ± 7.03^a	61.71 ± 7.46^a	83.69 ± 7.85^b
LP	23.28 ± 2.82^b	8.31 ± 0.70^a	38.65 ± 8.37^{bc}	52.78 ± 8.72^b	103.62 ± 6.37^a
LR	23.36 ± 2.97^b	8.36 ± 0.41^a	37.74 ± 7.85^c	53.96 ± 5.33^b	102.57 ± 8.38^a
CE	23.31 ± 2.92^b	8.40 ± 0.18^a	39.06 ± 5.31^b	53.71 ± 6.02^b	101.27 ± 4.22^a
LP+ CE	24.23 ± 1.90^a	8.35 ± 0.59^a	38.56 ± 6.10^b	53.26 ± 5.41^b	104.77 ± 8.10^a
LR+ CE	24.05 ± 1.83^a	8.34 ± 5.78^a	37.41 ± 4.18^d	51.47 ± 2.58^c	108.00 ± 7.31^a

注: 同列不同小写字母表示差异显著($P<0.05$);相同字母或无字母标注表示差异不显著($P>0.05$)。

3. 王草青贮饲料 Flieg 氏青贮评分

王草青贮 Flieg 氏青贮评分见表 3-24,对照组与纤维素酶处理组分数较低,总分分别是 68 和 78 分,但青贮品质仍属于等级"好"。两个乳酸菌处理组总分相近,分别为 84 和 83 分,两个混合添加处理组分数相同(92 分),这 4 组的等级为"很好",说明添加乳酸菌能明显改善王草青贮品质,其中乳酸菌和纤维素酶混合添加青贮品质最好。

表 3-24　王草青贮饲料 Flieg 氏青贮评分

处理	乳酸	乙酸	丁酸	总分	等级
CK	18	18	32	68	好
LP	24	22	38	84	很好
LR	24	22	37	83	很好
CE	22	21	35	78	好
LP+ CE	25	24	43	92	很好
LR+ CE	25	24	43	92	很好

4. 王草青贮饲料 72 h 瘤胃降解率

王草青贮饲料 72 h 瘤胃降解率见表 3-25，添加剂处理组 DM 瘤胃降解率显著高于对照组（$P<0.05$），混合添加处理组显著高于 LP 和 LR 组（$P<0.05$）。添加剂处理组 CP 瘤胃降解率显著高于对照组（$P<0.05$），混合添加处理组显著高于单独添加组（$P<0.05$）。添加剂处理组 ADF 和 NDF 瘤胃降解率显著高于对照组（$P<0.05$），混合添加处理组显著高于单独添加组（$P<0.05$）。LR+CE 组 DM、CP、ADF 和 NDF 瘤胃降解率均高于 LP+CE 组，但无显著差异（$P>0.05$）。

表 3-25　王草青贮饲料 72 h 瘤胃降解率

处理	DM	CP	ADF	NDF
CK	49.38 ± 6.53^c	52.23 ± 4.50^c	35.88 ± 5.48^c	39.96 ± 4.31^c
LP	53.94 ± 5.41^b	58.38 ± 5.31^b	37.65 ± 3.83^b	44.13 ± 5.21^b
LR	54.74 ± 6.50^b	59.12 ± 4.05^b	38.03 ± 4.25^b	43.81 ± 4.09^b
CE	58.07 ± 4.28^{ab}	60.88 ± 3.22^b	41.91 ± 5.14^b	47.87 ± 3.66^{ab}
LP+ CE	61.37 ± 4.18^a	66.15 ± 6.12^a	45.70 ± 6.02^a	50.24 ± 5.44^a
LR+ CE	62.25 ± 3.33^a	65.31 ± 5.34^a	46.14 ± 4.33^a	52.18 ± 6.73^a

注：同列不同小写字母表示差异显著（$P<0.05$）；相同字母或无字母标注表示差异不显著（$P>0.05$）。

（三）讨论

1. 不同处理对王草青贮饲料发酵品质的影响

pH 值是衡量青贮发酵品质的重要指标,当 pH 值低于 4.2 时,可有效抑制杂菌,保存营养物质。本研究中,王草直接青贮 pH 值为 4.88,发酵品质较差,添加乳酸菌处理后 pH 值显著降低,刘秦华等（2011）报道了相近结果,略高于绿汁发酵液处理王草的 pH 值,说明乳酸菌的来源和种类会影响青贮效果。添加纤维素酶处理显著降低王草 pH 值,略高于马清河等（2011）报道的纤维素酶处理王草的 pH 值,可能与纤维素酶活力以及原料特性差异有关。pH 值并非评判青贮饲料的唯一指标,发酵品质的好坏还应综合考虑乳酸、挥发性脂肪酸和氨态氮等多种因素。一般来说,优质青贮饲料应具备的条件是 pH 值较低、乳酸含量高,较少的乙酸和丙酸,极少量丁酸,氨态氮含量较低。本研究中王草直接青贮品质较差。而添加乳酸菌和纤维素酶处理后乳酸含量高,降低了乙酸、丙酸、丁酸和氨态氮含量,明显提高了青贮发酵品质,与玉米秸秆青贮中添加乳酸菌改善青贮发酵品质的结果一致。饲草直接青贮的不利因素就是乳酸菌含量较少,青贮开始阶段乳酸菌发酵缓慢,腐烂菌等有害微生物活跃,影响青贮发酵品质。添加乳酸菌能增加青贮初期乳酸菌数量,促进乳酸产生,降低 pH 值,抑制不良菌群活动,改善青贮饲料品质等作用。添加纤维素酶是分解植物细胞壁、增加能被乳酸菌利用的发酵底物,促进乳酸菌繁殖,产生更多的乳酸,促进了乳酸发酵。但是并非所有添加乳酸菌青贮都能改善青贮品质,任海伟等（2018）报道,约有40% 的乳酸菌不能降低 pH 值、提高乳酸含量,这可能是青贮原料养分不足、贮存温度以及乳酸菌种类和接种量等多方面的因素差异所致。因此,有必要针对特定的青贮原料和乳酸菌进行青贮验证,提出适宜的青贮调制方法。

2. 不同处理对王草青贮饲料营养成分的影响

本研究中,添加乳酸菌、纤维素酶的不同处理组 CP 含量高于对照组,与前期的研究结果吻合,即王草添加绿汁发酵液和纤维素酶青贮后,粗蛋白含量提高,纤维成分含量降低。添加乳酸菌能在一定程度上减少营养物质的损失。CP 含量的高低是决定饲草营养价值高低的重要标准,CP 含量越高,牧草的营养价值越好。据报道,皇竹草添加乳酸菌青贮,可减少蛋白质的损失,有效保存营养成分。纤维是影响家畜对饲草的消化率的重要因素,纤维含量越高,家畜消化饲料的程度越低;反之,则越容易被消化。本研究中,添加乳酸菌和纤维素酶处理组,ADF 和 NDF 的含量显著低于对照组,饲料相对值明显提高。这一现象与已报道的在羊草、柱花草和象草中的研究结果没有明显的差异,是乳酸菌及其产生的多种酶以及添加的纤维素酶对纤维结构破坏的综合结果。因此,添加乳酸菌和纤维素酶是对纤维含量较高的原料的有效青贮处理方式。

3. 不同处理对王草青贮饲料瘤胃降解率的影响

本研究中,添加乳酸菌、纤维素酶处理均能提高王草瘤胃降解率。微生物发酵可以改变饲草原料细胞壁的微观结构,破解纤维素之间的碳链使纤维结构疏松,有利于瘤胃微生物附着并产生消化酶,促进的纤维成分快速降解,同时也有利于被木质化成分包被的营养成分释放,提高营养物质的瘤胃降解率。据报道,柱花草、玉米秸秆、水稻秸秆通过微生物青贮发酵均能显著提高瘤胃降解率。上述研究说明青贮是提高粗饲料瘤胃降解率的有效方法,可以在秸秆、纤维含量较高的牧草中推广应用。

(四)结论

王草青贮时添加乳酸菌和纤维素酶,能改善青贮品质,降低纤维成分含量,提高 RFV;提高主要营养成分 72 h 瘤胃降解率。LR(5 mg/kg)与 CE(20 mg/kg)混合添加效果最好。

七、不同处理对王草青贮品质及其体外消化率的影响

王草系多年生禾本科狼尾草属品种,是由象草和美洲狼尾草杂交育成(象草♀ × 美洲狼尾草♂),是一种优质的热带多年生禾本科牧草。王草的栽培、刈割技术与生物产量及其饲喂动物等研究已经较为深入,而王草青贮方面的研究较少,添加乳酸菌、甲酸、丙酸或者纤维素酶可以提高王草的发酵品质。添加乳酸菌、纤维素酶虽然能明显改善青贮品质,但由于对操作环境和操作人员的要求较高,在生产应用中受到

限制,常规添加剂青贮操作相对简单且能进行大规模青贮,生产潜力巨大。本试验研究了晾晒(调节水分含量)和添加蔗糖、甲酸、粗饲料降解剂等处理对王草青贮品质及其体外产气的影响,为研究王草适宜的青贮条件提供了理论依据。

(一)材料与方法

1. 试验材料

试验材料为株高2.0～2.4 m的热研4号王草,试验地位于中国热带农业科学院热带作物品种资源研究所十队试验基地,东经109°30′,北纬19°30′,海拔149 m,属热带季风气候,气候特点是夏秋季节高温多雨,冬春季节低温干旱,干湿季节分明;试验基地土壤为花岗岩发育而成的砖红壤土,土壤质地较差,无灌溉条件。添加剂分别为蔗糖、甲酸和粗饲料降解剂。蔗糖、甲酸为分析纯,粗饲料降解剂为江西圣宇畜牧公司生产,主要成分为复合酶制剂和益生菌(β-葡聚糖酶≥150 μm)

2. 试验设计

试验设6个处理(处理编号对照表见表3-26):新鲜王草直接青贮,半干王草直接青贮,半干王草分别添加粗饲料降解剂、甲酸、蔗糖,各3个重复。

表3-26 处理标号对照表

处理编号	处理
1	鲜草
2	半干
3	半干+降解剂6%
4	半干+降解剂3%
5	半干+蔗糖2%
6	半干+甲酸2%

3. 试验方法

(1)王草青贮调制

王草收割后,用全自动切段机切至约30 mm,部分直接青贮,其余晾晒 4 h 后分别经不同添加剂（或无添加剂）处理，装入 25 kg 塑料桶重，压实密封，常温下（约 25 ℃）贮藏 40 d。

（2）王草青贮饲料取样与测定

青贮饲料调制时取样，65 ℃经 48 h 烘干，粉碎后密封保存待测。制成的样品分析干物质（DM）、粗蛋白质（CP）、粗脂肪（EE）、中性洗涤纤维（NDF）、酸性洗涤纤维（ADF）、粗灰分（Ash）含量，其中 DM、CP、EE、NDF、ADF、Ash 的分析参照杨胜（1999）的方法。采用蒽酮－硫酸比色法测定水溶性碳水化合物含量。

（3）王草青贮品质感官评定

按照 1996 年农业部下发的《青贮饲料质量评定标准》，开封时应对全株玉米青贮饲料的水分含量、色泽、气味和质地等感官指标评定，并测定 pH 值，然后进行评分。

（4）王草青贮饲料品质实验室评定

感官评定后，取青贮饲料样品 20 g，加入 80 mL 蒸馏水，在 –4℃下浸泡 24 h，经双层滤纸过滤后静置 0.5 h，用雷磁 PHS-3C 精密 pH 计测定 pH 值。用 Waters 2695 型高效液相色谱测定乳酸、乙酸、丙酸、丁酸含量。分析条件：色谱柱为安捷伦 zobax c18 柱（250 mm × 5 mm，5 μm），流动相为 3 mmol/L 高氯酸溶液，流速为 1 mL/min，检测波长为 210 nm。根据全株玉米青贮饲料青贮前后质量与相应的 DM 含量，计算干物质回收率（DMR），公式如下：

DMR=[（青贮后青贮饲料质量 ×DM 含量）/（青贮前青贮饲料质量 ×DM 含量）]×100%

（5）体外产气试验

体外产气试验采用李茂（2012）的试验方法、试验步骤和培养液的配制方法。称取 0.2 g 饲料样品，倒入已知质量的宽 3 cm、长 5 cm 的尼龙袋中，绑紧后放入注射器前端。每一个注射器抽取晨饲海南黑山羊瘤胃液与缓冲液的混合物 30 mL，排净注射器中的空气，然后在 38 ℃的水浴摇床中培养。发酵开始后于 2 h、4 h、6 h、8 h、10 h、12 h、18 h、24 h、30 h、36 h、48 h、72 h、96 h 读取不同时间点的产气量。

体外干物质消化率计算公式：消化率（DM，%）=（样本质量 — 残渣质量）/ 样本质量 ×100%

4. 数据分析

采用 SAS 软件和 Excel 2003 软件进行数据处理和统计分析,差异显著性检验采用邓肯法。

(二)结果与分析

1. 王草化学成分

本试验中王草干物质含量为 16.24%,粗蛋白含量为 9.28%,粗脂肪含量为 2.39%,中性洗涤纤维含量为 66.83%,中性洗涤纤维含量为 43.36%,粗灰分含量为 10.85%,水溶性碳水化合物含量为 6.42%。已有的研究表明,植物鲜物质中 WSC 含量为 25~35 g/kg 是成功青贮的最小含量。由于王草干物质含量较低,水溶性碳水化合物可能是王草青贮的主要限制因素。

2. 不同处理对王草青贮饲料感官评定的影响

从感官评定上来看,王草青贮饲料无论是对照还是添加剂处理,从色泽、气味、质地及 pH 值来综合评定,绝大多数属良好青贮饲料(表3-27)。

表 3-27　王草青贮感官评定

处理	气味	色泽	质地	pH 值	水分	总分	等级
1	19	18	9	15	6	67	良好
2	21.5	18.5	8.5	18.5	6.5	73.5	良好
3	21	18	9.5	18.5	9	76	优等
4	19.5	19	9.5	20	7	75	良好
5	22	19.5	10	23	17.5	92	优等
6	19	18.5	9	19	11	76.5	优等

3. 不同处理对王草青贮饲料青贮品质的影响

如表 3-28 所示,王草采用不同处理青贮时都能维持较低的 pH 值。处理 1(鲜草青贮)和处理 2(半干青贮)的 pH 值均高于其他添加剂青贮处理($P<0.05$),处理 3、4、6 之间无显著差异,处理 5 pH 值显著低于

其他处理（$P<0.05$）。处理 5 乳酸含量显著高于其他各处理，处理 1 显著低于其他各组，差异均达到显著水平（$P<0.05$）。乙酸含量处理 4 显著高于各处理（$P<0.05$），处理 6 显著低于其他处理（$P<0.05$）。王草青贮饲料丙酸含量较低且各组间差异不显著。处理 4、5 未检出丁酸，处理 1、2、3、6 间无显著差异。乳酸占总酸的比例均超过 50% 说明王草青贮以乳酸发酵为主，其中处理 5、6 显著高于其他各处理（$P<0.05$），处理 1 最低。王草青贮饲料的贮成率都非常高，其中处理 2 到处理 6（半干和添加剂青贮）贮成率显著高于处理 1（鲜草直接青贮）（$P<0.05$），其他处理间无显著差异。在干物质回收率方面，处理 3、4、5、6 显著高于处理 1、2（$P<0.05$），处理 5 与各处理之间差异显著（$P<0.05$），处理 1、2 之间差异不显著，处理 3、4、6 之间差异不显著。试验结果表明晾晒和添加剂处理都能明显改善王草青贮品质和提高青贮饲料的干物质回收率，其中添加蔗糖效果最好。

表 3-28　王草青贮饲料的发酵品质

处理	1	2	3	4	5	6
pH 值	4.31[a]	4.27[a]	4.08[bc]	4.19[b]	3.82[d]	4.11[bc]
乳酸 /%	0.90[d]	2.61[c]	2.65[c]	2.87[c]	4.70[a]	3.13[bc]
乙酸 /%	0.38[c]	0.32[c]	0.68[b]	0.90[a]	0.25[c]	0.16[d]
丙酸 /%	0.06	0.02	0.09	0.11	0.08	0.07
丁酸 /%	0.07	0.08	0.10	0	0	0.07
总酸 /%	1.41[d]	3.03[c]	3.53[bc]	3.88[b]	5.03[a]	3.43[bc]
乳酸 / 乙酸	2.36[cd]	8.12[b]	3.87[c]	3.18[cd]	18.62[a]	19.28[a]
乳酸 / 总酸	0.64[cd]	0.86[b]	0.75[c]	0.74[c]	0.93[a]	0.91[a]
贮成率 /%	96.81[c]	98.69[ab]	99.93[a]	1.00[a]	99.79[a]	97.44[ab]
干物质回收率 /%	85.55[cd]	87.04[c]	92.15[b]	93.43[b]	96.27[a]	91.64[b]

注：同行不同字母表示差异显著（$P<0.05$）。

4. 不同处理对王草青贮饲料体外产气动态的影响

运用活体外人工瘤胃产气法测定王草青贮饲料在反刍动物体内动态消化情况，如图 3-1 所示。随着体外发酵时间的增加，累积产气量逐渐增加,在消化初期产气量增加幅度较小,约 8 h 后增加幅度逐渐加大,呈直线上升趋势,在 48 h 处产气量约占总产气量 75%,48 h 后产气量增加幅度逐渐减小,产气曲线趋于平缓。前 8 h 各处理产气量均很少,差异不显著;约 10 h 后进入快速发酵时期,至 36 h 处理 6 产气量高于其他各处理;36 h 后处理 1 产气量低于其他处理;48 h 后处理 5 产气量高于其他处理。

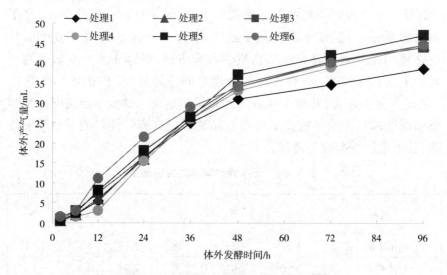

图 3-1　王草青贮饲料体外产气变化曲线

5. 不同处理对青贮饲料产气量和体外干物质消化率的影响

如图 3-2、图 3-3 所示,处理 5 产气量最高,处理 2、3、4、6 间无显著差异,但与处理 1 相比差异显著($P<0.05$)。干物质体外消化率方面,处理 2、3、4、5、6 显著高于处理 1($P<0.05$),处理 5 显著高于处理 2($P<0.05$),处理 3、4、5、6 间无显著差异。这表明半干青贮和添加剂青贮都能有效提高总产气量及其体外消化率,其中添加蔗糖青贮饲料干物质含量和体外消化率最高。

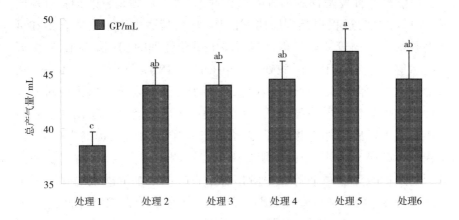

图 3-2　不同处理王草青贮饲料体外产气量

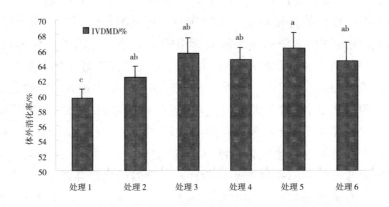

图 3-3　不同处理王草青贮饲料体外干物质消化率

（三）讨论

1. 不同处理对王草青贮饲料品质的影响

适宜的水分是保证青贮过程中乳酸菌正常活动的重要条件之一，水分过高或过低都会影响发酵过程和青贮品质。新鲜粗饲料一般都含有较多的水分，适当降低原料的含水率能使原料的糖分浓缩，促进乳酸发酵，提高青贮品质。张丽等研究表明，降低水分含量对于提高象草青贮品质有显著效果。本试验通过晾晒，王草水分含量约为 60%，结果也表明了降低水分含量可以改善青贮品质。

甲酸是一种发酵抑制型青贮添加剂,一直被认为是青贮饲料有效的添加剂,在青贮过程中起到防腐剂的作用,尤其适用于干物质含量和可溶性碳水化合物较低的牧草。本试验中甲酸处理的 pH 值为 4.15,接近朱旺生等在皇竹草中的甲酸处理的 pH 值(4.18)。许庆方等(2006)在苜蓿青贮中甲酸处理降低了 pH 值,提高了乳酸的含量。郭天龙对甜菜茎叶添加甲酸青贮后明显降低 pH 值,提高了乳酸含量。于山江等对新疆小芦苇青贮中添加甲酸处理,表明能有效降低 pH 值,提高青贮品质。丁武蓉等的研究表明,甲酸能明显降低二色胡枝子青贮饲料 pH 值和提高干物质回收率。董洁等在串叶松香草青贮中添加甲酸也明显降低了 pH 值(约 4.00)。这些研究表明甲酸是一种有效的青贮添加剂,pH 值的差异可能是由于不同的青贮原料和不同的添加量造成的。

已有的研究表明,热带牧草生产优质的青贮饲料较困难,原因在于可溶性碳水化合物含量较少。蔗糖作为一种发酵促进剂被广泛使用,在青贮发酵过程中,蔗糖迅速水解成简单的葡萄糖或单糖被乳酸菌利用。本试验中蔗糖处理 pH 值为 3.81,乳酸含量及其占总酸的比例显著高于其他处理,明显改善了青贮品质。郭金双等在苜蓿中加入 2% 的蔗糖青贮品质明显提高,玉柱等的研究表明无芒雀麦、老芒麦添加蔗糖后能明显改善青贮品质,串叶松香草青贮中添加蔗糖后 pH 值显著降低,Shao 等的研究也表明在干物质含量低、可溶性碳水化合物含量较少的热带牧草中添加糖等的发酵底物能明显改善青贮饲料的发酵品质。

目前市场上商品化的青贮添加剂较少,应用较多的有青贮宝、青宝 II 号以及少量来自日本的畜产 1 号等产品,主要成分为乳酸菌或其他益生菌以及纤维素酶、生长促进剂、载体等,这些产品均能提高粗饲料青贮品质。本试验中粗饲料降解剂主要成分为纤维素酶和益生菌,两个浓度的处理与直接青贮和半干青贮相比较显著提高了 pH 值、贮成率、干物质回收率,但是 pH 值、干物质回收率显著低于添加蔗糖和甲酸处理,两个浓度间无显著差异。粗饲料降解剂中的纤维素酶可降解青贮饲料细胞壁纤维组分,为乳酸发酵提供充足的底物,促进青贮的乳酸发酵,从而提高青贮的发酵品质。

2. 不同处理对王草青贮饲料产气趋势和体外消化的影响

体外产气法是 Raab 和德国荷恩海姆大学动物营养研究所 Menke 等(1979)建立的。体外产气法能较真实地模拟牧草在瘤胃内的动态发酵情况,国内外学者证实了体外产气法可以替代体内、半体内法来评定饲草料的营养价值。本试验结果表明不同处理的青贮饲料体外产气总体趋势相近,与已报道的体外产气法结果相似,即体外发酵初期产气增长较慢,约 10 h 后至 48 h 是快速增长时期,48 h 后增长趋势逐渐平缓。不同处理间总产气量和干物质消化率有一定的差异,添加蔗糖的青贮饲料品质较好,其体外产气量和干物质消化率也较高;直接青贮品质较差,相应的体外产气量和干物质消化率也最低,表明青贮饲料的体外消化情况可能与青贮饲料的品质有关。邓艳芳等(2009)通过体外产气法对苜蓿的青贮品质进行研究,发现青贮原料经过预干处理后产气高峰出现在 10 h 后且预干处理的青贮饲料体外消化率极显著高于鲜草直接青贮。

（四）结论

王草直接青贮也能成功,但是青贮品质不高。晾晒和使用粗饲料降解剂、蔗糖、甲酸等添加剂能明显改善青贮品质和干物质体外消化率,其中半干王草添加 2% 蔗糖效果最好。

八、不同贮藏温度对王草青贮品质的影响

王草是一种优质的热带多年生禾本科牧草,具有适应性强、产量高、茎叶柔嫩多叶、适口性好等特点,目前利用方式是以刈割后直接饲喂家畜为主(刘国道等,2002)。海南岛夏秋季节雨水充足、温度较高,王草生长旺盛,然而冬春季节雨水少、温度较低,王草生长缓慢、产量低,造成饲草短缺,影响家畜生产性能。因此在王草生长旺盛季节,通过适当方式贮藏多余王草,对均衡家畜全年饲料供应、促进动物生产性能具有重要意义。青贮是通过乳酸发酵快速降低青贮饲料 pH 值,并且维持厌氧的环境,从而达到使作物长期保存的一种贮藏方式,在畜牧生产中已得到广泛使用。近年来王草青贮调制取得了可喜进展,张英等(2013a,2013b,2013c)利用 HPLC 法对王草青贮饲料中有机酸的测定条件进行了优化,并对不同含水量、不同生长时间、添加绿汁发酵液与纤维素酶等处理的王草青贮发酵品质进行研究,明确了适宜的处理方式。此外,有研究表明添加有机酸(Michelena 等,2002)、乳酸菌(刘秦华等,2009)、纤维素酶(马清河等,2011)、蔗糖(字学娟等,2012)、葡萄糖(李茂等,2012a)、山梨酸(李茂等,2012b)等均能有效提高王草青贮饲料的发酵品质。

贮藏温度对饲料的发酵程度及发酵品质产生重要影响,温度过低乳酸菌活性通常不强,而温度过高则会减少青贮饲料乳酸含量,增加 pH 值和干物质损失,降低有氧稳定性,使青贮饲料的饲用价值降低。海南属热带岛屿季风性气候,每年中至少有 6 个月平均温度在 30 ℃以上,日最高气温超过 40 ℃的天数也在逐年增加。目前,关于贮藏温度对王草青贮发酵品质有何影响尚不明确。因此,本试验采用在不同温度条件下贮藏青贮王草,研究其对王草青贮饲料发酵品质的影响,以期为热带牧草青贮适宜条件提供参考。

本试验旨在研究不同贮藏温度对王草青贮品质的影响,选用热带牧草王草为青贮原料,用塑料瓶青贮并在 25 ℃、30 ℃和 35 ℃条件下贮藏 30 d,测定王草青贮品质。结果表明,不同贮藏温度对王草青贮饲料的干物质(DM)、粗蛋白质(CP)、酸性洗涤纤维(ADF)、中性洗涤纤维(NDF)及可溶性碳水化合物(WSC)含量均无显著影响($P>0.05$);30 ℃处理能显著降低王草青贮饲料的 pH 值及氨态氮、丁酸含量($P<0.05$),V-Score 评分等级为优,具有较好的青贮发酵品质;25 ℃和 35 ℃处理下 pH 值及氨态氮、丁酸含量较高($P<0.05$),V-Score 评分等级为差,青贮发酵品质较差。综上所述,不同贮藏温度可影响王草青贮品质,其中 30 ℃较 25 ℃和 35 ℃更有利于王草青贮。

（一）材料与方法

1. 材料

试验用王草为热研 4 号。试验地点位于中国热带农业科学院热带作物品种资源研究所热带畜牧研究中心试验基地,东经 109° 30′,北纬 19° 30′,海拔 149 m,属热带季风气候,气候特点是夏秋季节高温多雨,冬春季节低温干旱,干湿季节分明;土壤为花岗岩发育而成的砖红壤土,土壤质地较差,自动灌溉。

2. 王草青贮调制

以生长第 3 年、当年第 4 次刈割(2011 年 6 月 8 日)的王草(营养期)为青贮材料。王草收割后,用全自动切段机切至约 20 mm 后装入

200 mL 塑料瓶中青贮,压实密封,瓶口用胶带密封,并在青贮过程中随时检查瓶口封闭状况,分别在恒温培养箱 25 ℃、30 ℃、35 ℃条件下贮藏 30 d,每个处理重复 3 次。青贮饲料调制时取样,65 ℃经 48 h 烘干,粉碎后密封保存待测。

3. 测定指标与方法

(1)王草青贮饲料营养成分

青贮饲料样品中干物质(DM)、粗蛋白质(CP)、酸性洗涤纤维(ADF)、中性洗涤纤维(NDF)含量测定参照杨胜(1999)方法;水溶性碳水化合物(WSC)含量采用蒽酮 – 硫酸比色法测定(Owens 等,1999)。

(2)王草青贮饲料发酵品质

取青贮饲料样品 20 g,加入 80 mL 蒸馏水,在 4 ℃下浸泡 24 h,经双层滤纸过滤后静置 30 min,用雷磁 PHS-3C 精密 pH 计测定 pH 值。用高效液相色谱仪(岛津 LC-20A)测定乳酸、乙酸、丙酸、丁酸含量,总酸为乳酸、乙酸、丙酸、丁酸含量之和,色谱分析条件:色谱柱(RSpak KC-811 昭和电气);流动相:3 mmol/L 高氯酸溶液;流速 1 mL/min;柱温:40 ℃;检测波长:210 nm。氨态氮采用苯酚 – 次氯酸钠比色法测定。

(3)王草青贮饲料的 V-Score 评分

V-Score 评分体系是以氨态氮和挥发性脂肪酸(VFA)为评定指标进行青贮品质评价。满分为 100 分,各指标不同含量分配的分数不同,V-Score 分数分配计算式见表 3-5。根据此评分结果,可将青贮饲料品质分为良好(80 分以上)、尚可(60 ~ 80 分)和不良(60 分以下)3 个级别(引自饲料品质评价研究会,2001)。

4. 数据分析

采用 SAS 9.0 软件和 Excel 2003 软件进行数据处理和统计分析,采用邓肯法进行多重比较,以 $P<0.05$ 作为差异显著性判断标准。

（二）结果与分析

1. 王草青贮饲料营养成分

由表 3-29 可知，不同温度处理对王草青贮饲料 DM、CP、ADF、NDF 及 WSC 含量均无显著影响（$P>0.05$）。随贮藏温度的升高，DM 含量呈先降低后升高的趋势；CP 含量呈先升高后降低的趋势；ADF 和 NDF 含量呈降低趋势；WSC 含量则呈升高趋势，其中，35 ℃处理组 WSC 含量最高，25 ℃处理组含量最低。

表 3-29　不同温度对青贮王草营养成分的影响　　g/kg

温度	DM	CP	ADF	NDF	WSC
25℃	180.04	72.06	410.20	600.58	9.46
30℃	164.08	73.40	390.67	590.44	12.23
35℃	169.80	71.09	390.44	570.93	12.92

2. 王草青贮饲料发酵品质

由表 3-30 可知，30 ℃处理组能显著降低王草青贮饲料的 pH 值（$P<0.05$），35 ℃处理组 pH 值最高（$P<0.05$）；30 ℃处理组氨态氮含量显著低于 25 ℃、35 ℃处理组（$P<0.05$），且 25 ℃、35 ℃处理组间无显著差异（$P>0.05$）；各处理组间乳酸含量差异均不显著（$P>0.05$）；30 ℃处理组乙酸含量最高，显著高于 25 ℃、35 ℃处理组（$P<0.05$），其中 25 ℃处理组乙酸含量最低（$P<0.05$）；30 ℃处理组丙酸含量最高（$P<0.05$），25 ℃、35 ℃处理组均未检测出丙酸；35 ℃处理组丁酸含量最高（$P<0.05$），30 ℃处理组未检测出丁酸；30 ℃、35 ℃处理组总酸含量均显著高于 25 ℃处理组（$P<0.05$），且 30 ℃、35 ℃处理组间无显著差异（$P>0.05$）。

表 3-30　不同温度对王草青贮发酵品质的影响

温度	pH 值	氨态氮占总氮百分比/（g·kg⁻¹）	乳酸/（g·kg⁻¹）	乙酸/（g·kg⁻¹）	丙酸/（g·kg⁻¹）	丁酸/（g·kg⁻¹）	总酸/（g·kg⁻¹）
25℃	4.06[b]	71.77[a]	19.10	3.79[c]	0[b]	5.89[b]	28.77[b]
30℃	3.90[c]	53.88[b]	20.87	20.85[a]	2.59[a]	0[c]	44.32[a]
35℃	4.31[a]	72.77[a]	21.14	13.76[b]	0[b]	9.67[a]	44.57[a]

注：同行不同字母表示差异显著（$P<0.05$）。

3. 王草青贮饲料的 V-Score 评分

由表3-31可知,25 ℃、35 ℃处理组评分均在60以下,等级属于"差";30 ℃处理组得分为89.22,评分最高,等级属于"优",表明王草在30 ℃环境下可获得优质青贮饲料。

表3-31　王草青贮饲料的 V-Score 评分

温度	氨态氮 / 总氮		乙酸 + 丙酸		丁酸		评分	等级
	XN/%	YN/%	XA/%	YA/%	XB/%	YB/%		
25℃	7.18	45.65	0.38	8.62	0.59	0	54.27	差
30℃	5.39	49.22	2.34	0	0	40	89.22	优
35℃	7.28	45.45	1.38	0.95	0.97	0	46.40	差

（三）讨论

青贮过程中温度是影响青贮质量的重要因素,温度过低或过高都将抑制微生物(乳酸菌等)发酵,27 ℃以下乳酸菌等有益微生物活动受抑制,而丁酸菌等有害菌则活动旺盛;温度过高可能加速青贮饲料干物质含量损失,影响青贮饲料营养价值。关于青贮温度对饲料营养成分的作用,不同研究者有不同结论,庄益芬等(2006)研究表明,不同青贮温度对苜蓿细胞壁成分有显著影响,随着温度升高,易消化的细胞壁成分增加,不易消化细胞壁成分降低。舒思敏等(2011)研究发现,扁穗牛鞭草在不同温度条件下青贮45 d后,粗蛋白质含量随温度升高而降低。然而其他一些研究结果却表明温度对青贮饲料营养成分作用不大,田瑞霞等(2005)研究发现,同温度处理对紫花苜蓿青贮料粗蛋白质、中性洗涤纤维和酸性洗涤纤维含量的影响差异不显著。刘平督(2010)研究表明,不同温度下紫花苜蓿青贮饲料的干物质含量变化不大,表明青贮过程中干物质损失少。秦丽萍等(2013)研究发现,青贮温度对垂穗披碱草主要营养成分含量没有显著影响。本研究也得到类似结论,不同温度处理王草青贮饲料主要营养成分含量无显著差异,酸性洗涤纤维和中性洗涤纤维含量有随温度升高而降低的趋势,但未达到显著水平,可能与采用的实验室青贮设备的密封性好、没有流汁损失等有关。以上研究结论的不同可能是青贮原料本身特性不同以及进行青贮试验的地域差异造成的。不同地域及种类的青贮原料附着的微生物种类及数量差异较大,微生物对温度的适应能力以及对青贮原料营养成分的利用效率也各不相同,在温度适宜的条件下活动能力增强,加速了营养物质降解;不适宜的温度抑制微生物活动,营养物质降解较少。针对不同青贮饲料中的温度对微生物的影响还需做更深入的研究。

海南高温多雨,青贮不易成功,因此选择适宜的青贮温度,快速降低青贮料的pH,促进乳酸发酵是王草青贮成功的关键技术之一。不同学者对温度对青贮发酵品质的影响得到不同的研究结果。Zhang 等(1997)设置了4个温度梯度(10 ℃、20 ℃、30 ℃、40 ℃)青贮牧草,结果表明,随着温度升高青贮饲料发酵品质降低。但有更多的研究表明,温度升高有利于乳酸菌活动,快速产酸,降低pH 值,进而提高青贮发酵品质。田瑞霞等(2005)研究发现,紫花苜蓿青贮饲料pH 值随着温度升高呈明显的下降趋势,提高了青贮饲料发酵品质。刘平督(2010)研究表明,紫花苜蓿在40 ℃处理比在30 ℃处理能够更快地降低pH 值,青贮品质较好。秦丽萍等(2013)通过对垂穗披碱草青贮发现,与15 ℃处理相比,25 ℃处理明显增加了乳酸含量,降低了pH 值,取得了良好的青贮效果。Liu 等(2011)研究发现,热带豆科牧草柱花草在4个温度梯度(10 ℃、20 ℃、30 ℃、40 ℃)下青贮,30 ℃时青贮品质较好。本研究也得到相似结论,与25 ℃处理相比,30 ℃处理时青贮发酵品质明显提高,但35 ℃处理时青贮发酵品质又明显下降,可能是温度过高影响到乳酸菌等有益微生物活动,发酵类型发生变化,进而影响到各项发酵指标。

本研究发现,通过 V-Score 评分比较,30 ℃处理组评分最高,等级达到"优",而25 ℃、35 ℃处理评分均在60 以下,等级属于"差"。原因可能是:①30 ℃处理组青贮饲料 pH 和氨态氮含量最低,且未检出丁酸含量,而其他处理组丁酸含量较高,显著影响了评分结果;②30 ℃处理组乳酸含量与25 ℃、35 ℃处理组无明显差异,乙酸含量最高,属于乳酸发酵和乙酸发酵共同存在,一定程度上影响了发酵品质。另外,据报道,一定含量的丙酸能有效提高青贮的有氧稳定性,抑制酵母菌的生长,进而延长青贮饲料开封后的使用时间,30 ℃处理组丙酸含量最高,而25 ℃、35 ℃ 2 个处理组未检出丙酸,其原因还需进一步研究。

（四）结论

综上所述，温度对王草青贮发酵品质有显著影响，对营养成分影响较小。30 ℃处理使王草青贮饲料 pH 值下降至 3.90，氨态氮 / 总氮含量仅为 53.88 g/kg，未产生丁酸，V-Score 评分得分 89.22，等级为优，具有较好的青贮发酵品质，且未损失主要营养成分。因此，从改善王草青贮发酵品质和营养价值综合考虑，王草在 30 ℃条件下青贮效果较好。

第四章　柱花草青贮技术研究

一、葡萄糖对柱花草青贮品质及其营养成分的影响

为评价添加不同比例葡萄糖对柱花草青贮发酵品质及营养成分含量的影响,试验设对照组(CK)和5个不同添加比例的葡萄糖处理组(G1、G2、G3、G4、G5),添加比例分别为1%、2%、3%、4%、5%。结果表明,与对照组相比,添加葡萄糖能显著降低青贮饲料pH值,提高乳酸和总酸含量,降低乙酸、丙酸、丁酸含量;提高粗蛋白质含量,降低纤维成分含量,提高了营养价值。从改善柱花草青贮发酵品质和营养价值综合考虑,柱花草青贮中添加3%的葡萄糖效果最好。

柱花草原产于南美洲及加勒比海地区,20世纪80年代初大量引入中国,并逐渐选育成新的品种。研究表明,柱花草具有营养价值高、适口性好、消化率高等特点,是我国热带地区重要的豆科牧草。然而柱花草生产有明显的季节性,夏秋季节产量高而冬春季节生长停滞,容易造成家畜饲料短缺。如何贮存柱花草,使其在冬季和初春能满足家畜饲料需要,是当前热区畜牧生产中急需解决的问题。

青贮是指青饲料在厌氧条件下通过发酵,原料上附着的乳酸菌利用糖类转化为乳酸和有机酸,产生酸性环境,从而降低pH值,进而抑制有害微生物活动,使饲料能长期保存的调制加工方法。许多学者已经对苜蓿、象草、饲用玉米、稻草等主要饲用作物青贮技术进行了深入研究。然而柱花草青贮调制方面的研究报道较少。郇树乾等发现,添加0.7%甲酸处理的青贮料质量最好。李茂等研究表明,添加2%蔗糖能极显著降低pH值、提高乳酸含量,有效改善青贮品质并提高营养价值。其他研究也发现,添加葡萄糖等碳水化合物能够显著改善粗饲料的青贮品质,但不同原料青贮时葡萄糖添加比例有所不同。本研究将不同比例的葡萄糖添加于柱花草青贮饲料中,通过对发酵品质的评价以及主要营养成

分含量的测定,以确定柱花草青贮时葡萄糖最佳添加比例。

(一)材料与方法

1.试验材料

试验材料为头茬营养期的热研 2 号柱花草,试验地位于中国热带农业科学院热带作物品种资源研究所十队试验基地,东经 109° 30′,北纬 19° 30′,海拔 149 m,属热带季风气候,气候特点是夏秋季节高温多雨,冬春季节低温干旱,干湿季节分明;试验基地土壤为花岗岩发育而成的砖红壤土,土壤质地较差,无灌溉条件。添加剂:葡萄糖(化学纯),国药集团化学试剂有限公司生产。

2.试验设计

试验设 6 个处理:直接青贮(CK),按原料鲜重分别添加 5 个比例的葡萄糖 1%(G1)、2%(G2)、3%(G3)、4%(G4)、5%(G5),各 3 个重复。

3.试验方法

(1)青贮饲料调制

柱花草收割后切短至约 2 cm,称取 150 g 装入约塑料包装袋中,加入相应剂量添加剂混匀,用真空包装机密封,常温下(约 25 ℃)贮藏 30 d 后开封,取样进行相关指标分析。

(2)青贮饲料营养成分分析

青贮饲料调制前和开封后分别取样,65 ℃经 48 h 烘干,粉碎后密封保存待测。制成的样品分析粗蛋白质(CP)、中性洗涤纤维(NDF)、酸性洗涤纤维(ADF),其中 CP、NDF、ADF 的分析参照杨胜的方法。

(3)饲料相对值(RFV)计算

$$RFV=DMI(BW,\%)\times DDM(DM,\%)/1.29$$

DMI 与 DDM 的预测模型分别为

$$DMI(BW,\%)=120/NDF(DM,\%)$$

$$DDM(DM,\%)=88.9-0.779ADF(DM,\%)$$

其中,DMI 为粗饲料干物质的随意采食量,单位为占体重的百分比,即 %;DDM 为可消化的干物质,单位为 %。

（4）青贮饲料品质分析

取青贮饲料样品 20 g，加入 80 mL 蒸馏水，在 4℃下浸泡 24 h，经双层滤纸过滤后静置 0.5 h，用雷磁 PHS-3C 精密 pH 计测定 pH 值。用高效液相色谱仪（岛津 LC-20A）测定乳酸、乙酸、丙酸、丁酸含量。分析条件：色谱柱（RSpak KC-811 昭和电气），岛津流动相为 3 mmol/L 高氯酸溶液，流速 1 mL/min，柱温为 40 ℃，检测波长为 210 nm。

4. 青贮饲料 Flieg 氏评分

Fileg 氏评分法是以青贮饲料中的 3 种主要有机酸——乳酸、乙酸、丁酸的比例为基础进行评分的，Fileg 氏评分法只适用于常规青贮的鉴定。青贮饲料品质根据这一评分标准分为 5 个等级：0 ~ 20 分为失败；21 ~ 40 分为差；41 ~ 60 分为合格；61 ~ 80 分为好；81 ~ 100 分为很好。

5. 数据分析

采用 SAS 软件和 Excel 2003 软件进行数据处理和统计分析，采用邓肯法对处理间平均数进行多重比较。

（二）结果与分析

1. 柱花草青贮饲料发酵品质

如表 4-1 所示，与对照组相比较，添加葡萄糖能显著降低柱花草青贮饲料的 pH 值，其中 G3 组 pH 值最低，显著低于其他处理；G3 组乳酸含量显著高于其他各组，CK 处理显著低于其他处理，表明添加葡萄糖能有效增加柱花草青贮饲料乳酸含量；乙酸含量 CK 组最高，显著高于添加葡萄糖处理，其他各组无显著差异；丙酸、丁酸含量 CK 处理显著高于其他处理，其他各组未检出；总酸含量 G3 显著高于其他处理，CK 组总酸含量仅低于 G3 和 G4，主要是其乙酸、丙酸和丁酸含量较高造成的。

表 4-1　柱花草青贮饲料发酵品质

处理	pH 值	乳酸 /%	乙酸 /%	丙酸 /%	丁酸 /%	总酸 /%
CK	5.80[a]	1.14[e]	2.24[a]	0.47[a]	0.48[a]	4.32[b]
G1	4.58[b]	2.55[d]	0.80[b]	0.00	0.00	3.34[c]
G2	4.30[b]	3.07[c]	0.84[b]	0.00	0.00	3.91[c]
G3	3.81[c]	4.77[a]	0.83[b]	0.00	0.00	5.59[a]

处理	pH 值	乳酸 /%	乙酸 /%	丙酸 /%	丁酸 /%	总酸 /%
G4	4.01^{b}	4.11^{b}	0.74^{b}	0.00	0.00	4.85^{b}
G5	4.33^{b}	3.52^{bc}	0.78^{b}	0.00	0.00	4.30^{b}

注：同行不同字母表示差异显著（$P<0.05$）。

2. 柱花草青贮饲料评分

柱花草青贮饲料 Flieg 氏评分结果见表 4-2，对照组评分仅为 41，青贮品质较差，而添加葡萄糖各处理评分均接近 100，是很好的青贮饲料，表明柱花草直接青贮品质较差，添加葡萄糖处理能明显改善柱花草青贮品质，其中 G3 处理效果最好。

表 4-2　柱花草青贮饲料 Flieg 氏青贮评分

处理	乳酸	乙酸	丁酸	总分	等级
CK	4	9	28	41	合格
G1	25	23	50	98	很好
G2	25	24	50	99	很好
G3	25	25	50	100	很好
G4	25	25	50	100	很好
G5	25	25	50	100	很好

3. 柱花草青贮饲料营养成分

如表 4-3 所示，与对照相比，添加葡萄糖处理提高了柱花草青贮饲料 CP 含量，但其他各组间差异不显著，其中 G3 处理最高，对照组最低；添加葡萄糖一定程度降低了 NDF 和 ADF 含量（G2 组除外），提高了 RFV，随着葡萄糖添加量的增加，纤维成分总体上有明显的下降趋势，RFV 有明显的上升趋势，但 G2 处理纤维成分含量明显高于其他处理，其原因尚不明确，可能是取样不均匀造成的，需要进一步的研究。总体来讲，添加葡萄糖提高了 CP 含量，降低了纤维成分含量，RFV 值明显提高，提高了柱花草的营养价值。

表 4-3　柱花草青贮饲料营养成分

处理	CP/%	ADF/%	NDF/%	RFV/%
CK	9.84[c]	33.14[a]	32.49[b]	180.62[cd]
G1	12.45[a]	30.88[b]	30.14[c]	200.13[c]
G2	12.41[a]	33.39[a]	35.09[a]	166.72[d]
G3	12.88[a]	28.04[c]	28.79[d]	216.67[c]
G4	11.81[ab]	25.31[d]	25.04[e]	257.02[b]
G5	11.61[ab]	20.89[e]	24.66[e]	273.96[a]

注：同行不同字母表示差异显著（$P<0.05$）。

（三）讨论

　　与对照相比，添加葡萄糖处理后柱花草青贮饲料的pH值明显降低，乳酸含量高，并且乳酸占总酸量中的比例均在75%以上，未检出丙酸、丁酸，说明在整个发酵过程中以乳酸发酵为主，Flieg氏评分结果可以说明添加葡萄糖能有效改善青贮品质，这与已报道的许多研究结果一致。杨志刚等（2002）研究发现，2%葡萄糖处理能促进乳酸发酵，提高多花黑麦草青贮品质。Shao等（2004）研究表明，在坚尼草青贮时添加葡萄糖等发酵底物比添加绿汁发酵液更能有效提高发酵品质。唐维新等（2004）推荐采用每100 mL 2 g葡萄糖添加组作为紫花苜蓿青贮试验的添加剂。张新平等（2006）通过正交试验所得的苜蓿青贮最佳葡萄糖的添加量为20 g/kg。万里强等（2007）研究表明，各添加组分浓度均为最高的处理（乳酸菌10^8 CFU/g、纤维素酶0.1 g/kg和葡萄糖20 g/kg），乳酸含量显著高于其他处理。李静等（2007）研究表明，添加乳酸菌和葡萄糖显著改善了稻草的发酵品质和营养价值，建议在青贮时同时添加乳酸菌和糖类以改善青贮发酵品质。樊莉娟等（2008）研究发现，添加PFJ青贮时，较高的葡萄糖的添加量可以有效抑制黑沙蒿青贮中的丁酸发酵。陈明霞等（2011）研究表明，饲料稻经过葡萄糖和植物乳杆菌混合处理后，乳酸含量及乳酸与乙酸比最高，青贮品质最佳。李茂等（2012）研究表明，添加葡萄糖能改善王草青贮品质，添加20g/kg水平效果最好。

　　已报道的许多研究结果表明，添加碳水化合物能提高青贮饲料的发酵品质,但是对饲料营养成分的影响却说法不一。杨志刚等(2002)的研究表明,在多花黑麦草青贮中添加葡萄糖后对酸性洗涤纤维和中性洗涤纤维的影响较小;但董洁(2009)在串叶松香草中添加蔗糖青贮,粗蛋白质含量却低于对照组;焉石(2010)研究结果显示,青贮玉米青贮后中性洗涤纤维含量、酸性洗涤纤维含量有所提高;李静(2007)研究表明,稻草添加乳酸菌和葡萄糖混合处理后纤维成分含量明显降低,说明添加碳水化合物后能在一定程度上降低纤维和氨态氮含量,营养价值有所提高,与本研究结果一致。添加碳水化合物对饲料营养成分的不同影响可能是不同青贮原料和碳水化合物的添加比例不同造成的,具体原因需要进一步研究。

(四)结论

柱花草青贮时添加葡萄糖可以显著提高其青贮发酵品质,提高粗蛋白质含量,一定程度上降低纤维成分含量,提高了营养价值。从改善柱花草青贮发酵品质和营养价值综合考虑,柱花草青贮中添加3%的葡萄糖效果最好。

二、有机酸对柱花草青贮品质和营养成分的影响

青贮饲料是青绿饲料在密闭缺氧的条件下,通过厌氧乳酸菌的发酵作用,将青绿原料中的可溶性碳水化合物转化成乳酸等有机酸,使原料的 pH 值降低,抑制不良微生物的繁殖,而得到的一种粗饲料。青贮饲料气味酸香、青绿多汁、营养丰富、适口性好、利于长期保存,是家畜的优良饲料来源。青贮饲料添加剂是为了抑制不良微生物繁殖,减少贮藏过程中营养物质损失,并能确保青贮饲料在预定范围内发酵而设计的物质。青贮饲料添加剂的种类较多,目前常用的青贮添加剂按作用效果可分为抑制性添加剂、促进性添加剂和营养性添加剂。甲酸、乙酸和丙酸均属于抑制性添加剂,可抑制青贮发酵过程中不良微生物的发酵及好氧微生物的活力,从而有效防止青贮饲料腐败,最后起到保存饲料营养价值的目的。

柱花草(*Stylosanthes guianensis*)是我国热带、亚热带地区重要的豆科牧草,具有蛋白质含量高、适口性好等特点,可以作为我国南方地区家畜优良的粗饲料来源。柱花草的生长具有明显的季节性,通常夏秋

季节产草量大,但每年种子成熟后(12月前后)可食用部分大大减少,容易造成家畜饲料短缺。为了满足家畜在牧草减产季节的营养需求,在生长旺季必须贮存充足的饲料,因而对柱花草进行青贮研究尤为重要。李茂等(2011)研究了不同添加剂对柱花草青贮品质的影响,结果表明,添加山梨酸、蔗糖、青贮宝均能改善柱花草青贮品质。Liu等(2011)研究发现,低温和凋萎使柱花草青贮的有氧稳定性降低,而添加乳酸菌能够显著降低柱花草青贮的pH值、氨态氮含量并在青贮过程中保持较高的乳酸/乙酸值,提高了柱花草青贮品质。

本试验通过分别添加甲酸、乙酸、丙酸调制柱花草青贮饲料,并分析其有机酸含量以及营养成分,探讨不同有机酸对柱花草青贮饲料品质及营养成分的影响,为选择合适的柱花草青贮添加剂提供理论参考。

(一)材料与方法

1. 试验材料

试验材料为热研2号柱花草(营养期),试验地位于中国热带农业科学院热带作物品种资源研究所十队试验基地,东经109°30′,北纬19°30′,海拔149 m,属热带季风气候,气候特点是夏秋季节高温多雨,冬春季节低温干旱,干湿季节分明;试验基地土壤为花岗岩发育而成的砖红壤土,土壤质地较差,无灌溉条件。

2. 有机酸

甲酸、乙酸、丙酸均为实验室用分析纯试剂,购自国药集团化学试剂有限公司。

3. 试验设计

试验设4个处理:直接青贮(CK)、按原料重分别添加0.2%甲酸、0.2%乙酸、0.2%丙酸,各3个重复。

4. 试验方法

(1)青贮饲料调制

柱花草收割后切短至约2 cm,称取约150 g装入塑料包装袋中,加入相应剂量有机酸混匀,用真空包装机密封,常温下(约25 ℃)贮藏30 d后开封,取样进行相关指标分析。

（2）青贮饲料营养成分分析

青贮饲料调制前和开封后分别取样,65 ℃经48 h烘干,粉碎后密封保存待测。制成的样品分析干物质（DM）、粗蛋白质（CP）、中性洗涤纤维（NDF）、酸性洗涤纤维（ADF）,参照杨胜（1999）的方法。

（3）饲料相对值（RFV）计算

$$RFV = DMI（BW,\%）\times DDM（DM,\%）/1.29;$$

DMI与DDM的预测模型分别为

$$DMI（BW,\%）=120/NDF（DM,\%）$$

$$DDM（DM,\%）=88.9-0.779ADF（DM,\%）$$

其中,DMI为粗饲料干物质的随意采食量,单位为占体重的百分比,即%；DDM为可消化的干物质,单位为%。

（4）青贮饲料品质分析

取青贮饲料样品20 g,加入80 mL蒸馏水,在4 ℃下浸泡24 h,经双层滤纸过滤后静置30 min,用雷磁PHS-3C精密pH计测定pH值。用高效液相色谱仪（岛津LC-20A）测定乳酸、乙酸、丙酸、丁酸含量。分析条件：色谱柱（RSpak KC-811昭和电气）,岛津流动相为3 mmol/L高氯酸溶液,流速1 mL/min,柱温为40 ℃,检测波长为210 nm。

5. 青贮饲料Flieg氏评分

Flieg氏评分法是以青贮饲料中的3种主要有机酸：乳酸、醋酸、丁酸的比例为基础进行评分的,Flieg氏评分法只适用于常规青贮的鉴定。青贮饲料品质根据这一评分标准分为5个等级：81～100分为优；61～80分为良；41～60分为可；21～40分为中；0～20分为劣。Flieg氏青贮饲料评分标准见表4-4。

表4-4 Flieg氏青贮饲料评分标准

乳酸		乙酸		丁酸	
乳酸占总酸百分比/%	评分	乙酸占总酸百分比/%	评分	丁酸占总酸百分比/%	评分
0.0～25.0	0	0.0～15.0	20	0.0～1.5	50
25.1～27.5	1	15.1～17.5	19	1.6～3.0	30
27.6～30.0	2	17.6～20.0	18	3.1～4.0	20
30.1～32.0	3	20.1～22.0	17	4.1～6.0	15
32.1～34.0	4	22.1～24.0	16	6.1～8.0	10

乳酸		乙酸		丁酸	
乳酸占总酸百分比 /%	评分	乙酸占总酸百分比 /%	评分	丁酸占总酸百分比 /%	评分
34.1 ~ 36.0	5	24.1 ~ 25.4	15	8.1 ~ 10.0	9
36.1 ~ 38.0	6	25.5 ~ 26.7	14	10.1 ~ 12.0	8
38.1 ~ 40.0	7	26.8 ~ 28.0	13	12.1 ~ 14.0	7
40.1 ~ 42.0	8	28.1 ~ 29.4	12	14.1 ~ 16.0	6
42.1 ~ 44.0	9	29.5 ~ 30.7	11	16.1 ~ 17.0	5
44.1 ~ 46.0	10	30.8 ~ 32.0	10	17.1 ~ 18.0	4
46.1 ~ 48.0	11	32.1 ~ 33.4	9	18.1 ~ 19.0	3
48.1 ~ 50.0	12	33.5 ~ 34.7	8	19.1 ~ 20.0	2
50.1 ~ 52.0	13	34.8 ~ 36.0	7	20.1 ~ 30.0	0
52.1 ~ 54.0	14	36.1 ~ 37.4	6	30.1 ~ 32.0	~1
54.1 ~ 56.0	15	37.5 ~ 38.7	5	32.1 ~ 34.0	2
56.1 ~ 58.0	16	38.8 ~ 40.0	4	34.1 ~ 36.0	3
58.1 ~ 60.0	17	40.1 ~ 42.5	3	36.1 ~ 38.0	4
60.1 ~ 62.0	18	42.6 ~ 45.0	2	38.1 ~ 40.0	5
62.1 ~ 64.0	19	>45.0	1	>40.0	10
64.1 ~ 66.0	20				
66.1 ~ 67.0	21				
67.1 ~ 68.0	22				
68.1 ~ 69.0	23				
70.1 ~ 71.2	25				
71.3 ~ 72.4	26				
72.5 ~ 73.7	27				
73.8 ~ 75.0	28				
>75.0	30				

6. 数据分析

采用 SAS 9.0 软件和 Excel 2003 软件进行数据处理和统计分析,

采用邓肯法对处理间平均数进行多重比较。

（二）结果与分析

1. 柱花草青贮饲料发酵品质

柱花草青贮发酵品质如表4-5所示，与对照组相比，添加有机酸能显著降低柱花草青贮饲料的pH值（$P<0.05$），其中添加甲酸的pH值最低，但添加不同有机酸之间差异不显著（$P>0.05$）；丙酸处理能显著降低青贮饲料的乳酸含量（$P<0.05$），而添加甲酸和乙酸的处理组与对照组相比乳酸含量无显著变化（$P>0.05$）；添加甲酸和乙酸能显著提高柱花草青贮的乙酸含量（$P<0.05$），丙酸处理组的乙酸含量也有所提高，但与对照组相比差异不显著（$P>0.05$）；丙酸含量对照组显著高于其他各组（$P<0.05$），其中乙酸处理组丙酸含量最低；添加有机酸能显著降低柱花草青贮的丁酸含量（$P<0.05$），其中丙酸处理组不含丁酸；与对照组相比，添加有机酸的处理组总酸含量显著降低（$P<0.05$），其中丙酸处理组总酸含量最低，而添加甲酸和乙酸的处理组总酸含量差异不显著（$P>0.05$）。综合来看，添加有机酸能有效降低柱花草青贮饲料pH值、丁酸含量，能明显改善柱花草的青贮品质。

表4-5　柱花草青贮饲料发酵品质（干物质基础）

处理	pH 值	乳酸 /%	乙酸 /%	丙酸 /%	丁酸 /%	总酸 /%
CK	5.42ᵃ	2.28ᵃ	1.09ᵇ	1.06ᵃ	1.28ᵃ	5.71ᵃ
0.2% 甲酸	4.49ᵇ	1.96ᵃᵇ	1.44ᵃ	0.34ᵇ	0.38ᵇ	4.12ᵇ
0.2% 乙酸	4.61ᵇ	2.49ᵃ	1.45ᵃ	0.09ᶜ	0.12ᶜ	4.20ᵇ
0.2% 丙酸	4.75ᵇ	1.29ᵇ	1.20ᵃᵇ	0.56ᵇ	—	3.05ᶜ

注：同列相同字母表示差异不显著（$P>0.05$），同列不同字母表示差异显著（$P<0.05$）。

2. 柱花草青贮饲料评分

柱花草青贮饲料 Flieg 氏评分结果见表4-6，对照组总分51，等级为"可"，但得分较低，青贮品质较差；添加甲酸和丙酸的处理组，总分分别为61和77，均高于对照，达到等级"良"，改善了青贮品质；而添加乙酸的处理组总分为85，等级达到"优"，表明添加有机酸有助于提高柱花草青贮品质且添加乙酸效果最好。

表 4-6　柱花草青贮饲料 Flieg 氏青贮评分

处理	乳酸	乙酸	丁酸	总分	等级
CK	10	25	16	51	可
0.2% 甲酸	14	17	30	61	良
0.2% 乙酸	20	17	48	85	优
0.2% 丙酸	12	15	50	77	良

注：同行不同字母表示差异显著（$P<0.05$）。

3. 柱花草青贮饲料营养成分

如表 4-7 所示，乙酸和丙酸处理组与对照组相比 CP 含量显著提高（$P<0.05$），其中乙酸处理组 CP 含量最高，但与丙酸处理组差异不显著（$P>0.05$），添加甲酸时 CP 含量显著降低（$P<0.05$）；添加甲酸和乙酸显著降低了青贮饲料的 NDF 含量（$P<0.05$），但两个处理间差异不显著（$P>0.05$），丙酸处理组 NDF 含量也有所降低，但与对照组差异不显著（$P>0.05$）；添加甲酸和乙酸降低了青贮饲料的 ADF 含量，而丙酸处理的青贮饲料 ADF 含量则升高，但各组与对照组相比差异均不显著（$P>0.05$）；与对照组相比，甲酸和乙酸处理能显著提高青贮饲料的 RFV 值（$P<0.05$），而添加丙酸处理 RFV 值并无显著变化（$P>0.05$）。

表 4-7　柱花草青贮饲料营养成分含量（干物质基础）

处理	粗蛋白质 /%	中性洗涤纤维 /%	酸性洗涤纤维 /%	饲料相对值
CK	10.55[b]	32.37[a]	24.68[ab]	200.23[b]
0.2% 甲酸	9.77[c]	24.41[b]	22.08[b]	273.24[a]
0.2% 乙酸	12.43[a]	25.57[b]	24.15[ab]	254.98[a]
0.2% 丙酸	11.33[ab]	30.65[a]	28.87[a]	201.56[b]

注：同行不同字母表示差异显著（$P<0.05$）。

（三）讨论

1. 添加甲酸对柱花草青贮的影响

甲酸又称蚁酸，具有较强的还原能力，是一种发酵抑制型青贮添加剂，在青贮过程中起到防腐剂的作用，尤其适用于可溶性碳水化合物和干物质含量较低的牧草。本试验所采用的青贮原材料为柱花草，具有含水量、缓冲能高，可溶性碳水化合物含量低，好气性微生物多的特点，属于不易青贮的牧草。丁酸是不良微生物将青贮饲料中已生成的乳酸或原料中的糖分解而成，同时伴随着能量的损失和蛋白质分解生成大量的胺或氨，使青贮饲料具有恶臭，降低青贮品质，因而丁酸可以作为评价青贮饲料腐败程度的指标。柱花草青贮过程中添加甲酸后，青贮饲料的 pH 值显著降低，说明甲酸在青贮前期起了直接酸化的作用；乳酸含量与对照组相比有所降低，但差异不显著，乙酸含量显著升高，丙酸和丁酸含量显著降低，说明青贮料中添加甲酸起到了很好的防腐作用，但是在改善柱花草青贮品质方面表现一般，甲酸未能抑制所有微生物的繁殖。Woolford（1975）研究认为，添加甲酸的青贮饲料 pH 值在 4 以下时，甲酸才能抑制所有微生物繁殖。Aksu 等（2006）研究表明，添加甲酸能提高青贮中乙酸的产量，Taylan 等（2006）研究了同型发酵乳杆菌、甲酸和糖蜜对全株玉米青贮饲料成分的影响，结果发现，甲酸组乙酸含量均高于其他各组，本试验中甲酸组的乙酸含量仅次于乙酸组，且与乙酸组差异不显著（$P>0.05$），说明本试验中甲酸未能很好地抑制异型发酵乳酸菌的活性。在本次试验中，甲酸处理组的 Flieg 氏青贮得分为 61，虽然未达到优级，但甲酸添加之后抑制了不良微生物的繁殖，减少了丁酸的生成量，降低了 NDF、ADF 的含量，适当调整其添加量后使其蛋白损失降低，也不失为一种良好的添加剂。

通常认为甲酸可以抑制蛋白分解酶及腐败微生物对青贮料中蛋白质的分解作用，减少 CP 损失，而本试验甲酸处理组 CP 含量下降，原因可能是低浓度的甲酸促进了其他类型有害菌如梭菌的生长，导致甲酸组青贮饲料中复杂的微生物环境对蛋白质的分解速率仍旧大于自然发酵中蛋白质的降解速率；NDF、ADF 显著下降，RFV 显著高于对照组，说明甲酸还是能够在一定程度上提高青贮饲料的营养水平。吕文龙等（2010）研究糖蜜、植物乳杆菌和甲酸对不带穗玉米秸秆青贮发酵品质的影响,发现添加甲酸能抑制乳酸菌和真菌活动,减少 DM 损失和 WSC 消耗,降低不带穗玉米青贮发酵 CP,提高发酵末期 NH_3-N 含量。张树攀等(2010)研究发现,甲酸处理对高丹草青贮饲料的 ADF 和 NDF 含量均有一定降低作用,与本试验结果一致。

2. 添加乙酸对柱花草青贮的影响

乙酸作为常用的消毒防腐剂,能抑制霉菌、酵母等有害微生物的生长和繁殖,减少对发酵底物的消耗,为乳酸菌的生长繁殖提供良好条件。Schmidt 等(2010)研究表明,添加乙酸后能有效地降低 pH 值,抑制青贮饲料中好氧性微生物的活性,防止青贮饲料的腐败变质。本试验中乙酸处理组,pH 值显著降低,乳酸含量增加,但不显著,乙酸含量显著增加,丙酸、丁酸含量显著降低,Flieg 氏青贮评分等级为"优",说明添加乙酸改善了青贮品质,在促进乳酸菌生长的同时也抑制了丁酸菌等有害微生物的生长,本试验乳酸含量增加不显著可能是乙酸添加量过低所致。邱小燕等(2014)发现,添加 0.3% 的乙酸降低了 FTMR 饲料的乳酸含量,但与对照相比无显著性差异,发酵品质良好,也提高了有氧稳定性。

本试验中乙酸处理组与对照组相比的 CP 含量显著升高,NDF、ADF 含量下降,RFV 值显著升高,可见添加乙酸显著改善了柱花草青贮的营养价值,其原因可能是添加乙酸有效地抑制了好氧微生物的活性,降低了其对蛋白质的降解利用,减少了青贮过程中蛋白质的损失。许庆方等(2009)研究发现,添加 0.2% 乙酸显著降低了玉米青贮饲料的 pH 值、NDF、ADF 含量,对玉米青贮饲料发酵品质的改善效果优于绿汁发酵液。

3. 添加丙酸对柱花草青贮的影响

同样为抑制性添加剂的丙酸,具有抑制青贮饲料中酵母菌和霉菌活性的作用,是一种高效的抗真菌挥发性脂肪酸,丙酸还能参与反刍动物体内脂质和糖代谢,彻底被氧化分解或生成葡萄糖和糖原,对动物无害,但添加量较大时对乳酸菌也存在一定的抑制作用,因此有时与乳酸菌制剂混合添加效果更好。本试验中,丙酸处理组 pH 值显著降低,乳酸、丙酸含量显著降低,乙酸含量有所升高,但差异不显著,无丁酸产生,说明在本试验条件下,丙酸的添加抑制了柱花草青贮饲料中丁酸菌的活性,但却未能很好地抑制异型发酵乳酸菌的活性,导致乳酸含量的下降,该结果与张静等(2009)的结果不符,原因可能是添加量及原料的差异。丙酸处理组 Flieg 氏青贮评分等级为"良",说明丙酸对柱花草青贮品质也有一定的改善作用,但其作用更多地表现在防腐性能上,与乳酸菌等促进型添加剂混合使用效果可能会更佳,但具体的添加量和比例等有待进一步的研究。

添加丙酸对柱花草青贮饲料的营养成分影响较小,CP、ADF 含量升高,NDF 含量降低,但与对照组相比差异均不显著,说明添加丙酸能够降低青贮饲料中的 CP 降解,避免青贮过程中的营养损失。张增欣等(2009)研究发现,添加丙酸有利于保存青贮饲料的营养成分,冀旋等(2012)在研究丙酸对高丹草青贮效果的影响中发现,添加 0.5% 的丙酸能够显著提高青贮饲料的 CP 含量,降低 NDF、ADF 含量,本试验丙酸添加量仅为 0.2%,因而改善青贮营养品质效果不显著。

(四)结论

添加有机酸能显著降低柱花草青贮料的 pH 值和丁酸含量,明显改善柱花草青贮的防腐性能,降低纤维成分含量,提高饲料相对值,青贮营养价值也得以提高。

综合来看,添加 0.2% 乙酸后,柱花草青贮的 pH 值显著下降,乳酸、乙酸含量升高,丙酸、丁酸含量降低,Fileg 氏青贮评分等级为"优",且青贮饲料的 CP 含量、RFV 值显著提高,NDF、ADF 含量降低,显著提升了柱花草青贮的品质和营养价值,改善柱花草青贮品质效果最好。

三、绿汁发酵液对柱花草青贮品质和营养成分的影响

柱花草原产于南美洲及加勒比海地区,喜热带潮湿气候,适合北纬23° 以南、年均 19 ~ 25 ℃、年降水量 1 000 mm 左右的地区种植。我国于 1962 年首次从马来西亚将柱花草引种到海南,由于其蛋白质含量高、适口性好等特点,目前已成为我国热带、亚热带地区重要的豆科牧草,也因此有了"热带苜蓿"的称号。柱花草夏秋季节产草量大,但每年种子成熟后(12 月前后)可食用部分大大减少,容易造成家畜饲料短缺。为了满足家畜营养需求,对柱花草进行青贮研究尤为重要。青贮饲料往往耐贮藏、柔软多汁且利于动物的消化吸收,但柱花草青贮方面的研究

报道较少。李茂等研究了不同添加剂对柱花草青贮品质的影响,结果表明添加山梨酸、蔗糖、青贮宝均能改善柱花草青贮品质。

绿汁发酵液(Previosly Fermented Juice,PFJ)是一种与乳酸菌类似的青贮添加剂。PFJ 具有生产成本低、环保、制作工艺流程简单等优点,较乳酸菌制剂而言,PFJ 中存在适合于青贮原料发酵所需的各种乳酸菌菌种,添加 PFJ 后能改善牧草青贮效果。本试验通过添加不同比例的 PFJ 调制柱花草青贮饲料,并分析其有机酸含量以及营养成分,探讨 PFJ 对柱花草青贮饲料品质及营养成分的影响,为选择合适的柱花草青贮添加剂提供理论参考。

为研究绿汁发酵液(PFJ)对柱花草青贮品质的影响,以确定其适宜的添加量。本研究以热研 2 号柱花草为原料进行青贮试验,设对照和 PFJ 添加比例 1%、2%、3%、4% 和 5% 的处理,30 d 后测定了柱花草青贮饲料 pH 值及乳酸、乙酸、丙酸、丁酸含量并分析其主要营养成分含量。结果表明:柱花草直接青贮品质较差,添加 PFJ 处理与对照相比显著降低青贮饲料的 pH 值($P<0.05$),提高乳酸含量($P<0.05$),提高粗蛋白含量,降低纤维成分含量,提高饲料相对值(RFV)。

(一)材料与方法

1. 试验材料

试验材料为热研 2 号柱花草(营养期),试验地位于中国热带农业科学院热带作物品种资源研究所十队试验基地,东经 109° 30′,北纬 19° 30′,海拔 149 m,属热带季风气候,气候特点是夏秋季节高温多雨,冬春季节低温干旱,干湿季节分明;试验基地土壤为花岗岩发育而成的砖红壤土,土壤质地较差,无灌溉条件。

2. 绿汁发酵液制备

称取 150 g 柱花草切碎后加入 300 mL 蒸馏水打浆,用四层纱布过滤,量取 250 mL 滤液加入 5 g 葡萄糖摇匀,密封保存于聚乙烯瓶中,于 30 ℃下恒温发酵 48 h,即得柱花草绿汁发酵液。

3. 试验设计

试验设 6 个处理:直接青贮(CK)、按原料重分别添加 PFJ 1%、2%、3%、4%、5%,各 3 个重复。

4.试验方法

（1）青贮饲料调制

柱花草收割后切短至约 2 cm,称取 150 g 装入约塑料包装袋中,加入相应剂量添加剂混匀,用真空包装机密封,常温下（约 25 ℃）贮藏 30 d 后开封,取样进行相关指标分析。

（2）青贮饲料营养成分分析

青贮饲料调制前和开封后分别取样,65 ℃经 48 h 烘干,粉碎后密封保存待测。制成的样品分析干物质（DM）、粗蛋白（CP）、中性洗涤纤维（NDF）、酸性洗涤纤维（ADF）,参照杨胜（1999）的方法。

（3）饲料相对值（RFV）计算

$$RFV=DMI（BW,\%）\times DDM（DM,\%）/1.29$$

DMI 与 DDM 的预测模型分别为

$$DMI（BW,\%）=120/NDF（DM,\%）$$

$$DDM（DM,\%）=88.9-0.779ADF（DM,\%）$$

其中,DMI 为粗饲料干物质的随意采食量,单位为占体重的百分比,即 %;DDM 为可消化的干物质,单位为 %。

（4）青贮饲料品质分析

取青贮饲料样品 20 g,加入 80 mL 蒸馏水,在 4 ℃下浸泡 24 h,经双层滤纸过滤后静置 30 min,用雷磁 PHS-3C 精密 pH 计测定 pH 值。用高效液相色谱仪（岛津 LC-20A）测定乳酸、乙酸、丙酸、丁酸含量。分析条件:色谱柱（RSpak KC-811 昭和电气）,岛津流动相为 3 mmol/L 高氯酸溶液,流速 1 mL/min,柱温为 40 ℃,检测波长为 210 nm。

5.青贮饲料 Flieg 氏评分

Fileg 氏评分法是以青贮饲料中的 3 种主要有机酸:乳酸、醋酸、丁酸的比例为基础进行评分的,Fileg 氏评分法只适用于常规青贮的鉴定。青贮饲料品质根据这一评分标准分为 5 个等级:81 ~ 100 分为优;61 ~ 80 分为良;41 ~ 60 分为可;21 ~ 40 分为中;0 ~ 20 分为劣。

6.数据分析

采用 SAS 软件和 Excel 软件进行数据处理和统计分析,采用邓肯法对处理间平均数进行多重比较。

（二）结果与分析

1. 柱花草青贮饲料发酵品质

如表 4-8 所示,与对照组相比较添加 PFJ 能显著降低柱花草青贮饲料的 pH 值（$P<0.05$）,其中添加 4% PFJ 的 pH 值最低,但不同添加量之间差异不显著（$P>0.05$）；PFJ 处理能显著提高青贮饲料的乳酸含量,添加 2% 和 5% PFJ 的处理组乳酸含量显著高于其他各组（$P<0.05$）,其中添加 2% PFJ 组乳酸含量最高,但与 5% 组差异不显著（$P>0.05$）；乙酸含量对照组显著高于添 3%、4%、5% PFJ 各组（$P<0.05$）,添加 4% PFJ 处理乙酸含量最低,但与添加 3%、5% PFJ 组差异不显著（$P>0.05$）；丙酸含量对照组显著高于除添加 2% PFJ 组的其他各组（$P<0.05$）,添加 4% PFJ 组含量最低（$P<0.05$）；丁酸含量对照组显著高于添加 2%、5% PFJ 组（$P<0.05$）,但添加 1% PFJ 组显著高于对照组（$P<0.05$）,添加 3%、4% PFJ 组不含丁酸；添加 2% 和 5% PFJ 处理组总酸含量显著高于对照组,而添加 3% 和 4% PFJ 处理组总酸含量显著低于对照组,其中 PFJ 添加量为 2% 时总酸含量最高,添加量为 4% 时含量最低。综合来看,添加 PFJ 能有效降低柱花草青贮饲料 pH 值、乙酸含量,增加乳酸含量,能明显改善柱花草的青贮品质。

表 4-8　柱花草青贮饲料发酵品质

处理	pH 值	乳酸 /%	乙酸 /%	丙酸 /%	丁酸 /%	总酸 /%
CK	5.80[a]	1.14[d]	2.24[a]	0.47[a]	0.48[b]	4.32[b]
1%	5.067[b]	1.866[bc]	1.928[ab]	0.306[b]	0.694[a]	4.794[b]
2%	5.087[b]	3.315[a]	1.751[ab]	0.510[a]	0.112[d]	5.689[a]
3%	5.007[b]	2.247[b]	1.167[b]	0.291[b]	—	3.705[c]
4%	5.040[b]	2.369[b]	1.094[b]	0.171[c]	—	3.634[c]
5%	5.180[b]	3.151[a]	1.435[b]	0.347[b]	0.323[c]	5.257[a]

注：同列不同字母表示差异显著（$P<0.05$）。

2. 柱花草青贮饲料评分

柱花草青贮饲料 Flieg 氏评分结果见表 4-9,对照组和添加 1% PFJ 处理组总分分别为 41 和 48,等级为"可",但得分较低,青贮品质较差；

添加 2% 和 5% PFJ 处理，总分分别为 79 和 74，均高于对照，达到等级"良"，改善了青贮品质；而添加 3% 和 4% 的 PFJ 总分分别为 89 和 92，等级达到"优"，表明添加 3% 或 4% 的 PFJ 有助于提高柱花草青贮品质且添加 4% 时效果最好。

表 4-9　柱花草青贮饲料 Flieg 氏青贮评分

PFJ	乳酸	乙酸	丁酸	总分	等级
CK	4	9	28	41	可
1%	10	14	24	48	可
2%	20	19	40	79	良
3%	20	19	50	89	优
4%	23	19	50	92	优
5%	20	21	33	74	良

3. 柱花草青贮饲料营养成分

如表 4-10 所示，添加 1% ~ 4% 的 PFJ 与对照组相比 CP 含量显著提高（$P<0.05$），但 1% ~ 4% 各组之间差异不显著（$P>0.05$），其中添加量为 4% 时青贮的 CP 含量最高（12.11%），添加 5% PFJ 时 CP 含量最低（9.48%），但与对照组差异不显著（$P>0.05$）；添加 3% 和 4% 的 PFJ 显著降低了 NDF 含量（$P<0.05$），但两个处理间差异不显著（$P>0.05$），添加 1%PFJ 处理 NDF 含量最高（36.51%）；与对照组相比，添加 PFJ 显著降低了 ADF 含量（$P<0.05$），并且随着 PFJ 添加量的增加，ADF 含量呈现先降低后升高的趋势，其中添加 3% PFJ 处理 ADF 含量最低（23.58%）；随着 PFJ 添加量的增加，柱花草青贮 RFV 先增加后降低，添加 2% ~ 5% PFJ 能显著提高柱花草青贮的 RFV，其中添加量为 4% 的处理组 RFV 最高（238.38），但与添加量为 3% 的处理组差异不显著（$P>0.05$）。

表 4-10　柱花草青贮饲料营养成分含量

PFJ	CP/%	NDF/%	ADF/%	RFV/%
CK	9.84[c]	32.49[b]	33.14[a]	180.62[c]
1%	11.44[ab]	36.51[a]	26.32[b]	187.56[bc]
2%	11.07[ab]	33.33[b]	24.31[c]	195.78[b]

续表

PFJ	CP/%	NDF/%	ADF/%	RFV/%
3%	11.06^{ab}	29.54^{c}	23.58^{d}	225.74^{a}
4%	12.11^{a}	29.45^{c}	24.55^{c}	238.38^{a}
5%	9.48^{c}	30.65^{b}	28.87^{b}	202.78^{b}

注：同列不同字母表示差异显著（$P<0.05$）。

（三）讨论

1. 添加 PFJ 对青贮品质的影响

青贮时产生的有机酸含量及组成可以反映青贮饲料的发酵品质，其中对发酵过程影响最大的是乳酸、乙酸和丁酸。优良的青贮饲料含有较多的乳酸和丙酸以及少量乙酸，而不含或含极少量的丁酸。本研究中对照组与添加 PFJ 各组相比乳酸含量低，乙酸、丙酸和丁酸含量较高，表明柱花草直接青贮品质较差。而添加 PFJ 的处理组 pH 值显著降低，乳酸含量较高，丁酸含量较低，青贮品质较好。这是由于 PFJ 由青贮原料添加碳水化合物经厌氧发酵制得，原料本身附着的乳酸菌群经过厌氧发酵，乳酸菌在 PFJ 中的数量会大幅提高，青贮时添加 PFJ 增加了乳酸菌的数量和种类，保证了青贮过程中旺盛的乳酸发酵，产生大量的乳酸，使 pH 值快速降低，有效地抑制了丁酸菌、羧酸菌、酪酸菌等有害微生物的活性，减少了蛋白质分解，从而提高了柱花草的青贮发酵品质。郑丹等（2011）在对杂交狼尾草青贮的研究中也得出类似的结论，添加 PFJ 后在促进同型乳酸菌发酵的同时还抑制了其他有害微生物活性，提高了杂交狼尾草青贮发酵的品质。除此之外，有很多研究都表明 PFJ 能够改善青贮品质，Shao 等（2004）在意大利黑麦草青贮中添加 PFJ，结果表明添加 PFJ 能明显改善青贮品质。许庆方（2009）在袋装苜蓿青贮饲料中添加不同稀释倍数的 PFJ，结果表明添加 PFJ 可以降低 pH 值，增加乳酸的含量，同时减少乙酸、丙酸、丁酸与氨态氮的含量。

2. 添加 PFJ 对青贮营养成分的影响

通过微生物发酵可降低直接发酵造成的蛋白损失，张英等（2013）研究 PFJ 和纤维素酶对王草青贮品质的影响，发现添加 PFJ 可以提高王草青贮中粗蛋白含量。在柱花草青贮过程中,添加 PFJ 组的粗蛋白含量与对照组相比都有不同程度的提高,这一结果与上述研究结论相符。牧草中 NDF 和 ADF 含量的高低直接影响牧草的品质及其消化率,NDF 的含量与干物质的采食量呈显著负相关,而 ADF 含量也直接影响消化率,降低 ADF 含量就能提高消化率。可以由此推断,青贮饲料在一定程度内, NDF 和 ADF 含量越低,青贮料的品质越好。本试验中 PFJ 组的 NDF 和 ADF 含量与青贮前相比显著降低,说明青贮提高了柱花草的营养价值,与对照组相比也都有不同程度的降低,并呈现先降后升的趋势,可见添加 PFJ 会影响柱花草青贮的 NDF 和 NDF 含量,当 PFJ 添加量为 3% 和 4% 时,青贮饲料中 ADF 和 NDF 含量分别降到最低值。

饲料相对值 RFV 是目前美国唯一广泛使用的粗饲料质量评定指数,是由美国牧草草地理事会饲草分析小组委员会提出的,只需在实验室测定粗饲料的 NDF、ADF 以及 DM 便可计算出某粗饲料的 RFV 值,是一种比较简便实用的经验模型。本研究中柱花草青贮后纤维成分都有一定程度的降低,提高了饲料相对值 RFV,营养价值有了一定的提高,特别是添加 3% 和 4% PFJ 处理饲料相对值显著高于其他处理。

(四)结论

本研究表明,添加 PFJ 能显著降低柱花草青贮料的 pH 值,增加乳酸含量,提高粗蛋白含量,降低纤维成分含量,提高饲料相对值,明显改善柱花草青贮发酵品质,青贮营养价值也得以提高。综合来看, PFJ 添加量为 4% 时改善柱花草青贮品质最好。

四、不同添加剂对柱花草青贮品质的影响

青贮是指在原料厌氧条件下通过发酵,原料上附着的乳酸菌利用原料中的糖类转化为乳酸和有机酸,产生酸性环境,从而降低 pH 值,进而抑制或杀死有害微生物,使饲料能长期保存并使用的调制加工方法。青贮添加剂主要分为有害微生物抑制剂(有机酸、无机酸、山梨酸等)、发酵促进剂(包括碳水化合物、乳酸菌、纤维素酶等)。不同青贮原料必须选择合适的添加剂才能调制出优质的青贮饲料,我国许多学者已经对首蓿、象草、饲用玉米、稻草等主要饲用作物添加剂种类及其添加量进行了深入研究。作为热带地区主栽的豆科牧草,柱花草青贮加工方面的研究报道较少。郇树乾等对柱花草采用不同处理青贮,通过感官特性和pH值以及常规营养成分等指标比较,发现添加0.7%甲酸处理的青贮料质量最好。本研究通过添加青贮宝、山梨酸、蔗糖等调制柱花草青贮饲料,并分析青贮饲料的乳酸、有机酸含量以及营养成分,探讨不同添加剂对青贮饲料品质的影响,为选择适宜的青贮添加剂提供理论参考。

（一）材料与方法

1. 试验材料

试验材料为热研2号柱花草(营养期),试验地位于中国热带农业科学院热带作物品种资源研究所十队试验基地,东经109°30′,北纬19°30′,海拔149 m,属热带季风气候,气候特点是夏秋季节高温多雨,冬春季节低温干旱,干湿季节分明;试验基地土壤为花岗岩发育而成的砖红壤土,土壤质地较差,无灌溉条件。

2. 添加剂

青贮宝:主要由戊糖片球菌、植物乳杆菌、细菌促生长因子、纤维素酶、半纤维素酶、载体等组成。活菌总数大于10^9 CFU/g,购自宝来利来生物工程股份有限公司。

山梨酸:分析纯,购自国药集团化学试剂有限公司。

蔗糖:分析纯,购自国药集团化学试剂有限公司。

3. 试验设计

试验设4个处理:直接青贮(CK),按原料重分别添加山梨酸(0.2%)、蔗糖(2%)、青贮宝(0.1%),各3个重复。

4. 试验方法

（1）青贮饲料调制

柱花草收割后切短至约2 cm,称取150 g装入塑料包装袋中,加入相应剂量添加剂混匀,用真空包装机密封,常温下(约25 ℃)贮藏30 d后开封,取样进行相关指标分析。

（2）青贮饲料营养成分分析

青贮饲料调制前和开封后分别取样,65 ℃经48 h烘干,粉碎后密封保存待测。制成的样品分析干物质(DM)、中性洗涤纤维(NDF)、酸性洗涤纤维（ADF），其中 DM、NDF、ADF 的分析参照杨胜（1999）的方法，采用蒽酮 – 硫酸比色法测定水溶性碳水化合物（WSC）含量。

（3）饲料相对值（RFV）计算

$$RFV=DMI（BW,\%）×DDM（DM,\%）/1.29$$

DMI 与 DDM 的预测模型分别为

$$DMI（BW,\%）=120/NDF（DM,\%）$$

$$DDM（DM,\%）=88.9-0.779ADF（DM,\%）$$

其中，DMI 为粗饲料干物质的随意采食量，单位为占体重的百分比，即 %；DDM 为可消化的干物质，单位为 %。

（4）青贮饲料品质分析

取青贮饲料样品 20 g，加入 80 mL 蒸馏水，在 4 ℃下浸泡 24 h，经双层滤纸过滤后静置 30 min，用雷磁 PHS-3C 精密 pH 计测定 pH 值。用高效液相色谱仪（岛津 LC-20A）测定乳酸、乙酸、丙酸、丁酸含量。分析条件：色谱柱（RSpak KC-811 昭和电气），岛津流动相为 3 mmol/L 高氯酸溶液，流速 1 mL/min，柱温为 40 ℃，检测波长为 210 nm。

5. 青贮饲料 Flieg 氏评分

Fileg 氏评分法是以青贮饲料中的 3 种主要有机酸：乳酸、醋酸、丁酸的比例为基础进行评分的，Fileg 氏评分法只适用于常规青贮的鉴定。青贮饲料品质根据这一评分标准分为 5 个等级：81 ~ 100 分为优；61 ~ 80 分为良；41 ~ 60 分为可；21 ~ 40 分为中；0 ~ 20 分为劣。

6. 数据分析

采用 SAS 软件和 Excel 软件进行数据处理和统计分析，采用邓肯法对处理间平均数进行多重比较。

（二）结果与分析

1. 柱花草化学成分

本试验中柱花草干物质含量为 35.05%，粗蛋白质含量为 12.30%，中性洗涤纤维含量为 40.71%，酸性洗涤纤维含量为 34.26%，水溶性碳水化合物含量为 4.59%，饲料相对值为 142.15。

2. 柱花草青贮饲料发酵品质

如表 4-11 所示，与对照组相比较，添加剂处理能显著降低柱花草青贮饲料的 pH 值（$P<0.05$），其中蔗糖处理 pH 值最低，显著低于其他处理（$P<0.05$）；添加剂处理能在一定程度上提高青贮饲料的乳酸含量，其中蔗糖处理乳酸含量显著高于其他各组（$P<0.05$）；乙酸含量对照组显著高于其他各组（$P<0.05$），添加山梨酸处理乙酸含量最低，但与添加蔗糖处理差异不显著（$P>0.05$）；丙酸含量对照组显著高于其他处理（$P<0.05$），添加蔗糖处理含量最低（$P<0.05$）；丁酸含量对照组显著高于其他处理（$P<0.05$），添加青贮宝和山梨酸处理差异不显著（$P>0.05$），添加蔗糖处理显著低于其他处理（$P<0.05$）；总酸含量蔗糖处理最高，但与对照处理差异不显著（$P>0.05$），添加山梨酸处理总酸含量最低。综合来看，添加蔗糖能有效降低柱花草青贮饲料 pH 值、乙酸含量，增加乳酸和总酸含量，能明显改善柱花草的青贮品质。

表 4-11　柱花草青贮饲料发酵品质

处理	pH 值	乳酸 /（%DM）	乙酸 /（%DM）	丙酸 /（%DM）	丁酸 /（%DM）	总酸 /（%DM）
CK	5.80 ± 0.36^a	0.35 ± 0.11^c	0.69 ± 0.36^a	0.14 ± 0.02^a	0.15 ± 0.17^a	1.33 ± 0.16^{ab}
青贮宝	5.08 ± 0.38^b	0.50 ± 0.21^b	0.41 ± 0.19^b	0.09 ± 0.08^b	0.04 ± 0.07^b	1.04 ± 0.14^b
蔗糖	4.43 ± 0.35^d	1.17 ± 0.06^a	0.23 ± 0.21^c	0.01 ± 0.02^d	0.01 ± 0.01^c	1.42 ± 0.07^a
山梨酸	4.87 ± 0.06^{bc}	0.29 ± 0.06^d	0.20 ± 0.11^c	0.05 ± 0.08^c	0.06 ± 0.20^b	0.70 ± 0.11^c

注：同列不同字母表示差异显著（$P<0.05$）。

3. 柱花草青贮饲料评分

柱花草青贮饲料 Flieg 氏评分结果见表 4-12，对照处理总分 41，等级为合格，但得分较低，青贮品质较差，表明柱花草不宜直接青贮；添加青贮宝和山梨酸处理，总分分别为 66 和 59，均高于对照，达到或接近等级"好"，改善了青贮品质；蔗糖处理总分为 100，等级达到很好，表明添加蔗糖提高柱花草青贮品质效果最好。

表 4-12　柱花草青贮饲料 Flieg 氏青贮评分

处理	乳酸	乙酸	丁酸	总分	等级
CK	4	9	28	41	合格
青贮宝	14	15	37	66	好

续表

处理	乳酸	乙酸	丁酸	总分	等级
蔗糖	25	25	50	100	很好
山梨酸	11	20	28	59	合格

4. 柱花草青贮饲料营养成分

如表 4-13 所示，不同处理柱花草青贮饲料干物质含量差异不显著（$P>0.05$）；添加蔗糖和山梨酸显著提高了 CP 含量（$P<0.05$），其中山梨酸处理含量最高（13.26%），对照处理最低（9.84%），但与添加青贮宝处理差异不显著（$P>0.05$）；添加蔗糖和山梨酸显著降低了 NDF 含量（$P<0.05$），但两个处理间差异不显著（$P>0.05$），添加青贮宝处理 NDF 含量最高（35.34%）；添加蔗糖和山梨酸显著降低了 ADF 含量（$P<0.05$），添加蔗糖处理显著低于其他各组（27.54%），添加青贮宝处理 ADF 含量最高（36.49%）；不同处理对柱花草青贮饲料 RFV 影响不同，添加青贮宝处理降低了 RFV（$P<0.05$），添加蔗糖和山梨酸都不同程度提高了 RFV，其中蔗糖处理（206.44）最高，但与山梨酸处理差异不显著，显著高于对照和添加青贮宝处理。

表 4-13　柱花草青贮饲料营养成分含量

处理	DM/%	CP/%	NDF/%	ADF/%	RFV
CK	40.28 ± 5.12^{ab}	9.84 ± 3.67^{c}	32.49 ± 0.22^{b}	33.14 ± 3.52^{b}	180.62 ± 7.54^{c}
青贮宝	43.58 ± 3.33^{a}	9.88 ± 1.63^{c}	35.34 ± 2.34^{a}	36.49 ± 5.41^{a}	159.18 ± 5.18^{d}
蔗糖	44.14 ± 2.24^{a}	11.50 ± 2.62^{b}	30.39 ± 2.84^{c}	27.54 ± 3.58^{c}	206.44 ± 7.49^{a}
山梨酸	41.74 ± 2.59^{ab}	13.26 ± 0.75^{a}	29.84 ± 3.50^{c}	32.29 ± 4.86^{b}	198.71 ± 6.33^{ab}

注：同列不同字母表示差异显著（$P<0.05$）。

（三）讨论

1. 乳酸及有机酸含量与青贮品质的关系

青贮是指在厌氧条件下，利用乳酸菌的活动降解可溶性糖类（WSC）产生乳酸，随着乳酸的增加，青贮料的 pH 值下降，当 pH 值下降到一定程度时，所有微生物的活动被抑制，从而使青贮饲料的营养物质得以保存。有机酸含量及组成可以反映青贮饲料的发酵品质,其中对发酵过程影响最大的是乳酸、乙酸和丁酸。优良的青贮饲料含有较多的乳酸和丙酸以及少量乙酸,而不含或含极少量的丁酸。本研究中对照处理乳酸含量低,乙酸、丙酸和丁酸含量较高,青贮品质差。其他添加剂处理乳酸、乙酸含量较高,丁酸含量较低,青贮品质较好。试验结果中乳酸和有机酸含量的差异可能是青贮发酵类型不同造成的,本研究中对照处理总酸含量较高,但乙酸和丙酸含量高,尤其是丙酸含量已经接近乙酸含量,其发酵类型应该是以异型发酵为主的混合型发酵;而其他添加剂处理青贮饲料中乙酸、丙酸含量较低,且丙酸含量远低于乙酸含量,应以同型发酵为主。

2. 添加剂对青贮品质的影响

青贮宝等一类复合添加剂改善柱花草青贮品质,主要有两方面原因:其一,青贮宝中乳酸菌快速主导发酵,致使 pH 值下降更快,同时有助于降低那些产生高水平乙酸、丁酸的有害微生物以及其他有害微生物的数量;另一方面,青贮宝中的纤维素酶、半纤维素酶能降解青贮原料的结构性碳水化合物为单糖或双糖,为乳酸发酵提供更多可利用的底物,而且能消耗青贮窖内的氧气,减少由于呼吸与好氧性微生物作用所造成的水溶性碳水化合物损失。杨杰等以孕穗期多花黑麦草为材料,研究凋萎程度与复合添加剂处理对多花黑麦草青贮品质的影响,结果表明,在适宜的水分含量下添加青贮宝的青贮效果优于直接青贮。玉柱等(2008)的研究表明,添加复合添加剂青宝二号后能明显改善无芒雀麦青贮品质,但未能改善老芒麦青贮饲料的发酵品质。本研究中,添加青贮宝处理效果虽好于对照,但品质较差,可能是由于柱花草属于豆科牧草,缓冲能高、糖含量较低,原料中碳水化合物较难降解,进而影响了乳酸菌的快速生长。

热带牧草生产优质的青贮饲料较困难,原因在于可溶性碳水化合物含量较少。按青贮添加剂所起的作用分类,蔗糖属于发酵促进剂,原料中添加蔗糖后迅速水解成简单的葡萄糖或单糖,被乳酸菌利用,增强乳酸菌活动,产生大量乳酸,快速降低 pH 值,从而抑制有害微生物活动,达到有效保存青贮饲料营养的目的。本研究中添加蔗糖处理 pH 值、乳酸、总酸含量以及评分均显著高于其他处理,明显改善了青贮品质。其他研究者在无芒雀麦、老芒麦、苜蓿、串叶松香草青贮过程中添加蔗糖,都能明显改善青贮饲料品质。

山梨酸能有效抑制酵母菌及霉菌等好氧性微生物的活性,已成功地被用作改善青贮饲料有氧腐败的微生物抑制剂。张增欣等(2009)研究表明,添加 0.1% 水平的山梨酸可以有效防止青贮饲料干物质的损失,降低青贮饲料中可溶性碳水化合物和营养物质的损耗,提高了多花黑麦草青贮饲料的营养价值和发酵品质,多花黑麦草发酵品质最好。Shao 等以多花黑麦草为青贮原料,添加 0.1% 山梨酸后显著降低了青贮饲料的 pH 值、乙酸、挥发性脂肪酸含量,显著提高乳酸含量,改善了青贮品质。

3. 青贮对饲料相对值 RFV 的影响

饲料相对值 RFV 是目前美国唯一广泛使用的粗饲料质量评定指数,是由美国牧草草地理事会饲草分析小组委员会提出的,只需在实验室测定粗饲料的 NDF、ADF 以及 DM 便可计算出某粗饲料的 RFV 值,是比较一种比较简便实用的经验模型。本研究中柱花草青贮后纤维成分都有一定程度的降低,提高了饲料相对值 RFV,营养价值有了一定的提高,特别是添加蔗糖处理饲料相对值极显著高于其他处理。

(四)结论

柱花草直接青贮品质较差。不同添加剂处理能在一定程度上改善青贮品质和营养价值,其中添加 2% 蔗糖效果最好。

第五章 热带粗饲料资源研究进展

粗饲料是反刍动物日粮的重要组成部分,粗饲料短缺影响动物的生产性能和健康状况,严重制约草牧业的发展。我国南方热带地区山羊养殖中利用较多的粗饲料资源包括牧草、灌木枝叶、农业副产物等,本章就其开发利用情况,包括营养价值评价、消化特性、对山羊生产性能的影响等方面进行综述,以供同行参考。

一、南方热带地区山羊粗饲料概况

我国南方热带地区包括海南、广东、广西、云南、福建、湖南、四川、贵州、江西等省区(或部分地区),面积约 50 万平方公里,年均降雨 1 200 ~ 2 500 mm,年平均温度为 14 ~ 18 ℃,≥ 10 ℃ 的积温为 4 500 ~ 9 000 ℃,水热条件充足,且高温多雨同期,适合植物生长,粗饲料资源非常丰富。山羊是南方热带地区非常重要的反刍家畜,存栏量约 3 463 万只,约占全国山羊存栏量的 1/4,产值约占全国产值的 12.69%。山羊具有食性杂、耐粗饲以及觅食能力强等特点,常用的粗饲料包括牧草、灌木枝叶、农业副产物。牧草营养价值高,适口性好,是山羊最重要的粗饲料资源,在山羊生产中发挥了重要作用。目前南方热带地区牧草品种 100 多个,其中以"热研 4 号王草"为代表的狼尾草属牧草和"热研 2 号柱花草"为代表的柱花草系列在山羊饲养中广泛应用,种植面积最大,累计推广种植分别约 3 800 万亩 [①] 和 950 万亩。另外,除牧草外,山羊经常采食的其他饲用植物资源也非常丰富,以海南为例,已报道的饲用植物约 1 064 种,其中大部分为木本饲用植物,如银合欢、构树等,粗蛋白含量高,矿物质含量丰富,营养价值很高。南方热带地区种植业发达,经济作物生产中产生大量的农业副产物,如甘蔗稍、香蕉茎叶和

---

① 亩为非法定计量单位, 1 亩 =1/15 hm²。

木薯渣等,其中甘蔗梢产量约 3 685 万吨、香蕉茎叶约 1 000 万吨、木薯渣约 130 万吨,这些农业副产物具有一定的营养价值,经过合理加工调制,可以作为山羊粗饲料加以利用。总的来说,南方热带地区粗饲料资源丰富,开发利用粗饲料资源,对缓解粮食压力,降低山羊养殖成本具有十分重要的意义。

二、牧草在南方热带地区山羊饲料中的应用

(一)牧草营养价值概况

牧草中可用于山羊饲喂的牧草有豆科牧草和禾本科牧草。其中豆科牧草具有蛋白质含量高、营养物质含量丰富、适口性好、可利用年限长、维生素和微量元素含量丰富等特点,用于家畜饲养中,可节约精料用量,缓解我国蛋白饲料不足。柱花草是热带地区用于饲喂山羊的豆科牧草之一,原产于中南美洲,是优质热带豆科牧草,在我国南方热带地区累计推广种植近 20 多万公顷。柱花草系列牧草营养价值有较多报道,严琳玲等(2016)、周汉林等(2010)报道柱花草粗蛋白含量为 12.39% ~ 21.57%,粗纤维含量为 25.05% ~ 31.00%,中性洗涤纤维和酸性洗涤纤维含量为 57.84% 和 46.49%,柱花草蛋白含量高,纤维含量较为适中,是一种优质粗饲料资源。其他豆科牧草也有相关报道,帕明秀和黄志伟(2014)对广西 38 种牧草进行营养价值评定,结果表明,山毛豆、圆叶决明、光叶野花生叶 3 个牧草品种的各项含量均符合优质牧草标准,紫花大翼豆粗蛋白和粗脂肪含量最高。

我国南方热带地区多高温高湿,平均湿度大,海拔低,太阳总辐射量大,适合 C4 禾本科植物生长。C4 禾本科牧草具有生长速度快、再生能力强、产量高、适口性好等优点,但营养价值略低,可作为山羊的主要粗饲料来源。李茂等(2015)报道了了王草、坚尼草、红象草、黑籽雀稗、糖蜜草 5 种热带禾本科牧草营养成分,CP、EE、ADF、NDF、Ca、P、RFV、ME 和 IVDMD 平均值分别为 9.90%、7.71%、36.43%、66.72%、0.17%、0.15%、85、8.56 MJ/kg、63.27%,结果表明,红象草营养价值最高,王草和坚尼草营养价值较低,黑籽雀稗和糖蜜草居中。综合来看,豆科牧草粗蛋白质含量较高,禾本科牧草纤维类物质含量较高,单独饲喂山羊均存在一定的缺陷,混合搭配则更有利于动物健康。

（二）牧草消化率特性

消化率反映了动物对饲料的消化利用情况,是评价粗饲料非常重要的指标。周汉林等（2010）应用体外产气法研究 10 个柱花草品种的饲用价值,结果表明柱花草体外消化率平均值为 62.43%,其中热研 2 号柱花草体外消化率最高为 70.12%。韩晓洁等（2014）采用体外产气法评定黔北麻羊常用饲料营养价值研究,发现粗饲料 72h GP、OMD 值以黑麦草（44.31mL、49.63%）最高。李茂等（2015）研究不同生长高度王草瘤胃降解特性,结果表明,不同生长高度王草各个时间点的 DM、CP 和 NDF 降解率随着生长高度的增加而降低,主要营养成分快速降解部分、潜在降解部分和有效降解率随生长高度而降低。黄珍等（2015）研究不同精料添加量对高丹草日粮消化率影响研究,结果表明,以高丹草为基础日粮养羊,在不添加精料的情况下,其粗蛋白和粗脂肪的消化率最高,分别为 61.58% 和 82.25%,添加精料组中,在精料添加比占日粮约 40% 左右时,除粗纤维外,其各营养物质能达到理想的吸收效果。

（三）牧草对山羊生产性能的影响

动物的生长速度和增重直接受营养制约,营养条件包括营养水平和营养物之间的比例,不同牧草之间营养特征的差异对山羊生长性能的影响各有不同。单一牧草饲喂山羊往往不利于山羊生长发育,因而在生产中为了均衡营养常常将不同种类的牧草混合饲喂。于向春等（2006）的研究表明,热研 4 号王草、热研 11 号黑籽雀稗、热研 5 号柱花草和热研 8 号坚尼草在 2.35∶1.1∶0.95∶0.6 的配比情况下育肥效果较好。杨士林等（2011）发现,云南山羊在放牧条件下补饲紫花苜蓿可以提高肉羊日增重水平,缩短育肥周期。

三、饲用木本植物在南方热带地区山羊饲料中的应用

（一）饲用木本植物营养价值概况

木本饲料是指乔木、灌木、半灌木及木质藤本植物的幼嫩枝叶、花、果实、种子及其副产品。木本饲用植物营养价值丰富,CP 含量比禾草

饲料高约 50%,钙的含量比禾草饲料高 3 倍,粗纤维则比禾草饲料低约 60%,灰分和磷的平均含量相近。南方热带地区饲用植物资源非常丰富,李茂等(2012)测定了银合欢在内的海南黑山羊经常采食的 50 多种饲用灌木主要营养成分,干物质、粗蛋白、粗脂肪、中性洗涤纤维、酸性洗涤纤维含量和饲料相对值的平均值分别为 33.69%、12.85%、3.93%、39.22%、33.06% 和 1.45,属于优良的饲草来源。蔡林宏等(2012)报道了 6 种千斤拔叶片的 CP、ADF、NDF、EE、Ash 平均含量分别为 18.55%、38.66%、47.10%、3.75%、5.35%。孙建昌等(2006)对贵州 36 种木本饲料植物的营养成分进行了分析,结果发现木本饲料植物营养成分丰富,其中构树、刺槐、紫穗槐、羊蹄甲的树叶粗蛋白质含量超过了 20%,粗纤维含量除羊蹄甲外均在 20% 以下。饲料桑是近年来新开发的饲料资源,含粗蛋白 17.8%、粗纤维 10.6%、粗脂肪 3.9%、粗灰分 14.4%、钙 2.34%、总磷 0.32%,氨基酸种类齐全,富含铁、锌、锰等元素。刘海刚等(2010)研究表明,12 个品种银合欢叶的粗蛋白质含量都在 25% 以上,均为 1 级,是理想的动物饲料。

(二)饲用木本植物消化率特征

饲用木本植物具有较高的蛋白含量和较低的粗纤维含量,饲料中较高的蛋白含量为山羊瘤胃提供更多的氮源,能够增强瘤胃微生物活力,粗纤维不易被降解,一定程度上会影响消化率,这些特征使得木本饲用植物具有较高的饲用价值。李茂等(2011,2013)报道了 23 种木本饲料平均干物质体外消化率为 64.97%。陈艳琴等(2011)报道了山蚂蝗亚族植物的平均干物质降解率为 44.33%。以上研究表明,饲用木本植物消化率差异较大,进行饲用价值评价十分必要。

(三)饲用木本植物对山羊生产性能的影响

饲用木本植物对山羊适口性差异较大,海南黑山羊对银合欢、大叶千斤拔、木豆和假木豆四种饲用灌木采食量依次为假木豆 > 木豆 > 大叶千斤拔 > 银合欢。饲用木本植物对动物生产性能也具有积极作用,杨宇衡等(2010)研究表明,在南江黄羊精料中添加 20% 的氨化银合欢叶粉,可提高日增重($P=0.01$),降低日粮料重比(F/G)。李昊帮等(2016)研究了桑叶粉不同添加水平对湘东黑山羊瘤胃发酵性能的影响,结果表明饲粮中添加桑叶粉对于山羊瘤胃发酵具有积极作用,以 10% 添加量最为适宜。

四、农业副产物在南方热带地区山羊饲料中的应用

(一)农业副产物营养价值概况

我国南方热带地区经济作物种植面积大,其中又以甘蔗、香蕉、木薯最多,在种植经济作物带来巨大经济效益的同时,产生了甘蔗梢、香蕉茎叶、木薯茎叶和木薯渣等副产物,传统处理方式除了极少量能够利用外均丢弃处理,造成巨大环境压力。这些农业副产物已经部分用于山羊养殖中,但缺乏科学指导,利用效率低。甘蔗梢约占全株甘蔗的 20%,产量巨大,收获期正值枯草期,利用甘蔗梢做粗饲料,可以解决山羊越冬期饲料不足的问题。甘蔗梢具有较高的营养成分,富含碳水化合物、蛋白质和多种维生素。新鲜甘蔗梢含水分约 75%,粗蛋白质约 7.5%,粗脂肪约 4%,中性洗涤纤维约 60%,酸性洗涤纤维约 30%,不同地区、不同品种甘蔗梢营养成分稍有差异。香蕉茎叶含有较高的水分,新鲜样水分可达 95%。香蕉叶片水分含量约为 75%。香蕉茎秆整株水分约为 90%,粗蛋白质含量约为 7.5%,粗脂肪含量约为 1%,粗纤维约为 25%,钙含量约为 1.4%,磷含量约为 0.2%,含单宁约 0.16%。木薯渣主要由木薯外皮和内部破碎的细胞壁组织组成,分为木薯淀粉渣和木薯酒精渣。木薯淀粉渣成分以碳水化合物为主,无氮浸出物含量高达 60%,而粗脂肪和粗蛋白质含量极低,新鲜木薯渣初水分接近 80%;木薯酒精渣成分主要是粗纤维、粗灰分和无氮浸出物,粗脂肪含量极低。木薯茎叶 CP、EE、CF、ADF、NDF、OM 和 GE 平均含量分别为 17.73%、5.73%、22.68%、28.1%、33.41%、92% 和 17.71 MJ/kg,粗蛋白、能量含量高,纤维含量低,是一种优质粗饲料。

(二)农业副产物消化率特征

王定发等(2015)和吴兆鹏等(2016)研究表明,通过青贮处理可以提高甘蔗梢中养分瘤胃降解率。字学娟等(2010)采用体外产气法测定香蕉茎叶的体外干物质消化率约为 50%。李梦楚等(2014)研究表明,青贮能提高香蕉茎叶干物质、粗蛋白质、中性洗涤纤维和瘤胃降解率。

韦升菊等（2011）应用体外产气法评定了广西地区木薯渣的营养价值，测得木薯渣有机物体外消化率为 78.08%，代谢能为 10.81 MJ/kg，饲料相对评定指数为 164.69。

（三）农业副产物对山羊生产性能的影响

周雄等（2015）研究发现，用青贮甘蔗梢替代 75% 王草可以提高黑山羊平均干物质采食量，并提高日粮中粗脂肪、中性洗涤纤维和酸性洗涤纤维的表观消化率。新鲜香蕉叶可以完全替代粗饲料饲喂隆林山羊，并且具有良好的增重效果。青贮香蕉茎叶饲喂断奶后波尔山羊 100 d，对其血液中总蛋白、脂类、胆红素、转氨酶含量无显著影响。周璐丽等（2015）研究发现，青贮香蕉茎叶替代 25% 新鲜王草与全部饲喂王草作为粗饲料组黑山羊生长性能相当。张莲英等（2011）研究发现，饲料中木薯渣与精料的混合比例为 2∶1 时较为合理，综合效益较好。张吉鹛等（2009）发现，利用木薯渣作为能量添补饲料，通过改变补饲方式和增加饲喂次数可以提高山羊的生产性能。高俊峰（2013）发现，在广西本地黑山羊日粮中添加 20% 发酵木薯渣，可以提高黑山羊的生长性能和干物质、粗纤维、粗蛋白质和能量的表观消化率。胡琳（2016）以木薯茎叶为粗饲料饲喂海南黑山羊，结果发现精粗比为 5∶5 时海南黑山羊有较高的采食量和日增重，并且日粮养分表观消化率较高。

五、小结

随着我国经济的发展，人民生活水平日益提高，对羊肉的需求加大，进一步促进了我国草牧业的发展。粗饲料是现代草牧业的物质基础，为了满足家畜的营养需要，需要大量优质粗饲料。目前我国南方热带地区山羊粗饲料的研究已经取得了丰硕的成果，经济、生态和社会效益十分明显。但是仍然存在诸多不足，如粗饲料微量元素、氨基酸以及抗营养因子等关键营养参数缺乏；粗饲料消化代谢参数较少，主要以体外产气法研究降解率，瘤胃降解特性较少；粗饲料对山羊生产性能研究有待深入，对动物屠宰性能、肌肉品质以及相关基因表达、消化道发育以及消化道微生物的影响研究缺乏；缺乏相关的高效、实用轻简化技术，对山羊产业的科技支撑力度较弱。总的看来，与北方传统牧区相比，南方热带地区山羊粗饲料研究还比较薄弱,需要结合南方特有自然、气候条件,粗饲料资源以及山羊养殖方式进行持久、深入的研究,以得到更多高效、实用的轻简化技术,推动南方热带地区草牧业的进一步发展。

参考文献

[1]Aksu T, Baytok E, Akif K M, et al.Effects of formic acid, molasses and inoculant additives on corn silage composition, organic matter digestibility and microbial protein synthesis in sheep[J].J.Dairy Sci.,2006,61（1）:29-33.

[2]Agricultural Research Council.The nutrient requirements of ruminant livestock [M].London: Commonwealth Agricultural Bureaux, 1980.

[3]Birbal S, Tejk B, Bhupinder S. Potential therapeutic applications of some anti-nutritional plant secondary metabolites[J]. Journal of agricultural and food chemistry,2003,51: 5579-5597.

[4]Cassida K A, Muir J P, Hussey M A, et al.Biofuel component concentrations and yields of switch grass in south central US environments [J].Crop Science,2005,45: 682-692.

[5]Catchpoole V R, Henzell E F.Silage and silage-making from tropical herbage species[J].Herbage Abstracts,1971,41: 213-221.

[6]Chen M X, Liu Q H, Zhang J G.Characteristics of new forage rice and effects of additives on its silage quality[J].Acta Prataculturae Sinica,2011,20（5）:201-206.

[7]Chen Y, Chen J, Zhang Y, et al.Effect of harvest date on shearing force of maize stems[J].Livestock Science,2007,111（1）: 33-44.

[8]Chen Y, Luo F C, Mao H M, et al. The influence of fertilization and mowing height on King grass yield and quality[J].Pratacultural Science,2009,26（2）:72-75.

[9]Coblentz W K, Abdelgadir I E O, Cochran R C, et al. Degradability of forage proteins by *in situ* and *in vitro* enzymatic

methods [J].J DAIRY SCI,1999,82（2）: 343-354.

[10]Colombatto D, Mould F L, Bhat M K, et al. *In vitro* evaluation of fbrolytic enzymes as additives formaize（*Zea mays* L.）silage. Ⅰ. Effects of ensiling temperature, enzyme source and addition level [J].Animal Feed Science and Technology,2004,111: 111-128.

[11]Colombatto D, Mould F L, Bhat M K, et al. *In vitro* evaluation of fibrolytic enzymes as additives formaize（*Zea mays* L.）silage. Ⅱ. Effects on rate of acidification, fibre degradation during ensiling and rumen fermentation [J].Animal Feed Science and Technology,2004,111: 129-143.

[12]Cone J W, Gelder van A H.Influence of protein fermentation on gas production profiles[J].Animal Feed Science and Technology, 1999,76: 251-264.

[13]Dean D B, Adesogen A T, Krueger N, et al. Effect of fibrolytic enzymes on the fermentation characteristics, aerobic stability, and digestibility of bermudagrass silage [J].J.Dairy Sci.,2005,88: 994-1003.

[14]Doane P H, Schofield P, Pell A N.Neutral detergent fiber disappearance and gas and volatile fatty acid production during the *in vitro* fermentation of six forages [J].Journal of Animal Science,1997, 75: 3343-3352.

[15]Dong C F, Shen Y X, Ding C L, et al.The feeding quality of rice（*Oryza sativa* L.）straw at different cutting heights and the related stem morphological traits [J].Field Crop Res,2013,141: 1-8.

[16]Dong J, Wang K, Dong K H.Effect of different additives and wilting degree on Silage quality of perfoliate rosinweed（Silphium perf oliatum L.）[J].Chinese Journal of Grassland,2009,31（2）: 81-85.

[17]Edmunds B, Sudekum K H, Spiekers H, et al.Estimating ruminal crude protein degradation of forages using and techniques [J]. Anim Feed Sci Tech,2012,175（3）: 95-105.

[18]Elmore R W, Jacokbs J A.Yield and yield components of sorghum and soybeans of varying plant heights when intercropped [J]. AGRON J,1984,76（4）: 561-564.

[19]Golley F B. Energy values of ecological materials [J].Ecology，1962，42：581-584.

[20]Guo X S, Ke W C, Ding W R, et al. Profiling of metabolome and bacterial community dynamics in ensiled Medicago sativa inoculated without or with or [J].Sci Rep,2018,8：357.

[21]Guodao L, Phaikaew C, Stür WW.Status of Stylosanthes development in other countries. Ⅱ. Stylosanthes development and utilization in China and south-east Asia [J].Tropical Grasslands,1997, 31（5）：460-466.

[22]Haslam E.Plant polyphenols and chemical defense a reappraisal [J].Journal of chemical ecology,1988,14（10）：1789-1805.

[23]He L W, Meng Q X, Li D Y, et al.Effect of different fibre sources on performance, carcass characteristics and gastrointestinal tract development of growing Greylag geese[J].British Poultry Science,2015,56（1）：88-93.

[24]He L, Zhou W, Wang Y, et al.Effect of applying lactic acid bacteria and cellulase on the fermentation quality, nutritive value, tannins profile and *in vitro* digestibility of leaves silage[J].J Anim Physiol A Anim Nutr,2018,102：1429-1436.

[25]Henderson N.Silage additives [J].Animal Feed Science and Technology,1993,45：35-56.

[26]Herrero M, Do Valle C B, Hughes N R G, et al.Measurements of physical strength and their relationship to the chemical composition of four species of Brachiaria[J].Animal Feed Science and Technology,2001,92（3）：149-158.

[27]Hidehiko I , Masanori T, Morinobu M, et al.Farm-scale method for producing high-quality rice grain silage[J].Grassland Science,2013,59：63-72.

[28]Hiraoka H, Ishikuro E, Goto T.Simultaneous analysis of organic acids and inorganic anions in silage by capillary electrophoresis[J].Animal Feed Science and Technology,2010,161（1）：58-66.

参考文献

[29]Hughes N R G, Borges do Valle C, Sabatel V, et al.Shearing strength as an additional selection criterion for quality in Brachiaria pasture ecotypes[J].The Journal of Agricultural Science,2000,135(2): 123-130.

[30]Inoué T, Brookes I M, John A, et al.Effects of leaf shear breaking load on the feeding value of perennial ryegrass (Lolium pevenne) for sheep. II. Effects on feed intake, particle breakdown, rumen digesta outflow and animal performance[J].Journal of Agricultural Science,1994 (123): 137-147.

[31]Iwaasa A D, Beauchemin K A, Buchanan-Smith J G, et al.A shearing technique measuring resistance properties of plant stems[J]. Animal Feed Science Technology,1996 (57): 225-237.

[32]Jaakkola S, Huhtanen P.The effect of cell wall degrading enzymes or formic acid on fermentation quality and on digestion of grass silage by cattle[J].Grass and Forage Science,1991,46 (1): 75-80.

[33]Jackson Felicity S, Barry Tom N, Lascano Carlos, et al.The extractable and bound condensed tannin content of leaves from tropical tree, shrub and forage legumes [J].Journal of the Science of Food and Agriculture,1996,71 (1): 103-110

[34]Jacobs J L, Mc Allan A B.Enzymes as silage additives for silage quality, digestion, digestibility and performance in growing cattle[J].Grass and Forage Science,1991,46 (1): 63-68.

[35]Jordan C F.Productivity of a tropical forest and its relation to a world pattern of energy storage [J].Journal of Ecology,1971,59: 127-142.

[36]Kaur R, Garcia S C, Fulkerson W J, et al.Degradation kinetics of leaves, petioles and stems of forage rape (Brassica napus) as affected by maturity [J].Anim Feed Sci Tech,2011,168 (3): 165-178.

[37]Kim J G, Chuang E S, Soe S.Effects of maturity at harvest and wilting days on quality of round baled ryegrass silage [J].Asian-Australasian Journal of Animal Science,2001,14 (9): 1233-1237.

[38]Kleinschmit D H, Schmidt R J, Kung L Jr.The effect of various antifungal additives on the fermentation and aerobic stability of Corn silage[J].Journal of Dairy Science,2005,88 (6): 2130-2139.

[39]Kung L J, Carmean B R, Tung R S.Microbial inoculation or cellulase enzyme treatment of barely and vetch silage harvested at three maturities [J].Journal of Dairy Science,1990,73（5）: 1304-1311.

[40]Kung L J, Taylor C C, Lynch M P.The effect of treating alfalfa with Lactobacillus bunchneri 40788 on silage fermentation, aerobic stability, and nutritive value for lactatingdairy cows[J].Journal of Dairy Science,2003,86（1）: 336-343.

[41]Kung L J, Tung R S, Maciorowski K G, et al.Effects of plant cell-wall-degrading enzymes and lactic bacteria on silage fermentation and composition [J].Journal of Dairy Science,1991,74（12）:4284-4296.

[42]Kung L J, Myers C L, Neylon J M, et al.The effects of buffered propionic acid-based additives alone or combined with microbial inoculation on the fermentation of high moisture cornand whole-crop barley[J].Journal of Dairy Science,2003,87: 1310-1316.

[43]Kung L J, Ranjit N K.The effect of lactobacillus buchneriand other additives on the fermentation and aerobic stability of barley silage[J].Journal of Dairy Science,2001,84: 1149-1155.

[44]Kung L J, Taylor C C, Lynch M P, et al.The effect of trea-ting alfalfa with Lactobacillus buchneri 40788 on silage fermen-tation, aerobic stability and nutritive value for lactating dairycows[J].Journal of Dairy Science,2003,86: 336-343.

[45]Lees G L, Hinks C F, Suttill N H. Effect of high temperature on condensed tannin accumulation in leaf tissues of Big Trefoil（Lotus uliginosus Schkuhr）[J].Journal of the science of food and agriculture, 1994,65: 415-421.

[46]Li F H, Ding Z T, Ke W C, et al.Ferulic acid esterase-producing lactic acid bacteria and cellulase pretreatments of corn stalk silage at two different temperaturesEnsiling characteristics, carbohydrates composition and enzymatic saccharification[J].Bior Tech,2019（282）: 211-221.

[47]Li J.Effects of additives on fermentation quality of rice straw silage[D].Nanjing: Nanjing Agricultural University,2007.

[48]Li M, Zhou H L, Zi X J, et al.Silage fermentation and ruminal

degradation of stylo prepared with lactic acid bacteria and cellulase[J]. Anim Sci J, 2017, 88: 1531-1537.

[49]Li M, Zi X J, Zhou H L, et al.Effects of sucrose, glucose, molasses and cellulase on fermentation quality and *in vitro* gas production of king grass silage[J].Anim Feed Sci Tech, 2014, 197: 206-212.

[50]Liu Q H, Zhang J G, Shi S L, et al.The effects of wilting and storage temperatures on the fermentation quality and aerobic stability of stylo silage[J].Animal Science Journal, 2011, 82: 549-553.

[51]Liu D D.The effects of different concentrations of previosly fernmented juice and dehydroaceticacid on the quality and aerobic stability of rice straw silage[D].Haerbin: Northeast Agricultural University, 2008.

[52]Liu G D, Bai C J, Wang D J, et al.The selection and utilization of Reyan No.4 king grass[J].Acta Agrestia Sinica, 2002, 10（2）: 92-96.

[53]LIU H W, Zhou D W.Influence of pasture intake on meat quality, lipid oxidation, and fatty acid composition of geese[J].Journal of Animal Science, 2013, 91: 764-771.

[54]Liu L, Yang Z B, Yang W R, et al.Correlations among shearing force, morphological characteristic, chemical composition, and *in situ* digestibility of alfalfa（Medicago sativa 1）stem[J].Asian-Australasian Journal of Animal Sciences, 2009, 22（4）: 520-527.

[55]Liu Q H, Zhang J G, Lu X L.The effects of lactic acid bacteria inoculation on the fermentation quality and aerobic stability of king grass silage[J].Acta Prataculturae Sinica, 2009, 18（4）: 131-137.

[56]Liu Q, Chen M, Zhang J, et al.Characteristics of isolated lactic acid bacteria and their effectiveness to improve stylo（Sw.）silage quality at various temperatures[J].Anim Sci J, 2012, 83: 128-135.

[57]Liu Q H, Zhang J G, Shi S L, et al.The effects of wilting and storage temperatures on the fermentation quality and aerobic stability of stylo silage[J].Animal Science Journal, 2011, 82（4）: 549-553.

[58]Liu Q H, Chen M X, Zhang J G, et al.Characteristics of isolated lactic acid bacteria and their effectiveness to improve stylo（Stylosanthes guianensis Sw.）silage quality at various temperatures.

[J].Animal Science Journal,2012,83（2）: 128-135.

[59]Liu X, Han L J, Hara S, et al. Effects of different additives on the quality of alfalfa silage [J].Journal of China Agricultural University,2004,9（3）: 25-30.

[60]Ma Q H, Li M, Zhou H L.Effect of Adding cellulase on Fermentation Quality and Carbohydrate Contents of King grass Silages[J].Heilongjiang Animal Science and Veterinary Medicine,2011（3）: 79-81.

[61]Mackinnon B W, Easton H S, Barry T N, et al.The effect of reduced leaf shear strength on the nutritive value of perennial ryegrass[J].The Journal of Agricultural Science,1988,111（3）: 469-474.

[62]Mani S, Tabil L G, Sokhansanj S.Grinding performance and physical properties of wheat and barley straws, corn stover and switch grass [J].Biomass and Bioenergy,2004,27: 339-352.

[63]Manyawu G J, Sibanda S, Mutisi C.The effect of pre-wilting and incorporation of maize meal on the fermentation of banagrass silage [J].Asian-Australasian Journal of Animal Science,2003,16（6）: 843-851.

[64]Masuko T, Saori T, Nozomi F, et al.Effects of adding formic acid, bacterial inoculant or a mixture of bacterial inoculant and enzymes on the fermentation quality of wilted grass silages[J]. Grassland Science,1999,44（4）: 347-355.

[65]Menke K H, Raab L, Salewski A, et al.The estimation of the digestibility and metabolizable energy content of ruminant feedingstuffs from the gas production when they are incubated with rumen liquor *in vitro* [J].Journal of Agriculture Science（Cambridge）,1979,93: 217-222.

[66]Menke K H, Steingass H.Estimation of the energetic feed value obtained from chemical analysis and *in vitro* gas production using rumen flued[J].Animal Research and Development,1988（28）: 7-55.

[67]Michelena J B, Senra A, Fraga C.Effect of formic acid, propionic acid and pre-drying on the nutritive value of king grass（Pennisetum purpureum）silage[J].Cuban Journal of Agricultural Science,2002（3）: 231-236.

[68]Mimaki Y, Yokosuka A, Kuroda M, et al.New bisdesmosidic triterpene saponins from the roots of Pulsatilla chinensis [J].Journal of Natural Products,2001,64（9）: 1226-1229.

[69]National Research Council.Nutrient Requirements of Cattle [M].WashingtonD.C.: Academy Press,2001.

[70]Nsahlai I V, Siaw D E K A, Osuji P O.The relationships between gas production and chemical composition of 23 browses of the genus Sesbania [J].Journal of the Science of Food and Agriculture, 1994,65（1）: 13-20.

[71]Nurfeta A, Eik L O, Tolera A, et al.Chemical composition and dry matter degradability of different morphological fractions of 10 enset varieties [J].Anim Feed Sci Tech,2008,146（1）: 55-73.

[72]Ohshima M, Cao LM, Kimura E, et al.Influence of addition of fermented green juice to alfalfa ensiled at different moisture contents[J].Grass.Sci,1997,43（1）: 56-68.

[73]Ohshima M, Kimura Y E, Yokota H.A method of making good quality silage from direct cut alfalfa by spraying previously fermented juice[J].Anim.Feed Sci.Technol,1997,66（1）: 129-137.

[74]Ohshima M, Ohshima Y, Kimura E, et al.Fermentation quality of alfalfa and Italian ryegrass silages treated with previously fermented juices prepared from both the herbages[J].Anim.Sci.Technol,1997,68（1）: 41-44.

[75]Owens V N, Albrecht K A, Muck R E, et al.Protein degradation and fermentation characteristics of red clover and alfalfa silage harvested with varying levels of total nonstructural carbohydrates [J].Crop Science,1999,39（6）: 1873-1880.

[76]Paine R T.The measurement and application of the calorie to ecological problems[J].Annual Review of Ecology and Systematics, 1971（2）: 145-164.

[77]Peng H L.Effects of different additive on the quality of alfalfa silage [D].Beijing: China Agricultural University,2003.

[78]Rby A T.The effect of some acid-based additives applied to wet grass crops under various ensiling conditions[J].Grass & Forage

Science,2001,volume 55（4）: 289-299.

[79]Rohweder D A, Barnes R F, Jorgensen N.Proposed hay grading standards based on laboratory analyses for evaluating quality[J].Journal of Animal Science,1978,47（3）: 747-759.

[80]Rotger A, Ferret A, Manteca X, et al.Effects of dietary nonstructural carbohydrates and protein sources on feeding behavior of tethered heifers fed high-concentrate diets [J].Journal of Animal Science,2006,84（5）: 1197-1204.

[81]Saaty T L.The Analytic Hierachy Process [M].New York: McGraw-Hill,1980.

[82]Schmidt R J, Kung L.The effects of Lactobacillus buchneri with or without a homolactic bacterium on the fermentation and aerobic stability of corn silages made at different locations[J].Journal of Dairy Science,2010,93（4）: 1616-1624.

[83]Selmer-Olsen.Enzymes as silage additives for grass-clove mixtures[J].Grass and Forage Science,1994,49（3）: 305-315.

[84] Shao T, Ohba N, Shimojo M, et al.Effect of adding glucose, sorbic acid and pre-fermented juice on the fermentation quality of guineagrass（Panicum maximum Jacq.）silage [J].Asian-Australasian Journal of Animal Sciences,2004,17（6）: 808-813.

[85]Shao T, Ohba N, Shimojo M, et al.Fermentation quality of forage oat（*Avena sativa* L.）silages treated with pre-fermented juices, sorbic acid, glucose and encapsulated-glucose[J].Journal of Faculty of Agriculture, Kyushu University,2003,47（2）: 341-349.

[86]Shao T, Zhang L, Shimojo M, et al.Fermentation quality of Italian Ryegrass（Lolium multiflorum Lam.）silages treated with encapsulated-glucose, glucose, sorbic acid and pre-fermented juices[J].Asian-Australasian Journal of Animal Sciences,2007,20（11）: 1699-1704.

[87]Shao T, Zhang Z X, Shimojo M, et al.Comparison of fermentation characteristics of Italian ryegrass（*Lolium multiflorum* Lam.）and guineagrass（*Panicum maximum* Jacq.）during the early stage of ensiling[J].Asian-Australasian Journal of Animal Sciences,2005,18

（12）：1727-1734.

[88]Shure D J, Ogle M. Rainfall effects on plant-herbivore proeesses in an upland oak forest[J].Ecology,1998,79（2）：604-617.

[89]Shure D J, Mooreside P D, Ogle S M. Rainfall effects on plant-herbivore proeesses in an upland oak forest[J].Ecology,1998,79（2）：604-617.

[90]Stanley C C, Williams C C, Jenny B F, et al.Effects of feeding milk replacer once versus twice daily on glucose metabolism in Holstein and Jersey calves[J].Journal of Dairy Science,2002,85（9）：2335-2343.

[91]Sun Z H, Liu S M, Tayo G O, et al.Effects of cellulase or lactic acid bacteria on silage fermentation and *in vitro* gas production of several morphological fractions of maize stover[J].Animal Feed Science and Technology,2009,152：219-231.

[92]Tang W X.The mechanism of improving quality of alfalfa silage treated with Previously Fermented Juice[D].Beijing：China Agricultural University,2004.

[93]Taylan A, Erol B M, Akif K, et al.Effects of formic acid, molas-ses and inoculant additives on corn silage composition, organic matter digestibility and microbial protein synthesis in sheep[J].Small Ruminant Research,2006,61：29-33.

[94]Tian J, Yu Y, Yu Z, et al.Effects of lactic acid bacteria inoculants and cellulase on fermentation quality and *in vitro* digestibility of Leymus chinensis silage[J].Grassl Sci,2015,60（4）：199-205.

[95]Tomoda Y, Tokuda H, Nakanishi K, et al.Effect of a cellulase preparation originated from Acremonium cellulolyticus Y-94 on the release of sugar from alfalfa powder[J]·Journal of Japanese Society of Grassland Science,1996,42（2）：159-162.

[96]Wan L Q, Li X L, Zhang X P, et al. The effect of different water contents and additive mixtures on Medicago sativa silage[J].Acta Prataculturae Sinica,2007,16（2）：40-45.

[97]Van Soest P J, Robertson J B, Lewis B A.Methods for dietary

fiber, neutral detergent fiber, and non-starch polysaccharides in relation to animal nutrition[J].Journal of Dairy Science,1991,74(10): 3583-3597.

[98]Wang Z Y, Yang H M, Lu J, et al.Influence of whole hulled rice and rice husk feeding on the performance, carcass yield and digestive tract development of geese[J].Animal Feed Science & Technology,2014,194: 99-105.

[99]Wen C P, Li W, Qi Z P, et al.Effect of water stress on the growth of kinggrass[J].Acta Prataculturae Sinica,2012,21（4）: 72-78.

[100]Whittaker R H. 群落与生态系统 [M]. 姚壁君,译. 北京：科学出版社,1977.

[101]Wilkinson J M.Silage[M].Aberystwyth: Chalcombe Publication,2005,77-85.

[102]Wilkinson J M, Chapman P F, Wilkins R J, et al.Interrelationships between patern of fermentation during ensiling and initial crop composition [M].Tokyo: Westview Press,1981.

[103]Woolford M K.Microbiological screening of food preservatives: cold sterilants and specific antimicrobial agents as potential silage additives[J].J.Sci.Food Agric,1975,26: 219-228.

[104]Xu Q F, Cui Z W, Wei H J, et al.Effect of different additives on the quality of triticale silage[J].Acta Agrestia Sinica,2009,17（4）: 480-484.

[105]Xu Y F, Bi Y F, Tu X C, et al.Study on relations between different cutting frequency and cutting height of king grass and its physiology characters and yield[J].Prataculture & Animal Husbandry, 2006（1）: 23-27.

[106]Yahaya M S, Goto M, Yimiti W, et al.Evaluation of fermentation quality of a tropical and temperature forage crops ensiled with additives of fermented Juice of epiphytic lactic acid bacteria（FJLB）[J].Asian-Australasian Journal of Animal Sciences,2004,17: 942-946.

[107]Yan S.The effect of carbohydrate additives and different harvest stages on corn silage quality[D].Haerbin: Northeast Agricultural

University, 2010.

[108]Yang Z G.A Study on the Spring Ensilage of Italian Ryegrass [D].Nanjing: Nanjing Agricultural University, 2002.

[109]Yi Kexian, Lascano C E, Kerridge P C, et al.The effect of three tropical shrub legumes on intake rate and acceptability by small ruminants [J].Pasturas tropicales, 1998, 20（3）: 31-35.

[110]Yu Feng, Barry T N, McNabb W C, et al.Effect of bound condensed tannin from cottonseed upon in situ protein solubility and dry matter digestion in the rumen [J].Journal of the Science of Food and Agriculture, 1995, 69（3）: 311-319.

[111]Yu Z, Naoki N, Guo X S.Chemical changes during ensilage and in sacco degradation of two tropical grasses: rhodesgrass and guineagrass treated with cell wall-degrading enzymes[J].Asian-Australasian Journal of Animal Sciences, 2011, 24, 214-221.

[112]Yuan X J, Guo G, Wen A Y, et al.The effect of different additives on the fermentation quality, in vitro, digestibility and aerobic stability of a total mixed ration silage[J].Anim Feed Sci Tech, 2015, 207: 41-50.

[113]Zhang J G, Sumio K, Ryohei F, et al.Effects of lactic acid bacteria and cellulase additives at different temperatures on the fermentation quality of corn and Guineagrass silages[J].Acta Prataculturae Sinica, 1997, 6（3）: 66-75.

[114]Zhang J G.Roles of biological additives in silage production and utilization[J].Research Advance in Food Science, 2002（3）: 37-46.

[115]Zhang L Y.Feed analysis and feed quality control technology [M].Beijing: China Agricultural University Press, 2002.

[116]Zhang X P, Li X L, Wan L Q.Studies on the application of orthogonal design in additive experiment of Medicago sativasilage[J]. Grassland and Turf, 2006（1）: 28-32.

[117]Zhao G Y, Lebzien P.Development of an in vitro incubation technique for the estimation of the utilizable crude protein（uCP）in feeds for cattle [J].Archives of Animal Nutrition, 2000, 53（3）: 293-302.

[118]Zhou D W, Chen J, She J K, et al.Temporal dynamics of

shearing force of rice stem[J].Biomass and Bioenergy,2012,47: 109-114.

[119]Zhu Yu, Nishino N, Kishida Y, et al.Ensiling characteristic and ruminal degradation of Italian ryegrass and Luceme silages treated with cell wall-degrading enzymes [J].Journal of the Science of Food and Agriculture,1999,79: 1987-1992.

[120]Rskov E R, McDonald I.The estimation of protein degradability in the rumen from incubation measurements weighted according to rate of passage [J].The Journal of Agricultural Science, 1979,92（2）: 499-503.

[121]白昌军,刘国道,王东劲,等.高产抗病圭亚那柱花草综合性状评价 [J]. 热带作物学报,2004,25（2）: 87-94.

[122]白厚义.试验方法及统计分析 [M].北京：中国林业出版社, 2005.

[123]白静,赵志军,黄科明.饲料中单宁的抗营养性及其消除 [J]. 河南畜牧兽医,2005,26（5）: 12-14.

[124]包万华,卜登攀,周凌云,等.青贮饲料添加剂应用的研究进展 [J]. 中国畜牧兽医,2012,（8）: 124-128.

[125]毕玉芬,车伟光.几种苜蓿属植物植株热值研究 [J].草地学报, 2002,10（4）: 265-269.

[126]蔡林宏,周汉林,刘国道,等.6 种千斤拔不同生育期的营养价值分析 [J]. 热带作物学报,2012（2）: 225-229.

[127]曹兵海,王之盛,黄必志,等.木薯渣在肉牛生产上有质量价格优势 [J]. 中国畜牧业,2013（9）: 58-60.

[128]曹国军,彭春风,周微.饲用灌木在不同生育期范式纤维与体外消化率动态变化 [J].江西农业学报,2010,22（2）: 70-73.

[129]曾辉,邱玉朗,李林,等.酶制剂和乳酸菌对秸秆微贮饲料质量及瘤胃降解率的影响 [J].中国畜牧杂志,2018,54（11）: 89-93.

[130]陈家祥,张仁义,王全溪,等.地衣芽孢杆菌对麻羽肉鸡肠道组织结构及盲肠微生物区系的影响 [J].动物营养学报,2010,22（3）: 757-761.

[131]陈明霞,刘秦华,张建国.饲料稻新材料的特性及添加物对其青贮品质的影响 [J].草业学报,2011,20（5）: 201-206.

[132]陈天寿.微生物培养基的制造与应用 [M].北京：中国农业出

版社,1995.

[133]陈晓琳,刘志科,孙娟,等.不同牧草在肉羊瘤胃中的降解特性研究 [J].草业学报,2014,23(2):268-276.

[134]陈鑫珠,庄益芬,张建国,等.生物添加剂对水葫芦与甜玉米秸秆混合青贮品质的影响 [J].草业学报,2011,20(6):195-202.

[135]陈兴乾,罗美娇,方运雄,等.饲喂香蕉茎叶对隆林山羊生长性能的影响 [J].广西畜牧兽医,2011,27(2):69-72.

[136]陈艳琴,刘斌,周汉林,等.体外产气法评定几种山蚂蝗亚族植物的营养价值 [J].热带作物学报,2011,(5):816-820.

[137]陈艳琴,周汉林,刘国道.山蚂蝗饲料资源研究进展 [J].草业科学,2010,27(10):173-178.

[138]陈勇,罗富成,毛华明,等.不同株高刈割对王草营养价值及降解率的影响 [J].贵州农业科学,2010(10):74-76.

[139]陈勇,罗富成,毛华明,等.施肥水平和不同株高刈割对王草产量和品质的影响 [J].草业科学,2009,26(2):72-75.

[140]程鹏辉,廖新俤,吴银宝.利用猪粪液为菌源体外发酵产气法评价牧草纤维品质 [J].草业学报,2007,16(5):61-69.

[141]崔树和,李香子,高青山,等.不同精粗比膨化玉米秸秆饲料对延边黄牛生产性能和血液生化指标的影响 [J].饲料研究,2016(4):21-26.

[142]崔秀梅,杨在宾,杨维仁,等.作物秸秆剪切力与其饲料营养特性的关系 [J].中国农业科学,2012,45(15):3137-3146.

[143]邓艳芳,李长慧,刘书杰,等.体外产气法评价苜蓿青贮品质 [J].黑龙江畜牧兽医,2009(4):63-65.

[144]丁武蓉,干友民,郭旭生,等.甲酸对二色胡枝子青贮品质的影响 [J].草地学报,2008,16(1):81-84.

[145]丁武蓉,杨富裕,郭旭生,等.添加乳酸菌和纤维素酶对二色胡枝子青贮品质的影响 [J].西北农林科技大学学报(自然科学版),2008,36(4):8-14.

[146]丁学智,龙瑞军,阳伏林,等.体外产气法评定天祝几种高山植物的抗营养因子及饲用潜力 [J].草业学报,2007,16(1):35-39.

[147]董洁,王康,董宽虎.不同添加剂和凋萎程度对串叶松香草青贮品质的影响 [J].中国草地学报,2009,31(2):81-85.

[148]樊莉娟.添加剂对5种灌木类饲用植物青贮效果的影响[D].兰州：甘肃农业大学,2008.

[149]斐扬,周群英,陈少雄.雷州半岛桉树生物质能源林生长的密度效应研究[J].2010,18（4）:350-356.

[150]冯养廉.反刍动物营养学[M].北京：科学出版社,2004.

[151]高俊峰.发酵木薯渣对本地黑山羊生长性能、血液生化指标和养分消化代谢的影响[D].南宁：广西大学,2013.

[152]高杨,张新全,谢文刚.鸭茅的营养价值评定[J].草地学报,2009,17（2）:222-226.

[153]高优娜.鄂尔多斯高原锦鸡儿属几个种的营养价值与饲用价值研究[D].呼和浩特：内蒙古农业大学,2006.

[154]高雨飞,黎力之,欧阳克蕙,等.甘蔗梢作为饲料资源的开发与利用[J].饲料广角,2014（21）:44-45.

[155]葛剑,杨翠军,刘贵河,等.添加剂和混合比例对裸燕麦和紫花苜蓿混贮品质的影响[J].草业学报,2015（6）:116-124.

[156]辜玉红,王康宁.肠黏膜营养及生长调节研究进展[J].饲料博览,2003（2）:8-10

[157]官丽莉,周小勇,罗艳.我国植物热值研究综述[J].生物学杂志,2005,24（4）:452-457.

[158]郭继勋,王若丹.东北草原优势植物羊草热值和能量特征[J].草业学报,2000,9（4）:28-32.

[159]郭金双.不同青贮添加剂对青贮品质的影响[D].北京：中国农业大学,1998.

[160]郭天龙,侯先志,韩吉雨,等.不同添加剂对甜菜茎叶青贮品质的影响[J].中国畜牧兽医,2009,36（5）:14-17.

[161]郭旭生,丁武蓉,玉柱.青贮饲料发酵品质评定体系及其新进展[J].中国草地学报,2008（4）:100-106.

[162]郭彦军,龙瑞军,张德罡,等.利用体外产气法测定高山牧草和灌木的干物质降解率[J].草业学报,2003,12（2）:54-60.

[163]郭彦军.高寒草甸几种牧草和灌木缩合单宁含量动态及其饲用价值[D].兰州：甘肃农业大学,2000.

[164]郭颖杰,胡晓丽,刘庆福.不同收获期玉米秸秆剪切力学性能的研究[J].安徽农业科学,2013,41（21）:9133-9135.

[165]韩晓洁,李凌云,莘海亮,等.体外产气法评定黔北麻羊常用饲料营养价值研究[J].家畜生态学报,2014（4）:40-44.

[166]何蓉,和丽萍,王懿祥,等.云南19种豆科蛋白饲料灌木的营养成分及利用价值[J].云南林业科技,2001（4）:60-64.

[167]红敏,高民,卢德勋,等.粗饲料品质评定指数新一代分级指数的建立及与分级指数（GI）和饲料相对值（RFV）的比较研究[J].动物营养学报,2011,23（8）:1296-1302.

[168]侯冠彧,刘国道,王东劲.日粮中添加黄秋葵茎叶粉对大麻花鸡皮肤及脂肪着色的影响[J].中国农学通报,2006,22（3）:11-15.

[169]胡琳.日粮中添加不同比例木薯茎叶对海南黑山羊饲用价值的影响研究[D].海口:海南大学,2016.

[170]胡爽,王炜,山其木格,等.纤维素酶在青贮饲料中的作用及其基因克隆的研究进展[J].新疆农业科学,2008,45（2）:242-247.

[171]华金玲.添加乳酸菌对整株水稻秸青贮发酵品质的影响[D].哈尔滨:东北农业大学,2006.

[172]黄珍,姜树林,李雯.不同精料添加量对高丹草日粮消化率影响研究[J].江西畜牧兽医杂志,2015（1）:28-30.

[173]冀凤杰,王定发,侯冠彧,等.木薯渣饲用价值分析[J].中国饲料,2016,（6）:37-40.

[174]冀旋,玉柱,白春生,等.添加剂对高丹草青贮效果的影响[J].草地学报,2012,（3）:571-575.

[175]贾燕霞,玉柱,邵涛.添加酶制剂对象草青贮发酵品质的影响[J].草地学报,2009,17（1）:121-124.

[176]姜文清,周志宇,秦彧,等.西藏牧草和作物秸秆热值研究[J].草业科学,2010,27（7）:147-153.

[177]蒋美山,易兴友,李中伟.饲料桑的营养价值及其在畜禽日粮中的应用[J].当代畜牧,2015,24:31-32.

[178]蒋玉琴,邵明诚,于亚君.菜籽粕中多种酚类物质的分析[J].江苏农业学报,1998,14（2）:123-125.

[179]中华人民共和国吉林出入境检验检疫局.进出口粮食、饲料单宁含量检测方法:SN/T 0800.9—1999[S].北京:中华人民共和国国家出入境检验检疫局,2000.

[180]靖德兵,李培军,寇振武,等.木本饲用植物资源的开发及生产

应用研究 [J]. 草业学报,2003（2）:7-13.

　　[181]赖志强,黄敏瑞,周解,等. 热带亚热带优质高产牧草矮象草的试验研究 [J]. 中国草地,1998,20（6）:26-30.

　　[182]冷静,张颖,朱仁俊,等.6 种牧草在云南黄牛瘤胃中的降解特性 [J]. 动物营养学报,2011,23（1）:53-60.

　　[183]黎力之,潘珂,欧阳克蕙,等.6 种经济作物副产物的营养价值评定 [J]. 黑龙江畜牧兽医,2016（4）:151-153.

　　[184]李德发. 中国饲料大全 [M]. 北京:中国农业出版社,2003.

　　[185]李芳,崔国文,胡国富,等. 不同日粮组成下育成母羊饲喂效果及效益比较 [J]. 草地学报,2014,22（5）:1117-1121.

　　[186]李昊帮,曾佩,李晟,等. 桑叶粉对湘东黑山羊瘤胃发酵参数的影响 [J]. 家畜生态学报,2016（1）:19-25.

　　[187]李季,杨春华,贾露洁,等. 多花黑麦草绿汁发酵液中乳酸菌的分离鉴定 [J]. 草业科学,2013,30（11）:1866-1870.

　　[188]李建华,陈珊. 黄秋葵水提液抗疲劳的药效学观察 [J]. 中国运动医学杂志,2004,23（2）:196-197.

　　[189]李静,高兰阳,沈益新. 乳酸菌和纤维素酶对稻草青贮品质的影响 [J]. 南京农业大学学报,2008,31（4）:86-90.

　　[190]李静. 添加剂处理对稻草青贮品质的影响 [D]. 南京:南京农业大学,2007.

　　[191]李九月. 荒漠地区主要灌木类植物酚类物质含量动态规律及生物学评价 [D]. 呼和浩特:内蒙古农业大学,2010.

　　[192]李君风,孙肖慧,原现军,等. 添加乙酸对西藏燕麦和紫花苜蓿混合青贮发酵品质和有氧稳定性的影响 [J]. 草业学报,2014（5）:271-278.

　　[193]李茂,白昌军,徐铁山,等.3 种饲用灌木营养成分动态变化及其对体外产气特性的影响 [J]. 中国饲料,2011（2）:24-30.

　　[194]李茂,陈艳琴,字学娟,等. 山蚂蝗属植物饲用价值评价 [J]. 中国草地学报,2013,35（6）:53-57.

　　[195]李茂,字学娟,白昌军,等. 不同生长高度王草瘤胃降解特性研究 [J]. 畜牧兽医学报,2015,46（10）:1806-1815.

　　[196]李茂,字学娟,白昌军,等. 不同贮藏温度对王草青贮发酵品质的影响 [J]. 中国畜牧兽医,2014,41（10）:91-94.

　　[197]李茂,字学娟,侯冠彧,等. 体外产气法评价 5 种热带禾本科牧

草营养价值 [J]. 草地学报,2013（10）：1028-1032.

[198]李茂,字学娟,徐铁山,等 . 季节和生长阶段对海南黑山羊采食量的影响 [J]. 西南农业学报,2013,26（6）：2596-2600.

[199]李茂,字学娟,张英,等 . 凋萎和添加剂对王草青贮品质和营养价值的影响 [J]. 动物营养学报,2014（12）：3757-3764.

[200]李茂,字学娟,周汉林,等 . 山梨酸对王草青贮品质及其营养成分的影响 [J]. 中国畜牧兽医,2012,39（6）：101-104.

[201]李茂,字学娟,周汉林,等 .15 种热带乔灌木单宁含量动态分析 [J]. 草地学报 2011,19（4）：712-716.

[202]李茂,字学娟,周汉林,等 . 不同能氮水平的日粮对生长期海南黑山羊采食量和营养物质消化代谢的影响 [J]. 热带农业科学,2009,29（7）：49-52.

[203]李茂,字学娟,周汉林,等 . 不同添加剂对柱花草青贮品质的影响 [J]. 热带作物学报,2012,33（4）：726-729.

[204]李茂,字学娟,周汉林,等 . 凋萎和添加剂对王草青贮品质和营养价值的影响 [J]. 动物营养学报,2014,26（12）：3757-3764.

[205]李茂,字学娟,周汉林,等 . 二十种热带木本饲料的营养价值研究 [J]. 家畜生态学报,2013,（7）：30-34.

[206]李茂,字学娟,周汉林,等 . 海南省部分热带灌木饲用价值评定 [J]. 动物营养学报,2012,24（1）：85-94.

[207]李茂,字学娟,周汉林,等 . 山梨酸对王草青贮品质及其营养成分的影响 [J]. 中国畜牧兽医,2012,39（6）：101-104.

[208]李茂,字学娟,周汉林,等 . 新银合欢中单宁提取工艺优化研究 [J] 草业科学,2012,29（2）：301-305.

[209]李茂,字学娟,周汉林,等 . 不同添加剂对柱花草青贮品质的影响 [J]. 热带作物学报,2012（4）：726-729.

[210]李茂,字学娟,周汉林 . 葡萄糖对王草青贮品质的影响 [J]. 南方农业学报,2012,43（11）：1779-1782.

[211]李茂,字学娟,周汉林 . 我国木本饲料研究进展 [J]. 中国饲料,2011,17：34-38.

[212]李茂 . 生长期海南黑山羊能量与蛋白质需要量的研究 [D]. 海口：海南大学,2009.

[213]李梦楚,王定发,周汉林,等 . 添加纤维素酶和甲酸对青贮香蕉

茎秆饲用品质的影响 [J].家畜生态学报,2014,35（6）:46-50.

[214]李平,白史且,鄢家俊,等.添加剂及含水量对老芒麦青贮品质的影响 [J].草地学报,2013,21（6）:1176-1181.

[215]李平,鄢家俊,白史且,等.川西北高寒牧区老芒麦和藤草青贮效果初步研究 [J].草地学报,2012,20（2）:368-372,377.

[216]李萍,邹彩霞,梁辛,等.饲粮精粗比影响动物瘤胃发酵内环境的研究进展 [J].家畜生态学报,2015,36（4）:82-84.

[217]李蕊超,林慧龙.我国南方地区的粮食短缺问题浅析:基于两个草业生态经济区的研究 [J].草业学报,2015,24（1）:4-11.

[218]李素群,吴自立,牛菊兰,等.红豆草中单宁的分光光度法测定.[J]草业学报,1993,2（2）:52-55.

[219]李向林,张新跃,唐一国,等.日粮中精料和牧草比例对舍饲山羊增重的影响 [J].草业学报,2008,17（2）:43-47.

[220]李燕,康相涛,孙桂荣,等.木寡糖对矮脚绿壳蛋鸡肠道长度及形态结构的影响 [J].饲料研究,2007（12）:67-69.

[221] 李正红,周朝鸿,谷勇,等.木豆新品种产量对比及适应性分析 [J].林业科学研究,2005,18（4）:393-397.

[222]李志春,孙健,游向荣,等.香蕉茎叶青贮饲料对波尔山羊血液生化指标的影响 [J].中国饲料,2015,16:37-40.

[223]李志坚,胡跃高.饲用黑麦生物学特性及其产量营养动态变化 [J].草业学报,2004,13（1）:45-51.

[224]林鹏,林光辉.几种红树植物的热值和灰分含量研究 [J].植物生态学与地植物学学报,1991,15（1）:114-120.

[225]林益明,柯莉娜,王湛昌,等.深圳福田红树林区 7 种红树植物叶热值的季节变化 [J].海洋学报,2002,24（3）:112-118.

[226]林益明,林鹏,李振基,等.福建武夷山甜槠群落能量的研究 [J].植物学报,1996,38（12）:989-999.

[227]林益明,林鹏.华安县绿竹林能量的研究 [J].厦门大学学报（自然科学版）,1998,37（6）:908-914.

[228]林益明,王湛昌,柯莉娜,等.四种灌木状与四种乔木状棕榈热值的月变化 [J].生态学报,2003,23（6）:1117-1124.

[229]刘丹丹.不同浓度绿汁发酵液和脱氢乙酸钠对青贮水稻秸品质和有氧稳定性的影响 [D].哈尔滨:东北农业大学,2008.

[230]刘国道,白昌军,王东劲,等.热研4号王草选育[J].草地学报,2002,10(2):92-96.

[231]刘国道,罗丽娟,白昌军,等.海南豆科饲用植物资源及营养价值评价[J].草地学报,2006,14(3):254-260.

[232]刘国道,王东劲,侯冠彧,等.海南热带植物叶黄素和β-胡萝卜素含量分析[J].草地学报,2006,14(2):134-137.

[233]刘国道,王东劲,侯冠彧,等.黄秋葵茎叶粉对文昌鸡蛋黄着色的影响[J].畜牧兽医科学,2006,22(7):16-19.

[234]刘国道,王东劲,侯冠彧,等.日粮中添加黄秋葵茎叶粉对大麻花鸡皮肤及脂肪着色的影响[J].中国农学通报,2006,22(2):11-15.

[235]刘国道.海南饲用植物志[M].北京:中国农业大学出版社,2000.

[236]刘国道.热研5号柱花草选育研究[J].草地学报,2001,9(1):1-7.

[237]刘海刚,李江,段曰汤,等.银合欢叶营养成分的分析与评价[J].贵州农业科学,2010,38(10):144-145.

[238]刘海霞,刘大森,隋美霞,等.羊常用粗饲料干物质和粗蛋白的瘤胃降解特性研究[J].中国畜牧杂志,2010(21):37-42.

[239]刘建宁,石永红,王运琦,等.高丹草生长动态及收割期的研究[J].草业学报,2011,20(1):31-37.

[240]刘建新,杨振海,叶均安,等.青贮饲料的合理调制与质量评定标准[J].饲料工业,1999,20(4):3-5.

[241]刘建勇,高月娥,黄必志,等.香蕉茎叶营养价值评定及贮存技术研究[J].中国牛业科学,2012,38(2):18-22.

[242]刘洁,刁其玉,赵一广,等.肉用绵羊饲料养分消化率和有效能预测模型的研究[J].畜牧兽医学报,2012,43(8):1230-1238.

[243]刘丽,杨在宾,杨维仁,等.紫花苜蓿和黑麦草茎形态学、化学组成、养分瘤胃降解率与剪切力的相关关系[J].中国农业科学,2009,42(9):3374-3380.

[244]刘玲,陈新,李振,等.含水量及添加剂对高冰草青贮饲料品质的影响[J].草业学报,2011,20(6):203-207.

[245]刘平督.不同温度条件下紫花苜蓿青贮发酵品质的研究[D].南京:南京农业大学,2010.

[246]刘秦华,张建国,卢小良.乳酸菌添加剂对王草青贮发酵品质及有氧稳定性的影响[J].草业学报,2009,18（4）:131-137.

[247]刘太宇,郑立,李梦云,等.紫羊茅不同生长阶段营养成分及其瘤胃降解动态研究[J].西北农林科技大学学报(自然科学版),2013,41（9）:33-37.

[248]刘贤,韩鲁佳,原慎一郎,等.不同添加剂对苜蓿青贮饲料品质的影响[J].中国农业大学学报,2004,9（3）:25-30.

[249]刘亚娟.中草药饲粮添加剂对蛋鸡生产性能、蛋品质及血液生化指标的影响[D].保定:河北农业大学,2007.

[250]刘勇,冉涛,谭支良,等.表面张力和比表面积对纤维体外发酵特性的影响[J].畜牧兽医学报,2013,44（6）:901-910.

[251]龙明秀,邢志和.AHP模型在牧草饲用价值评定中的应用[J].西北农林科技大学学报,2003,31（6）:127-130.

[252]龙瑞军,徐长林,胡自治,等.1993.天祝高山草原15种饲用灌木的热值及季节动态[J].生态学杂志,1993,12（5）:13-16.

[253]卢隆杰,苏浓,岳森.菜药花兼用型植物:黄秋葵[J].特种经济动植物,2004,7（8）:33-34.

[254]陆云华,汤洪波,邹怀波,等.台湾甜象草、红象草和皇竹草营养成分和无机元素的分析[J].浙江农业科学,2011（2）:418-419.

[255]吕文龙,刁其玉,闫贵龙.不同添加剂对不带穗玉米秸秆青贮发酵品质的影响[J].中国畜牧兽医,2010（3）:22-26.

[256]马健,刘艳芳,王雅晶,等.饲粮中添加禾王草对泌乳奶牛瘤胃发酵和生产性能的影响[J].动物营养学报,2015,27（11）.

[257]马清河,李茂,周汉林.纤维素酶对王草青贮品质和碳水化合物含量的影响[J].黑龙江畜牧兽医,2011,2（3）:79-81.

[258]倪耀娣,李睿文,鲁改如,等.微生态制剂对肉仔鸡小肠结构的影响[J].江西畜牧兽医杂志,2004（4）:7-8.

[259]年方.高寒草地部分牧草和灌木饲用价值的评定与方法研究[D].兰州:甘肃农业大学,2002.

[260]宁祖林,陈慧娟,王珠娜,等.几种高大禾草热值和灰分动态变化研究[J].草业学报,2010,19（2）:241-247.

[261]帕明秀,黄志伟.广西38种牧草的化学成分分析及营养价值评定[J].广西畜牧兽医,2014（6）:287-289.

[262]彭辅松. 植物燃值与发展速生、丰产薪炭林的关系 [J]. 武汉植物研究,1990,8（5）：194-198.

[263]彭海兰. 不同添加剂对苜蓿青贮品质的影响 [D]. 北京：中国农业大学,2003.

[264]蒲小朋. 高山金露梅灌丛冷季利用特性与放牧管理策略研究 [D]. 甘肃兰州：甘肃农业大学,1999.

[265]钱勇,钟声,张俊,等. 不同精粗比全混合日粮短期育肥波杂羔羊的效果 [J]. 江苏农业科学,2011,39（6）：335-336.

[266]秦丽萍,柯文灿,丁武蓉,等. 温度对垂穗披碱草青贮品质的影响 [J]. 草业科学,2013,30（9）：1433-1438.

[267]邱小燕,原现军,郭刚,等. 添加糖蜜和乙酸对西藏发酵全混合日粮青贮发酵品质及有氧稳定性影响 [J]. 草业学报,2014（6）：111-118.

[268]全国牧草品种审定委员会. 中国牧草登记品种集 [M]. 北京：北京农业大学出版社,1992.

[269]任海伟,王聪,马延琴,等. 接种不同乳酸菌对干玉米秸秆与白菜废弃物混贮品质的影响 [J]. 应用与环境生物学报,2018,24（3）：547-556.

[270]荣辉,余成群,陈杰,等. 添加绿汁发酵液、乳酸菌制剂和葡萄糖对象草青贮发酵品质的影响 [J]. 草业学报,2013,22（3）：108-115.

[271]茹彩霞. 模拟瘤胃条件下苜蓿对粗饲料产气特性和发酵特性的研究 [D]. 杨凌：西北农林科技大学,2006.

[272]史清河,韩友文. 全混合日粮对羔羊瘤胃代谢产物浓度变化的影响 [J]. 动物营养学报,1999,11（3）：51-57.

[273]史莹华,王成章,陈明亮,等. 苜蓿草粉对四川白鹅生长性能及抗氧化和免疫指标的影响 [J]. 草业科学,2011,28（5）：841-847.

[274]舒君. 保健蔬菜：黄秋葵 [J]. 湖南农业,2005（11）：9.

[275]苏循志,贾晓晖,张洪霞,等. 绿色中药添加剂"禽多蛋"对产蛋鸡生产性能、蛋品质影响的研究 [J]. 饲料广角,2007（9）：48-50.

[276]孙国夫,郑志明,王兆骞. 水稻热值的动态变化研究 [J]. 生态学杂志,1993,12（1）：1-4.

[277]孙建昌,杨艳,方小平,等. 贵州木本饲料植物资源及开发利用研究 [J]. 贵州林业科技,2006,34（3）：1-4,44.

[278]汤少勋,姜海林,周传社,等. 不同牧草品种对体外发酵产气特

性的影响 [J]. 草业学报, 2005, 14（3）: 72-77.

[279]唐维新. 绿汁发酵液改善紫花苜蓿青贮品质机理初探 [D]. 北京: 中国农业大学, 2004.

[280]陶向新. 模糊数学在农业科学中的初步应用 [J]. 沈阳农业大学学报, 1982,（2）: 96-10.

[281]田瑞霞, 安渊, 王光文, 等. 紫花苜蓿青贮过程中 pH 值和营养物质变化规律 [J]. 草业学报, 2005, 14（3）: 82-86.

[282]万江虹, 刘艳芬, 许瑶, 等. 添加甲酸、甲醛对甘蔗尾捆裹青贮品质的影响 [J]. 中国草食动物, 2008, 28（5）: 49-51.

[283]万里强, 李向林, 张新平, 等. 苜蓿含水量与添加剂组分浓度对青贮效果的影响研究 [J]. 草业学报, 2007, 16（2）: 40-45.

[284]王林, 孙启忠, 张慧杰. 苜蓿与玉米混贮质量研究 [J]. 草业学报, 2011, 20（4）: 202-209.

[285]王安, 张淑芳, 钟一民, 等. 纤维素复合酶作为青贮饲料添加剂的研究 [J]. 东北农业大学学报, 1997, 28（4）: 358-365.

[286]王典, 李发弟, 张养东, 等. 马铃薯淀粉渣–玉米秸秆混合青贮料对肉羊生产性能、瘤胃内环境和血液生化指标的影响 [J]. 草业学报, 2012, 21（5）: 47-54.

[287]王定发, 陈松笔, 周汉林, 等. 5 种木薯茎叶营养成分比较 [J]. 养殖与饲料, 2016（6）: 48-50.

[288]王定发, 李梦楚, 周璐丽, 等. 不同青贮处理方式对甘蔗尾叶饲用品质的影响 [J]. 家畜生态学报, 2015, 36（9）: 51-56.

[289]王定发, 周璐丽, 李茂, 等. 应用体外产气法研究 3 种农业废弃物对黑山羊的饲用价值 [J]. 热带作物学报, 2012, 33（12）: 2300-2304.

[290]王东劲, 侯冠彧, 于向春, 等. 舍饲情况下热带优良牧草品种的适口性分析 [J]. 中国草食动物, 2005, 25（5）: 34-35.

[291]王东劲. 王草养猪试验初报 [J]. 草业科学, 1993, 10（1）: 49-50.

[292]王辉辉, 任长忠, 赵桂琴, 等. 利用体外产气法研究燕麦的营养价值 [J]. 中国草地学报, 2008, 30（5）: 80-84.

[293]王惠影, 刘毅, 龚绍明, 等. 黑麦草添加量对浙东白鹅生长性能、消化代谢和屠宰性能的影响 [J]. 上海农业学报, 2015（2）: 31-34.

[294]王静. 高寒地区植物中酚类物质含量动态及其与抗寒性关系的研究 [D]. 兰州: 甘肃农业大学, 2005.

[295]王立海,孙墨珑.东北 12 种灌木热值与碳含量分析 [J].东北林业大学学报,2008,36（5）:42-46.

[296]王勉超,余锐萍,肖发沂,等.丝兰属植物提取物对肉鸡肠黏膜形态结构的影响 [J].饲料工业,2007,28（11）:43-44.

[297]王庆雷.青贮饲料的主要添加剂 [J].中国饲料,1998（13）:15-16.

[298]王文奇,侯广田,罗永明,等.不同精粗比全混合颗粒饲粮对母羊营养物质表观消化率、氮代谢和能量代谢的影响 [J].动物营养学报,2014,26（11）:3316-3324.

[299]王晓光,吴江鸿,刘亚红,等.不同精粗比水平下华北驼绒藜饲用评价 [J].畜牧与饲料科学,2012,33（11）:99-102.

[300] 王旭.利用 GI 技术对粗饲料进行科学搭配及绵羊日粮配方系统优化技术的研究 [D].呼和浩特:内蒙古农业大学,2003.

[301]王永军,王空军,董树亭,等.留茬高度与刈割时株高对墨西哥玉米产量及饲用品质的影响 [J].作物学报,2006,32（1）:155-158.

[302] 王永新,蒙淑芳,许庆方,等.淋雨和添加剂对苜蓿青贮品质的影响 [J].草地学报,2012,20（3）:565-570.

[303]王玉荣.不同微生态制剂对稻秸分子结构及瘤胃降解特性的影响 [D].阿拉尔:塔里木大学,2017.

[304]王兆凤,杨在宾,杨维仁,等.玉米植株剪切力与其饲料特性变化规律和相互关系的研究 [J].中国农业科学,2012,45（3）:509-521.

[305]韦家少,刘国道,蔡碧云.热研 9 号坚尼草选育研究 [J].草地学报,2002,10（3）:157-163.

[306]韦升菊,杨纯,邹彩霞,等.应用体外产气法评定广西地区内豆腐渣、木薯渣、啤酒渣的营养价值 [J].饲料工业,2011,35（7）:46-48.

[307]魏刚才,郑素玲.家禽肠道黏膜的作用及保护 [J].中国家禽,2007,29（11）:47-49.

[308]温翠平,李威,漆智平,等.水分胁迫对王草生长的影响 [J].草业学报,2012,21（4）:72-78.

[309]文亦芾,曹国军,樊江文,等.6 种豆科饲用灌木中酚类物质动态变化与体外消化率的关系 [J].草业学报,2009,18（1）:32-38.

[310]文亦芾,曹国军,毛华明,等.不同生育期豆科饲用灌木碳水化合物含量及对体外消化率的影响 [J].草地学报,2009,17（1）:101-105.

[311]文亦苒,曹国军,张英俊,等.云南主要豆科饲用灌木营养成分含量的研究[J].草原与草坪,2009（1）：51-54.

[312]闻爱友,张玉玲,王中才.中草药对断奶仔猪生长性状的影响[J].安徽农业技术师范学院学报,2000,14（3）：21-22.

[313]吴鹏华,刘大森,仝泳,等.干酒糟及其可溶物和豆粕混合饲料蛋白质二级结构与瘤胃降解特性的关系[J].动物营养学报,2013,25（11）：2763-2769.

[314]吴燕春,谢金鲜.黄秋葵的研究进展[J].中医药学刊,2005,23（10）：1898-1899.

[315]吴兆海,梁超,王永新,等.晾晒和添加对白羊草青贮的影响[J].草地学报,2012,20（4）：768-771.

[316]吴兆鹏,蚁细苗,钟映萍,等.添加剂对甘蔗梢叶青贮营养价值的影响[J].广西科学,2016,23（1）：51–55.

[317]武瑞,康世良.中草药饲料添加剂的免疫功能与应用前景[J].畜禽业,2001（9）：10-12.

[318]席应军,韩鲁佳,原慎一郎,等.添加乳酸菌和纤维素酶对玉米秸秆青贮饲料品质的影响[J].中国农业大学学报,2003,8（2）：21-24.

[319]夏晨.添加黑麦草和苜蓿草粉的全价颗粒饲料对鹅生产性能和血液生化指标的影响[D].扬州：扬州大学,2014.

[320]夏国良.动物生理学[M].北京：高等教育出版社,2013.

[321]夏科,姚庆,李富国,等.奶牛常用粗饲料的瘤胃降解规律[J].动物营养学报,2012,24（4）：769-777.

[322]向平,林益明,彭在清,等.厦门园林植物园10种榕属植物叶热值与灰分含量的研究[J].林业科学,2003,39（1）：68-73.

[323]谢春元,杨红建,么学博,等.胃尼龙袋法和体外产气法评定反刍动物饲料的营养价值的比较[J].中国畜牧杂志,2007,43（17）：85-89.

[324]谢仲权,牛树琦.天然植物饲料添加剂生产技术与质量标准[M].北京：中国农业科学技术出版社,2004.

[325]徐良梅,程宝晶,单安山.五味子提取物对肉仔鸡肠道微生物的影响[J].饲料工业,2007,28（18）：9-10.

[326]徐然,陈鹏飞,白史且,等.乳酸菌和纤维素酶对光叶紫花苕青贮发酵品质的影响[J].草地学报,2014,22（2）：420-425.

[327]徐相亭,王宝亮,程光民,等.不同精粗比日粮对杜泊绵羊生

长性能、血清生化指标及经济效益的影响 [J]. 中国畜牧兽医，2016，43（3）：668-675.

[328]徐志军，胡燕，董宽虎. 不同精粗比柠条青贮日粮对羔羊生产性能和消化代谢的影响 [J]. 草地学报，2015，23（3）：586-593.

[329]许冬梅. 宁夏半荒漠地区几种沙生灌木的饲用价值评价 [J]. 中国畜牧杂志，2007，43（7）：53-55.

[330]许庆方，崔志文，魏化敏，等. 不同添加剂对小黑麦青贮饲料品质的影响 [J]. 草地学报，2009，17（4）：480-484.

[331] 许庆方，玉柱，李胜利，等. 甲酸或绿汁发酵液对苜蓿青贮影响的研究 [J]. 畜牧兽医学报，2008，39（12）：1709-1714.

[332]许庆方，张翔，崔志文，等. 不同添加剂对全株玉米青贮品质的影响 [J]. 草地学报，2009，（2）：157-161.

[333]许庆方，周禾，玉柱，等. 贮藏期和添加绿汁发酵液对袋装苜蓿青贮的影响 [J]. 草地学报，2006，15（2）：129-133.

[334]许庆方，周禾，玉柱，等. 贮藏期和添加绿汁发酵液对袋装苜蓿青贮的影响 [J]. 草地学报，2006（2）：129-146.

[335]许庆方. 影响苜蓿青贮品质的主要因素及苜蓿青贮在奶牛日粮中应用效果的研究 [D]. 北京：中国农业大学，2005.

[336]许岳飞，毕玉芬，涂旭川，等. 王草不同刈割次数、留茬高度与生理性状和产量关系的研究 [J]. 草业与畜牧，2006（1）：23-27.

[337]薛树媛. 灌木类植物单宁对绵羊瘤胃发酵影响及其对瘤胃微生物区系、免疫和生产指标影响的研究 [D]. 呼和浩特：内蒙古农业大学，2011.

[338]薛艳林，白春生，玉柱. 添加剂对苜蓿草渣青贮饲料品质的影响 [J]. 草地学报，2007，15（4）：339-343.

[339]郇树乾，白昌军，王志勇，等. 不同添加剂对热研二号柱花草青贮品质的影响 [J] 广东农业科学，2011，16：82-84.

[340]焉石. 碳水化合物添加剂和不同收获期对青贮玉米青贮品质的影响 [D]. 哈尔滨：东北农业大学，2010.

[341]闫宏，穆巍，韦学玉，等. 不同精粗比全饲粮颗粒饲料肥育羔羊的效果 [J]. 现代畜牧兽医，2005（12）：20-21.

[342]闫益波，张玉换，宋献艺，等. 不同精粗比全混合日粮短期育肥黑山羊的效果试验 [J]. 饲料研究，2016（4）：13-16.

[343]严琳玲,张瑜,白昌军.20份柱花草营养成分分析与评价[J].湖北农业科学,2016（1）：128-133.

[344]严学兵.牦牛对高寒牧区天然草地和人工草地牧草消化性的研究[D].兰州：甘肃农业大学,2000.

[345]严学兵.牦牛对高寒牧区天然草地和人工草地牧草消化性的研究[M].北京：中国农业出版社,1991.

[346]燕文平,张莹莹,王聪,等.不同精粗比日粮对肉牛生产性能和血液指标的影响[J].饲料研究,2014（21）：54-57.

[347]杨福囤,何海菊.高寒草甸地区常见植物热值的初步研究[J].植物生态学与地植物学丛刊,1983,7（4）：280-288.

[348]杨杰,顾洪如,翟频,等.凋萎程度与复合添加剂处理对多花黑麦草青贮品质的影响[J].江苏农业学报,2008,24（2）：185-189.

[349]杨礼富,陆海燕.香蕉茎叶资源的饲料化研究[J].热带农业科技,2000（4）：11-12.

[350]杨胜.饲料分析及饲料质量检测技术[M].北京：北京农业大学出版社,1999.

[351]杨士林,马兴跃,秦浩,等.肉羊补饲紫花苜蓿试验研究[J].云南畜牧兽医,2011,38（S1）：23-25.

[352]杨信,黄勤楼,夏友国,等.六种狼尾草营养成分及瘤胃降解动态研究[J].家畜生态学报,2013,34（5）：56-60.

[353]杨膺白,郭辉,周恒,等.山羊对不同饲草瘤胃干物质降解率的研究[J].畜牧与饲料科学,2007,28（4）：26-27,30.

[354]杨宇衡,王之盛,蔡义民,等.氨化银合欢对南江黄羊生长性能和血液指标的影响[J].畜牧兽医学报,2010（7）：835-841.

[355]杨在宾,刘丽,杜明宏.我国饲料业的发展及饲料资源供求现状浅析[J].饲料工业,2008,29（19）：45-49.

[356]杨在宾.非常规饲料资源的特性及应用研究进展[J].饲料工业,2008,29（7）：1-4.

[357]杨志刚.多花黑麦草春季青贮技术的研究[D].南京：南京农业大学,2002.

[358]易显凤,赖志强.南方优质象草品种比较试验初报[J].广西大学学报（自然科学版）,2008,33（3）：313-316.

[359]殷海成,周孟清.饲粮中添加苜蓿草粉或发酵苜蓿草粉对鹅生

长性能、血清抗氧化酶及消化酶活性的影响 [J]. 动物营养学报,2015,27（5）：1492-1500.

[360]于山江,玉素浦,艾尼瓦尔·艾山,等. 不同处理方法对新疆小芦苇半干青贮发酵品质及其营养成分的影响 [J]. 饲料工业,2008,29（9）：57-60.

[361]于向春,王东劲,侯冠彧,等. 四种牧草饲喂海南黑山羊羔羊育肥效果初报 [J]. 中国农学通报,2006（12）：421-423.

[362]于徐根,陈细荣,刘水华,等. 象草种植及裹包青贮技术 [J]. 江西畜牧兽医杂志,2007（3）：25-26.

[363]余苗,钟荣珍,周道玮,等. 虎尾草不同生育期营养成分及其在瘤胃的降解规律 [J]. 草地学报,2014,22（1）：175-181.

[364]玉柱,白春生,孙启忠,等. 不同添加剂对无芒雀麦青贮品质的影响 [J]. 中国农业科技导报,2008,10（4）：76-81.

[365]玉柱,孙启忠,邓波,等. 老芒麦青贮研究 [J]. 中国农业科技导报,2008,10（1）：98-102.

[366]原现军,闻爱友,郭刚,等. 添加酶制剂对西藏地区青稞秸秆和黑麦草混合青贮效果的影响 [J]. 畜牧兽医学报,2013,44（8）：1269-1276.

[367]占今舜,夏晨,刘苏娇,等. 黑麦草对扬州鹅生长性能、屠宰性能和血液生化指标的影响 [J]. 草业学报,2015,24（2）：168-175.

[368]占今舜,詹康,霍永久,等. 苜蓿草颗粒饲料对鹅生长性能、肠道长度和血液生化指标的影响 [J]. 中国农业大学学报,2015,20（3）：133-138.

[369]张桂杰,罗海玲,张英俊,等. 应用体外产气与活体外消化率法评定盛花期白三叶牧草营养价值 [J]. 中国农业大学学报,2010,15（2）：53-58.

[370]张吉鹍,包赛娜,赵辉,等. 木薯渣不同补饲方式对山羊生产性能的影响研究 [J]. 饲料工业,2009,30（21）：31-34.

[371] 张吉鹍,卢德勋,刘建新,等. 粗饲料品质评定指数的研究现状及其进展 [J]. 草业科学,2004,21（9）：55-61.

[372]张吉鹍. 反刍动物日粮纤维的研究进展 [J]. 饲料博览,2003（10）：8-10.

[373]张静,玉柱,邵涛. 丙酸、乳酸菌添加对多花黑麦草青贮发酵品质的影响 [J]. 草地学报,2009（2）：162-165.

[374]张力莉,赵婷,翟玉蕊.不同精粗比日粮对宁夏滩羊生产性能的影响研究 [J].黑龙江畜牧兽医,2015(9):127-128.

[375]张丽.不同添加剂对象草和水葫芦青贮品质的影响 [D].福州:福建农林大学,2008.

[376]张丽英.饲料分析及饲料质量检测技术 [M].2 版.北京:中国农业大学出版社,2003.

[377]张丽英.饲料分析及饲料质量检测技术 [M].北京:中国农业大学出版社,2002.

[378]张丽英.饲料分析及饲料质量检测技术 [M].3 版.北京:中国农业大学出版社,2010.

[379]张莲英,蒋乔明,罗美娇.利用木薯渣替代部分精料饲喂圈养山羊的效果 [J].广西畜牧兽医,2011,27(5):259-260.

[380]张树攀,陈铮,刘大林.不同添加剂对高丹草青贮性能及体外降解特性的影响 [J].中国畜牧杂志,2010,11:65-69.

[381]张文璐,李杰,吕元勋.体外产气法与尼龙袋法评定粗饲料干物质降解率的相关性分析 [J].饲料工业,2009,30(7):30-32.

[382]张喜军,潘伟,祝廷成.牧草饲用价值综合评价的数学模型 [J].中国草地,1991(6):63-67.

[383]张晓庆,吴秋珏,郝正里,等.不同品种苜蓿营养成分及活体外消化率动态研究 [J].草业科学,2005(12):48-51.

[384]张新平,李向林,万里强.正交设计在苜蓿青贮添加剂试验中的应用研究 [J].草原与草坪,2006(1):28-32.

[385]张英,周汉林,刘国道,等.不同水分含量对不同生长时间的王草青贮品质的影响 [J].家畜生态学报,2013,34(7):39-43.

[386]张英,周汉林,刘国道,等.利用 HPLC 法没定王草青贮饲料中的有机酸 [J].热带作物学报,2013,34(2):377-381.

[387]张英,周汉林,刘国道,等.绿汁发酵液与纤维素酶对王草青贮发酵品质动态变化的影响 [J].草业科学,2013,30(10):1640-1647.

[388]张增欣,邵涛.丙酸对多花黑麦草青贮发酵动态变化的影响 [J].草业学报,2009,(2):102-107.

[389]张增欣,邵涛.山梨酸对多花黑麦草青贮发酵品质的影响 [J].草业科学,2009,26(3):64-67.

[390]赵春花,韩正晟,师尚礼,等.新育牧草茎秆收获期力学特性与

显微结构 [J]. 农业工程学报, 2011, 27（7）: 179-183.

[391] 赵国琦, 丁健, 贾亚红, 等. 纤维素酶对大黍青贮饲料品质的影响 [J]. 中国畜牧杂志, 2003, 39（2）: 9-11.

[392] 赵苗苗, 玉柱. 添加乳酸菌及纤维素酶对象草青贮品质的改善效果 [J]. 草地学报, 2015, 23（1）: 205-210.

[393] 赵娜, 赵桂琴, 胡凯军, 等. 不同生长年限红三叶生产性能与营养价值比较 [J]. 草地学报, 2011, 19（3）: 468-472.

[394] 赵祥, 董宽虎, 王永新, 等. 不同精粗比全混合日粮对绵羊的育肥效果 [J]. 山西饲料, 2012（2）: 33-36.

[395] 赵政, 陈学文, 朱梅芳, 等. 添加乳酸菌和纤维素酶对玉米秸秆青贮饲料品质的影响 [J]. 广西农业科学, 2009, 40（7）: 919-922.

[396] 郑丹, 下条雅敬, 邵涛. 凋萎和添加绿汁发酵液对杂交狼尾草青贮发酵品质的影响 [J]. 草地学报, 2011, 19（2）: 273-276.

[397] 中国畜牧业年鉴编辑委员会. 中国畜牧业年鉴2012[M]. 北京: 中国农业出版社, 2012.

[398] 钟惠宏, 郑向红, 李振山. 秋葵属的种及其资源的搜集研究和利用 [J]. 中国蔬菜, 1996（2）: 49-52.

[399] 周汉林, 李茂, 白昌军, 等. 应用体外产气法研究柱花草的饲用价值 [J]. 热带作物学报, 2010, 10: 1696-1701.

[400] 周汉林, 李琼, 唐军, 等. 海南不同地区几种热带牧草的营养价值评定 [J]. 草业科学, 2006, 23（9）: 41-44.

[401] 周璐丽, 王定发, 周雄, 等. 日粮中添加青贮香蕉茎秆饲喂海南黑山羊的试验研究 [J]. 家畜生态学报, 2015, 36（7）: 28-32.

[402] 周蓉, 杨宏波, 杨雯婕, 等. 不同精粗比全价颗粒料对荷斯坦断奶犊牛血液指标的影响 [J]. 饲料工业, 2016（1）: 42-45.

[403] 周顺伍. 动物生物化学 [M]. 北京: 中国农业出版社, 2000.

[404] 周雄, 周璐丽, 王定发, 等. 日粮中青贮甘蔗尾叶替代不同比例王草对海南黑山羊生长性能、养分表观消化率及血清生化指标的影响 [J]. 中国畜牧兽医, 2015, 42（6）: 1443-1448.

[405] 周钟胜. 王草饲喂杂交育肥牛精青配合比例的试验 [J]. 江西畜牧兽医杂志, 2008（2）: 35-36.

[406] 朱旺生, 陈双梅. 乳酸菌、纤维素酶、甲酸及其复合添加剂对皇竹草青贮品质的影响 [J]. 中国草食动物, 2009, 29（6）: 42-44.

[407]朱玉环,廉美娜,郭旭生.藏嵩草绿汁发酵液提高苜蓿青贮发酵品质[J].农业工程学报,2013,29(5):199-206.

[408]庄苏,丁立人,周建国,等.甲酸与纤维素酶和木聚糖酶对多花黑麦草与白三叶混合青贮料发酵品质的影响[J].江苏农业学报,2013,29(1):140-146.

[409]庄益芬,安宅一夫,张文昌.不同温度条件下添加剂对青贮苜蓿细胞壁成分和体外干物质消化率的影响[J].家畜生态学报,2006,27(6):61-64.

[410]自给饲料品质评价研究会.粗饲料品质评价手册[M].东京:日本草地畜产种子协会,2001.

[411]字学娟,李茂,周汉林,等.4种热带灌木饲用价值研究[J].西南农业学报,2011,24(4):1450-1454.

[412]字学娟,李茂,周汉林,等.应用体外产气法研究香蕉茎叶的饲用价值[J].家畜生态学报,2010,31(5):57-60.

[413]字学娟,李茂,周汉林.不同处理对王草青贮品质及其体外消化率的影响[J].家畜生态学报,2012,2(33):65-69.

[414]字学娟.热带乔灌木饲用价值评定及其单宁含量动态分析[D].海口:海南大学,2010.

[415]邹彩霞,梁坤,梁贤威,等.应用体外产气法评定几种广西饲草的营养价值[J].饲料研究,2009(8):33-35.

[416]祖元刚.能量生态学引论[M].长春:吉林科学技术出版社,1990.